新时代高等学校计算机类专业教材

Java程序设计

第5版

辛运帏　饶一梅 编著

清华大学出版社
北 京

内 容 简 介

本书从Java语言的基本特点入手，全面介绍了Java语言的基本概念和编程方法，并深入讲解了Java的高级特性。内容涉及Java中的基本语法、数据类型、类、异常、界面设计、小应用程序、I/O数据流、线程及网络功能等内容，基本覆盖了Java的大部分技术，是进一步使用Java语言进行技术开发的基础。本书适合Java语言的初学者使用，也可作为专业人员的参考书。

本书内容详尽，实例丰富，每章均有配套的习题，方便教学，适合作为高等学校教材，也可作为专业人员的参考书。

本书的习题解答及有关上机实验可参看与本书配套的《Java程序设计题解与上机指导》(第5版)。

图书在版编目（CIP）数据

Java程序设计 / 辛运帏, 饶一梅编著. —5版. —北京：清华大学出版社, 2024.9
新时代高等学校计算机类专业教材
ISBN 978-7-302-65099-7

Ⅰ.①J… Ⅱ.①辛… ②饶… Ⅲ.①JAVA语言－程序设计－高等学校－教材 Ⅳ.①TP312.8

中国国家版本馆CIP数据核字(2024)第006374号

责任编辑：袁勤勇
封面设计：常雪影
责任校对：徐俊伟
责任印制：沈 露

出版发行：清华大学出版社
网 址：https://www.tup.com.cn，https://www.wqxuetang.com
地 址：北京清华大学学研大厦A座 邮 编：100084
社 总 机：010-83470000 邮 购：010-62786544
投稿与读者服务：010-62776969，c-service@tup.tsinghua.edu.cn
质 量 反 馈：010-62772015，zhiliang@tup.tsinghua.edu.cn
课 件 下 载：https://www.tup.com.cn,010-83470236
印 装 者：三河市龙大印装有限公司
经 销：全国新华书店
开 本：185mm×260mm 印 张：22.75 字 数：529千字
版 次：2001年9月第1版 2024年9月第5版 印 次：2024年9月第1次印刷
定 价：69.80元

产品编号：098366-01

前　言

目前，Java 语言仍占据着编程语言排行榜的前位，仍是程序员首选的开发语言之一。国内高校不仅开设了程序设计语言课程来讲授 Java，更有越来越多的课程基于 Java 语言，例如用它来描述数据结构并实现相关算法，用它来开发网络应用等。

鉴于 Java 语言本身仍在不断地发展，我们在《Java 程序设计》（第 4 版）的基础上编写了第 5 版，并配套编写了《Java 程序设计题解与上机指导》（第 5 版）。相较于第 4 版，第 5 版做了以下几方面的改进。

（1）根据实际情况，重新编写了 JDK 的安装过程部分。

（2）新版本的 Java API 在部分类及类的方法中使用了泛型，书中用到这些类及方法的相关程序进行了相应的修改，并根据实际情况用具体的类进行了实例化。

（3）有些涉及泛型的示例也进行了相应的修改。

（4）重新调试了所有程序。

（5）修正了一些错误和不当之处。

本书从 Java 语言的基本特点入手，详细介绍了 Java 语言的基本概念和编程方法，以帮助读者深入了解 Java 的高级特性。本书共分为 13 章，涉及 Java 中的基本语法、数据类型、类、异常、界面设计、小应用程序、I/O 数据流、线程及网络功能等内容。这些内容基本覆盖了 Java 的大部分技术，是进一步使用 Java 语言进行技术开发的基础，愿本书能成为读者进入 Java 殿堂的铺路石。

全书 13 章的各章末均有配套的习题，供读者练习使用。本书不仅适合 Java 语言的初学者使用，也可作为专业人员的参考书。

计算机技术是不断发展、不断完善的技术，Java 语言也是如此。在本书出版的过程中，Java 语言仍没有停止它的完善过程。本书目前的内容以当前的 Java 版本为标准讲解，如若使用更高版本的 Java，则应参考新标准。

本书的编写得到了南开大学计算机学院的大力支持。本书第 1 版至第 4 版的出版离不开清华大学出版社焦虹编辑的热心鼓励和全力支持。虽然焦老师已经不在编辑第一线工作，但仍对第 5 版的编写给予了极大的关注。在此，我们要对焦老师一直以来的提携和鼓励表示深深的感谢。祝愿焦老师的荣休生活丰富多彩，身体康健！此外，我们也要感谢清华大学出版社袁勤勇编辑对第 5 版的编写给予的具体指导和认真修订，以及出版社的编辑、制作、发行的老师们付出的艰辛努力。并且同样感谢读者在众多的 Java 参考书中选中了本书。

本书由辛运帏、饶一梅编写。由于编者的水平有限，书中难免有错误和不妥之处，恳请广大读者特别是同行专家们批评指正，感谢您的指导，这将是我们继续编写好教材的动力。

编者

2024 年 8 月于南开大学

目　　录

第1章　概　　述

1.1　什么是 Java 语言

Java 语言源自于 Oracle-Sun 公司，目前数以亿计甚至是几十亿计的计算机及手机上都有 Java 程序在运行，无所不在的嵌入式设备更是 Java 语言大显身手的舞台，使用 Java 语言编写的程序数不胜数。

Java 语言面向网络应用，其类库不断丰富，性能不断提高，应用领域也不断拓展，已成为当今最通用、最流行的软件开发语言之一，是许多专业人员首选的开发语言。Java 主要包含 Java SE、Java EE、Java FX 及 Java ME 等。本书仅介绍 Java SE，一般称之为 Java 标准版。

Oracle-Sun 公司为开发人员提供了软件开发工具包（Java Development Kit，JDK），并不断更新。读者可以从该公司的网站 http://www.oracle.com/technetwork/java/index.html 上查询当前最新的版本并下载安装。

那么，Java 到底是什么？为什么它一问世就引起计算机界如此强烈的反响呢？实际上，Java 是一种功能强大的程序设计语言，既是开发环境，又是应用环境。它代表一种新的计算模式。1993 年互联网开始流行，为 Java 提供了发挥潜能的机会。图 1-1 说明了 Java 语言的基本概念。

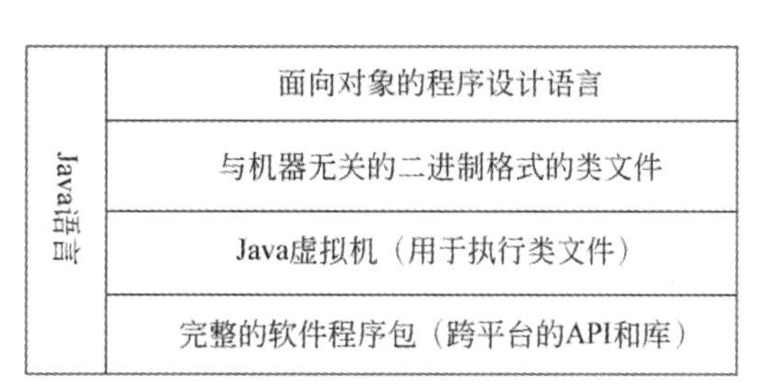

图 1-1　Java 语言的基本概念

Java 是通用的、面向对象的语言，具有分布性、安全性和健壮性。它的最初版本是解释执行的，现在的版本中增加了编译执行，因此不失高性能；它是多线程的、动态的语言；最主要的是它与平台无关，解决了困扰软件界多年的软件移植问题。Java 语言既具有一般面向对象程序语言的功能，又具备对类型进行严格检查的安全特性。

1.1.1　Java 语言的特点

Java 语言自诞生之日起，就受到了全世界的关注。Java 的出现标志着一个新的计算时代的到来，这就是 Java 计算时代。Java 的众多突出特点使得它受到了大众的欢迎。实际上，Java 符合目前面向对象程序设计的主流，与 Web 及 Internet 结合紧密，具有动画、声音等功能，能实时处理信息，有如下显著的特点。

1．语法简单，功能强大

Java 是一种类似于 C++的语言。熟悉 C++的程序设计人员对它不会感到陌生，不需花费太多的精力就可以掌握 Java。Java 去掉了 C++中不常用且容易出错的地方。例如，Java 中没有指针、结构和类型定义等概念，不再有全局变量，没有#include 和#define 等预处理器，也没有多重继承的机制。程序员不用自己释放占用的内存空间，因此不会引起因内存混乱而导致的系统崩溃。

Java 强调其面向对象的特性，是一个完全的面向对象的语言，对软件工程技术有很强的支持。Java 语言的设计集中于对象及其接口，提供了简单的类机制以及动态的接口模型。Java 的对象中封装了它的状态变量以及相应的方法，实现了模块化和信息隐藏。Java 的类提供了一类对象的原型，并且通过继承机制，子类可以使用父类所提供的方法，实现代码的复用，因此使用 Java 可以开发出非常复杂的系统。即便如此，Java 的解释器只占用很少的内存，适合在绝大多数类型的机器上运行。

2．分布式与安全性

Java 从诞生之日起就与网络联系在一起，它强调网络特性，内置 TCP/IP、HTTP、FTP 协议类库，便于开发网上应用系统。Java 程序在语言定义阶段、字节码检查阶段及程序执行阶段进行的三级代码安全检查机制，对参数类型匹配、对象访问权限、内存回收、Java 小应用程序的正确使用等都进行了严格的检查和控制，可以有效地防止非法代码的侵入，阻止对内存的越权访问，避免病毒的侵害。

3．与平台无关

Java 有一句著名的口号：一次编写，到处运行。这反映了 Java 的平台无关性，实现了编程人员多年的梦想。Java 可以跨平台使用，因此更适合于网络应用。Java 语言规定了统一的数据类型，有严格的语言定义，为 Java 程序跨平台的无缝移植提供了很大的便利。Java 编译器将 Java 程序编译成二进制代码，即字节码（bytecode）。不同的操作系统有不同的虚拟机，虚拟机就好比是一个小巧而高效的 CPU。而字节码则是虚拟机的机器指令，与平台无关。字节码有统一的格式，不依赖于具体的硬件环境。在任何安装 Java 运行时环境的系统上，都可以执行这些代码。运行时环境针对不同的处理器指令系统，把字节码转换为不同的具体指令，保证了程序的“到处运行”。

4．解释、编译两种运行方式

Java 程序可以经解释器得到字节码，且生成的字节码经过了精心设计，并进行了优化，因此运行速度较快，突破了以往解释性语言运行效率低的瓶颈。现在的 Java 版本又加入了编译功能（即 just-in-time 编译器，简称 JIT 编译器），待生成器将字节码转换成本机的机器代码后即可以较高速度执行，因此执行效率大幅度提高，达到了编译语言的水平。

5. 多线程

单线程程序只有一个线程，程序执行时代码顺序执行，即必须处理好前面的代码，后面的代码才会执行。多线程是指程序中包含多个执行流，即允许一个程序创建多个并行执行的线程来完成各自的任务。很多高级语言，包括 C 语言等，都不支持多线程，只能编写顺序执行的程序。有些语言则是通过操作系统 API 的支持来实现多线程。然而，Java 内置了语言级多线程功能，提供现成的 Thread 类，只要继承这个类就可以编写多线程的程序，支持用户程序并行执行。Java 提供的同步机制可保证各线程正确操作共享数据，完成各自的特定任务。在硬件条件允许的情况下，这些线程可以直接分布到各个 CPU 上，充分发挥硬件性能，减少用户等待时间。

通过使用多线程，程序设计者可以分别用不同的线程完成特定的行为，而不需要采用全局的事件循环机制，轻松实现网络上的实时交互行为。

6. 动态执行

Java 执行代码是在运行时动态载入的，程序可以自动进行版本升级。在网络环境下，可用于瘦客户机架构，减少维护工作。另外，类库中增加的新方法和其他实例，不会影响原有程序的执行。

7. 丰富的 API 文档和类库

Java 为用户提供了详尽的 API 文档说明。由于 Java 开发工具包中的类包罗万象、应有尽有，使程序员的开发工作可以在一个较高的层次上展开。这也正是 Java 受欢迎的重要原因之一。

1.1.2 Java 的三层架构

早期的计算机以主机架构为主。其特点是集中处理，集中管理，各用户分享计算机资源。这种模式下，大部分应用的可移植性较差，扩充系统计算能力的费用较高，而且当系统进行维护或因客观环境等因素导致的系统关机时会给用户带来不便。20 世纪 70 年代末 80 年代初出现的个人计算机（PC），全面改变了以往的计算模式，可实行本地处理、本地管理，各用户独占系统资源、不共享；机器使用时间完全按自己的日程而定。这种机制虽然满足了个性化的要求，但随着 PC 数量的日益增多及其应用操作日益复杂，PC 的管理维护费用直线上升。据调查，PC 的平均管理维护费用远远超出了其最初的购置费。

Java 计算模式结合了上述两种模式的优势，可用于客户/服务器架构。在这个架构中，可将公共使用的程序放到应用程序服务器上，供用户使用时从服务器上下载到客户端，各用户独立使用设备和程序。程序更新只需要在服务器上进行。之后，客户再使用时，下载的就是更新后的版本，系统管理员不必在客户端做任何维护工作，从而达到“零管理”的理想目标。

1.1.3 Java 语言的目标

最初 Java 语言有明确的开发目标，这也正是它区别于其他语言的独特之处。这些目标包括：

- 创建一种面向对象的语言——面向对象的程序设计方法已成为主流，Java 语言的语法及程序结构正是采用了这样的设计方法；
- 提供一种解释环境，以缩短系统开发的“编译—连接—装载—测试”周期，提高开发速度；
- 去掉影响代码健壮性的功能，如指针结构及程序员负责的内存释放；
- 为程序运行多线程提供方法；
- 允许程序下载代码模块，以在程序运行生命期内动态修改；
- 检查下载的代码模块，提供一种保证安全的手段。

Java 虚拟机、Java 独特的垃圾收集机制及三级代码安全检查机制，可共同支持 Java 实现这个目标。

1.1.4 Java 虚拟机

1. Java 虚拟机的概述

Java 虚拟机（java virtual machine，JVM）是运行 Java 程序必不可少的机制。编译后的 Java 程序指令并不直接在硬件系统的 CPU 上执行，而是由 JVM 执行。JVM 是编译后的 Java 程序和硬件系统之间的接口，程序员可以把 JVM 视为一台虚拟的处理器。它不仅解释执行编译后的 Java 指令，而且还进行安全检查，是 Java 程序能在多平台间进行无缝移植的可靠保证，同时也是 Java 程序的安全检验引擎。

Java 虚拟机规范中给出的 JVM 定义为：JVM 是在一台真正的机器上用软件方式实现的一台假想机。JVM 使用的代码存储在.class 文件中。JVM 的部分指令很像真正的 CPU 指令，例如算术运算、流控制和数组元素访问等。

Java 虚拟机规范提供了编译所有 Java 代码的硬件平台。因为编译是针对虚拟机的，所以该规范能让 Java 程序独立于平台，即适用于每个具体的硬件平台，以保证能运行为 JVM 编译的代码。JVM 不但可以用软件实现，而且可以用硬件实现。

JVM 的具体实现包括指令集（等价于 CPU 的指令集）、寄存器组、类文件格式、栈、垃圾收集堆、内存区。

JVM 的代码格式为压缩的字节码，因而效率较高。由 JVM 字节码表示的程序必须保持原来的类型规定。Java 主要的类型检查是在编译时由字节码校验器完成的。Java 的任何解释器都要能执行符合 JVM 定义的类文件格式的任何类文件。

Java 虚拟机规范对运行时数据区域的划分及字节码的优化并不做严格的限制，它们的实现依平台的不同而有所不同。JVM 的实现叫作 Java 运行时系统或运行时环境（runtime environment），简称为运行时。Java 运行时必须遵从 Java 虚拟机规范，这样，Java 编译器生成的类文件才可被所有 Java 运行时系统下载。嵌入 Java 运行时系统的应用程序，即可执行 Java 程序。目前，许多操作系统和浏览器都嵌入了 Java 运行时环境。

2．Java 虚拟机的性能

在问世之初，Java 因没有完全优化，并且是解释执行，所以 Java 程序的运行效率较低；同时，有着较长发展史、已非常成熟的 C/C++语言仍在开发界扮演着主要角色，人们往往拿 C/C++的性能效率与刚诞生的 Java 相比较，这显然失之偏颇。

之后，Java 解释器经过不断的优化，字节码的执行速度已有很大提高。另外，在字节码执行之前可以先经过 JIT 编译器编译，生成针对具体平台的本机执行代码。因此执行效率已较解释执行的效率大幅提高。现在，许多厂商都提供 JIT 编译器，这项技术已非常成熟。又因字节码与平台无关，所以经过编译的 Java 仍不失跨平台的特点。

Hotspot 技术是另一个有特色的技术。它提供对代码的运行时选择，为的是从根本上解决 Java 程序的效率问题。在执行程序时，Hotspot 会对每个字节码指令进行单独分析，根据其执行次数，动态决定执行方式：需要多次重复执行的一段指令，会被立即编译为可执行代码；只执行一次的简单指令，且解释执行的效率更高，则使用解释执行的方式。有了这项技术，Java 的效率问题基本上可以得到解决。

1.1.5 垃圾收集

许多程序设计语言允许在运行时动态分配内存。分配内存的过程因各种语言的语法不同而有所不同，但总要返回指向内存块开始地址的指针。

一旦不再需要所分配的内存（指向内存的指针超出使用范围），程序或运行时环境最好将内存释放，以避免内存越界时得到意外结果。

在 C 和 C++（及其他语言）中，由程序开发人员负责内存的释放。这是个很烦琐的事情，因为程序开发人员并不总是知道内存应该在何时释放。然而，如果不及时释放不再需要的内存，那么程序就可能会因内存资源枯竭而停止执行；如果释放了仍在使用的内存，则可能导致程序崩溃、系统混乱。这些不能正确使用内存的程序被称为有“内存漏洞”。

在 Java 中，程序员不必亲自释放内存。Java 提供了后台系统级线程，记录每次内存分配的情况，并统计每个内存指针的引用次数，引用次数为 0 即意味着没有程序使用这块内存。在 Java 虚拟机运行时环境闲置时，垃圾收集线程就会检查是否存在引用次数为 0 的内存指针，如果有，垃圾收集线程则会把该内存“标记”为“清除”（释放），即归还给系统，留待下次分配给其他的内存申请。

在 Java 程序生存期内，垃圾收集将自动进行，无须用户释放内存，从而消除了内存漏洞。因此，在编写程序时，程序员可以将注意力放在更需要注意的地方；不仅如此，程序的调试也更加方便。

1.1.6 代码安全

图 1-2 说明了 Java 程序环境，不妨来看看它是如何在这个环境中保证代码安全的。

Java 语言是解释执行的，但从某种意义来讲，Java 文件是“编译”的，因为它生成了中间语言形式的文件。经过“编译”的 Java 目标代码称为字节码，存储在.class 文件中。字节码是不依赖机器硬件平台的二进制代码。

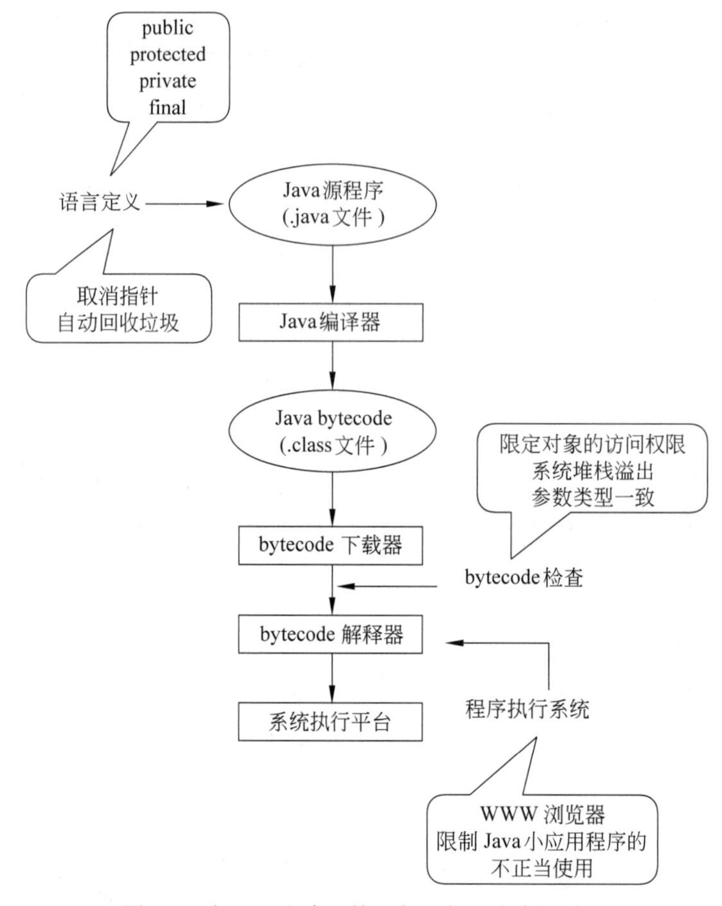

图 1-2 在 Java 程序环境下保证代码安全的过程

运行时，类下载器下载组成 Java 程序的字节码，在解释器中检查并运行它们。在某些 Java 运行时环境中，验证过的字节码也可以被编译为本地的机器码，并直接在硬件平台上执行。

因 Applet 是从其他机器上通过网络下载到本机执行的，程序中可能隐藏某些非法操作，所以在运行 Applet 之前，系统要对其进行严格的三级代码安全检查，即验证、分析和跟踪监测。第一级验证在类下载时完成，检查从哪里下载文件，是否有权限进到本机系统。然后进行第二级检查，即字节码校验，此时要分析下载的字节码是否合乎规则。如果字节码的格式不合要求，则拒绝执行。只有完全合乎规则的字节码才允许执行。执行的时候，安全管理器将始终监测所执行的每步操作，检查其合法性。Java 的安全检查可以全面提高操作系统的安全等级，经过这三级安全检查的 Java 程序不会受到病毒的侵害。目前，很多系统在安全检查时只做第一步，即查看代码下载的权限是否合乎要求。与之相比，Java 的三级安全检查机制要完备得多，不仅进行静态检查，还要进行动态跟踪。

具体地说，Java 的不同版本有不同的安全机制。在最初的 JDK1.0 版本中，安全模型是所谓的"沙箱"模型，从网络上下载的代码只能在一个受限的环境中运行，这个环境像箱子一样限制了代码能访问的资源。

后来的JDK1.1版本提出了"签名Applet"的概念。有正确签名的Applet可同本地代码一样使用本地的资源。没有签名的Applet则还与前一版本一样，只在沙箱中运行。

在Java 2平台下，安全机制又有较大改善。它允许用户自行设定相关的安全级别。另外，应用程序则采取了和Applet一样的安全策略，程序员可以根据需要设定本地代码或远程代码，以保证程序更安全高效地运行。

Java程序环境中的几个重要组成部分包括Java解释器、类下载器及字节码校验器。

1. Java解释器

Java解释器只能执行由JVM编译的代码，Java解释器有3项主要工作。

- 下载代码——由类下载器完成。
- 校验代码——由字节码校验器完成。
- 运行代码——由运行时解释器完成。

2. 类下载器

Java运行时系统区别对待来自不同源的类文件。它可能从本地文件系统中下载类文件，也可能从Internet上使用类下载器下载类文件。运行时系统动态决定程序运行时所需的类文件，并把它们下载到内存中，将类、接口与运行时系统相连。类下载器把本地文件系统的类名空间和网络源输入的类名空间区分开来，以增加安全性。因为内置的类总是先被检查，所以可以防止起破坏作用的应用程序的侵袭。

所有的类下载完毕后，开始确定可执行文件的内存分配。此时，指定具体的内存地址，并创建查询表。因为内存分配是在运行时进行的，并且Java解释器阻止访问可能给操作系统带来破坏的非法代码地址，所以增强了保护性。

3. 字节码校验器

Java代码在机器上真正执行前要经过几次测试。程序通过字节码校验器检查代码的安全性，字节码校验器检测代码段的格式，并使用规则来检查非法代码段——伪造的指针、对目标的访问权限违例或是试图改变目标类型或类的代码。通过网络传送的所有类文件都要经过字节码校验器的检验。

字节码校验器要对程序中的代码进行4趟扫描，以保证代码依从JVM规范，并且不破坏系统的完整性。校验器主要检查以下几项内容。

- 类遵从JVM的类文件格式。
- 不出现访问违例情况。
- 代码不会引起运算栈溢出。
- 所有运算代码的参数类型总是正确的。
- 不会发生非法数据转换，如把整数转换为指针。
- 对象域访问合法。

如果完成所有的扫描之后不返回任何错误信息，就可以保证 Java 程序的安全性了。

1.2　一个基本的 Java 应用程序

1.2.1　开发环境的安装

在介绍 Java 应用程序之前，先介绍如何安装开发环境。JDK 是原 Sun 公司（现已被 Oracle，即甲骨文公司收购）提供的软件包，其中含有编写和运行 Java 程序的所有工具，包括组成 Java 环境的基本构件：Java 编译器 javac、Java 解释器 java、浏览 Applet 的工具 appletviewer 等。编写 Java 程序的机器上一定要先安装 JDK，安装过程中要正确设置 Path 和 CLASSPATH 环境变量，这样系统才能找到 javac 和 java 所在的目录。

首先，登录到下列网址：

Java Downloads | Oracle/java/technologies/downloads/

这里提供了各主流操作系统下当前最新版本的 JDK。读者可以根据自己机器安装的操作系统，选择安装 Java 17 或 Java 18 版本。以 Windows 为例，选择 Java 18，则页面中有 3 个文件供选择，分别是压缩文件、直接安装文件和数据包文件。可以选择直接安装文件：https://download.oracle.com/java/18/latest/jdk-18_windows-x64_bin.exe，将它下载到机器的某个目录中，例如新建一个目录 javadownload。

下载完毕，在 javadownload 中，双击 jdk-18_windows-x64_bin.exe，直接运行，开始安装 JDK 的过程，如图 1-3 所示。

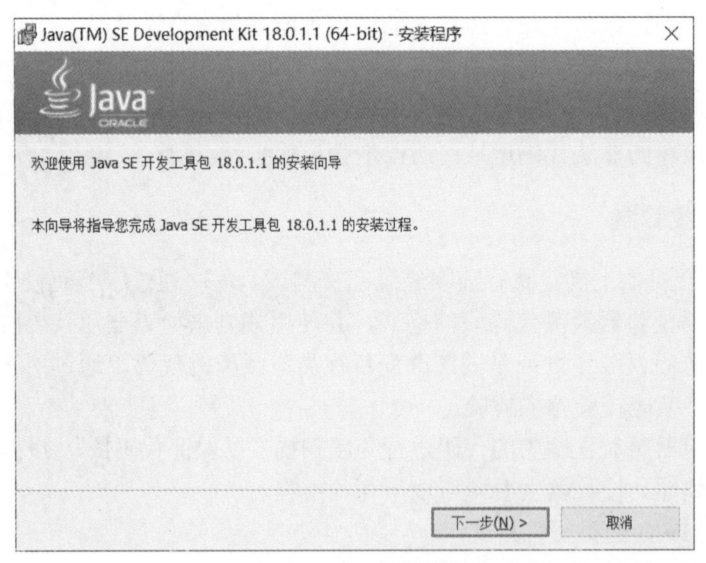

图 1-3　JDK 安装开始

按照安装向导进行即可。单击图 1-4 中的“更改”按钮，可以根据自己机器的配置选择合适的安装目录，如图 1-5 所示。安装完毕会显示图 1-6 所示的界面。

Java(TM) SE Development Kit 18.0.1.1 (64-bit) - 目标文件夹
Java
ORACLE
这会安装 Java(TM) SE Development Kit 18.0.1.1 (64-bit)。它要求硬盘驱动器上有 420MB 空间。单击"更改"按钮可更改安装文件夹。
将 Java(TM) SE Development Kit 18.0.1.1 (64-bit) 安装到：
C:\Program Files\Java\jdk-18.0.1.1\
更改...
上一步(B)
下一步(N)
取消

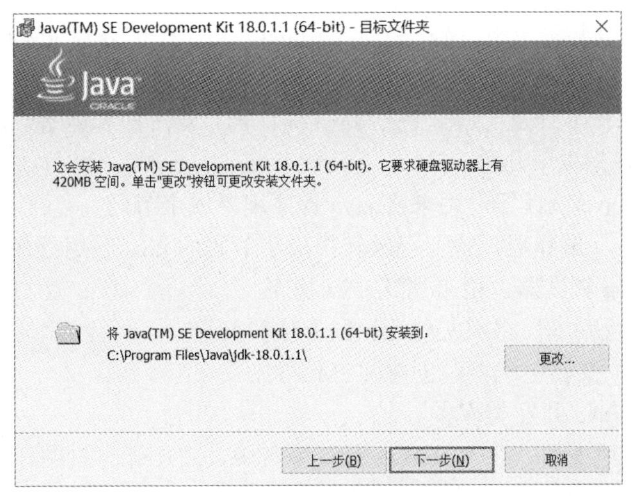

图 1-4　JDK 安装中可以更改安装目录

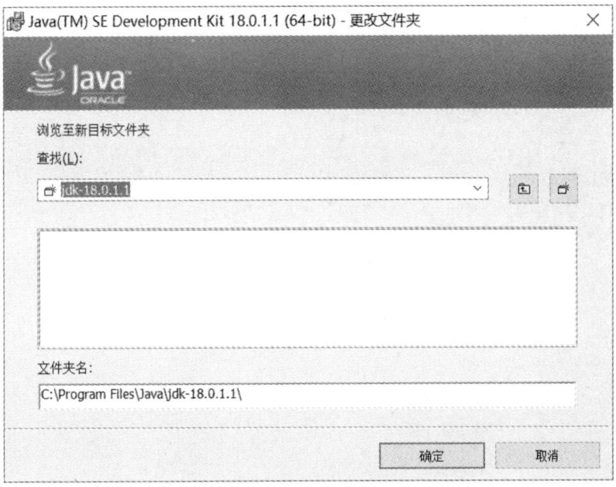

Java(TM) SE Development Kit 18.0.1.1 (64-bit) - 更改文件夹
Java
ORACLE
浏览至新目标文件夹
查找(L):
jdk-18.0.1.1
文件夹名:
C:\Program Files\Java\jdk-18.0.1.1\
确定
取消

图 1-5　选择 JDK 的安装目录

Java(TM) SE Development Kit 18.0.1.1 (64-bit) - 完成
Java
ORACLE
Java(TM) SE Development Kit 18.0.1.1 (64-bit) 已成功安装
单击"后续步骤"访问教程, API 文档, 开发人员指南, 发布说明及更多内容, 帮助您开始使用 JDK 。
后续步骤(N)
关闭(C)

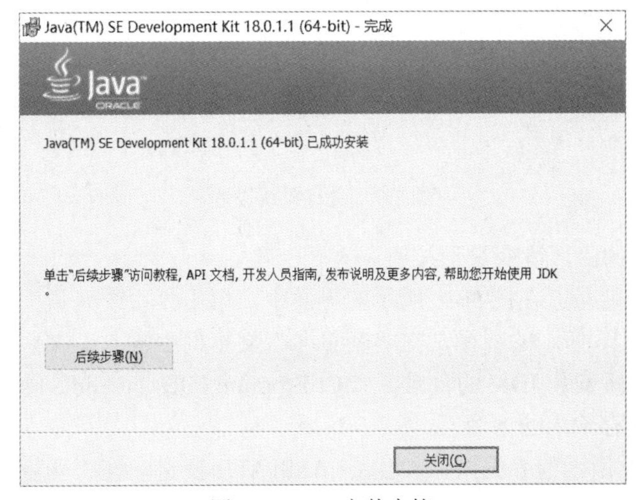

图 1-6　JDK 安装完毕

安装后，会在安装目录下看到一个目录 Java，其中有子目录 jdk-18.0.1.1。目录中包含编译、调试、运行 Java 程序的相关应用程序。

- \bin 目录：Java 开发工具，包括 Java 编译器、Java 解释器等。bin 目录下的 Java 开发工具包括以下几种。
  - ◆ javac：Java 编译器，用来将 java 程序编译成字节码。
  - ◆ java：Java 解释器，执行已经转换成字节码的 java 应用程序。
  - ◆ jdb：Java 调试器，用来调试 java 程序。
  - ◆ javap：反编译，将类文件还原回方法和变量。
  - ◆ javadoc：文档生成器，创建 HTML 文件。
- \lib 目录：Java 开发类库。

接下来设置环境变量。在 Windows 操作系统中，右击计算机图标，在弹出的快捷菜单中选择“属性”命令，进入“系统属性”设置界面，在相关设置中选择“高级系统设置”，如图 1-7 所示。

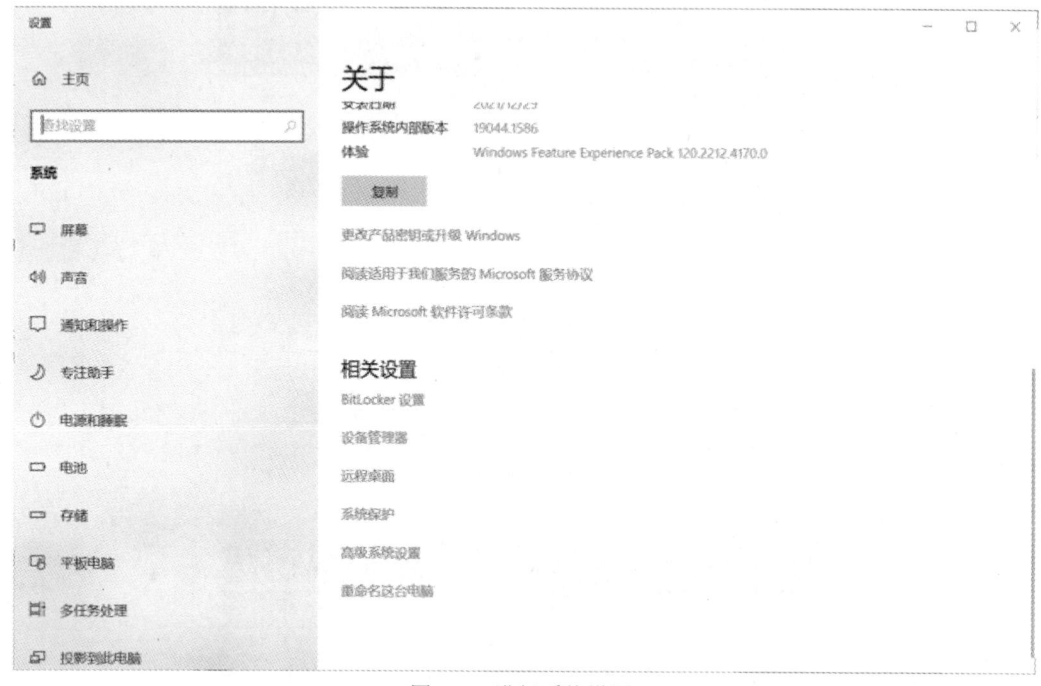

图 1-7　进行系统设置

单击图 1-8 中的“环境变量”按钮。

接着添加系统变量。在图 1-9 所示的界面中，单击“系统变量”选项组的“新建”按钮。打开如图 1-10 所示的界面，在“变量名”文本框中输入 JAVA_HOME，在“变量值”文本框中输入所安装 JDK 的目录，如 C:\Program Files\Java\jdk-18.0.1.1。输入完毕单击“确定”按钮保存输入的内容。

继续在图 1-10 所示的界面中，新建 CLASSPATH 变量。在“变量值”文本框中输入“.;%JAVA_HOME%\lib;%JAVA_HOME%\lib\tools.jar”。输入完毕单击“确定”按钮保存输入的内容。

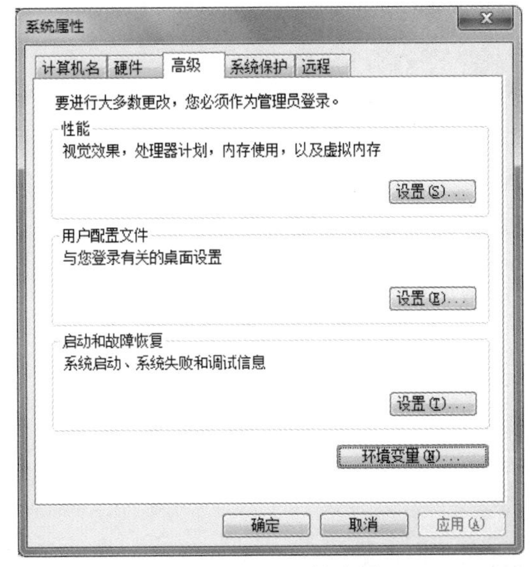

图 1-8 设置环境变量

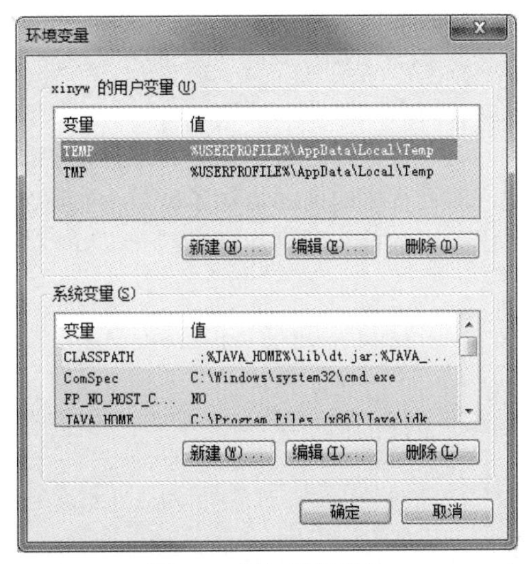

图 1-9 添加系统变量

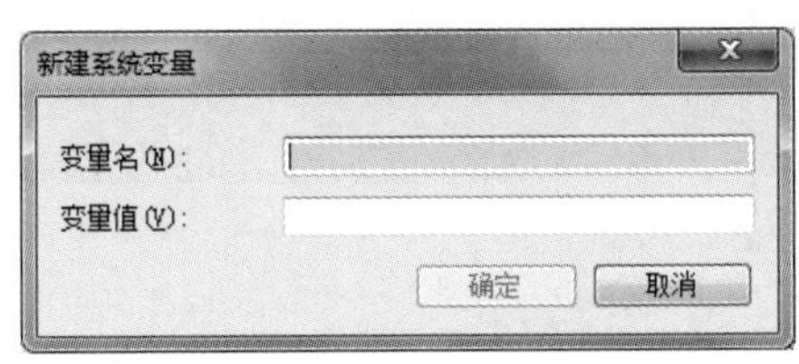

图 1-10 新建系统变量

接下来，在图 1-9 所示的界面中，选择系统变量 Path，单击“编辑”按钮，添加所增加的内容。在“变量值”文本框中输入“;%JAVA_HOME%\bin;%JAVA_HOME%\jre\bin”。至此，环境变量设置完毕。

现在测试这些设置是否正确。在 DOS 命令行窗口中，输入“javac”，如果系统给出了帮助信息，则说明设置正确。

1.2.2 Java 应用程序

Java 程序分为两种，一种是 Java 应用程序（Java Application）；另一种是 Java 小应用程序（Java Applet），或叫 Java 小程序。本书的前几章介绍 Java 应用程序，第 10 章介绍 Java 小应用程序。

和其他任何程序设计语言一样，Java 语言也可以创建通常意义下的应用程序。下面编制一个仅在屏幕上显示字符串“Hello World!”的最小的应用程序，以此说明 Java 程序的基本结构。程序 1-1 保存在 HelloWorldApp.java 文件中。

程序 1-1 一个基本的 Java 应用程序。

```
1 //
2 //简单的应用程序 HelloWorld
```

```
3 //
4 public class HelloWorldApp{
5   public static void main (String args[]) {
6      System.out.println ("Hello World!");
7   }
8 }
```

这些程序行包含了在屏幕上打印“Hello World!”所需的最基本的内容。为了解释方便，每行程序的前面均加了行号。实际的程序文件中要去掉这些行号。

程序的前3行是注释行：

```
1 //
2 //简单的应用程序 HelloWorld
3 //
```

第4行为：

```
4 public class HelloWorldApp{
```

这一行说明了一个公有类，类的名字为HelloWorldApp。类的内容从类名后的大括号“{”开始，到与之匹配的“}”（第 8 行）为止。编译正确后，系统在当前工作目录下创建一个classname.class文件，其中classname是在源文件中指定的类名。此处，编译器创建的文件名为HelloWorldApp.class。这是二进制格式的字节码文件。

程序从第5行开始执行。

```
5   public static void main (String args[]) {
```

程序执行时，程序名之后输入的内容称为命令行参数，它是动态传递给程序的参数。如果程序执行时给定命令行参数，则这些参数将放在称为args的字符串数组中传给main()方法。本例中，没有命令行参数，args数组为空。

C和C++语言使用main()作为程序运行的入口点，Java亦是如此。Java解释器在执行前查找该方法，然后从此处开始执行；如果找不到该方法，程序就不会执行。作为Java程序中应用程序执行的入口点的主函数main()，它的前面有3个修饰符，这是main()方法规定的，不能缺少，也不能替换为其他内容。熟悉C或C++语言的读者能够理解main()之前各关键字的意义。如果读者不完全理解，也不要担心，本书后面将会介绍。Java 中这3个修饰符的次序可以稍有变化，可以如程序中所示，也可以写为：

```
static public void
```

这一行各要素的具体含义如下。

- public——该关键字说明方法main()是公有方法，它可被任何方法访问，包括Java解释器。实际上，main()方法只被Java解释器调用，其他方法一般不调用它。
- static——该关键字告诉编译器main()方法是静态的，可用在类HelloWorldApp中，不需要通过该类的实例来调用。如果方法不是静态的，则必须先创建类的实例，然后才能调用实例的方法。有关类和实例的内容请参看本书后面的相关章节。

- void——指明 main()方法不返回任何值。这很重要，因为 Java 要进行谨慎的类型检查，包括对调用方法所返回的类型和它们说明的类型之间的检查。如果方法没有返回值，则必须说明为 void，不可省略。如果方法有返回值，则以返回值类型替换 void。
- String args[]——表示命令行参数。运行一个 Java 程序的方式是在命令行中输入如下命令：

```
$ java 程序名 [参数列表]
```

这里，符号$表示命令行提示符，之后的内容是用户输入的。java 是应用程序的名字，表示运行一个程序。程序名也就是类的名字，后面的参数列表是可选的。如果想要传送给程序不同的参数值，则可以把这些参数依次列在程序名字的后面，系统将这些参数依次放到 args 数组中。该数组各元素是 String 类型的。如输入如下的命令行：

```
$ java HelloWorldApp arg1 arg2
```

则数组元素 args[0]中存储参数 arg1，args[1]中存储参数 arg2，args.length 表示命令行参数的个数。本例中，args.length 的值为 2，在命令行输入时由系统自动赋值。

```
6      System.out.println ("Hello World!");
```

这是程序中唯一的可执行语句，它将字符串"Hello World!"输出到标准输出流，即屏幕上。该行也反映了类名、对象名和方法调用之间的关系。System 是系统包 java.lang 中的一个类，该类中有成员变量 out，这是标准输出流，主要用于为用户显示信息。println 方法接受一个字符串参数，并把它输出到标准输出流。

程序的最后两行是两个括号，表示方法 main()和类 HelloWorldApp 的结束。

注意程序中大括号的个数一定要匹配。

1.3 程序的编译和运行

1.3.1 编译

读者可以使用系统中提供的文本编辑器，如 Windows 系统下的记事本，输入程序 1-1，并将它存储为文件 HelloWorldApp.java。输入时注意大小写，因为 Java 语言区分大小写；同时注意存储的文件名要与类名一致。如果读者使用的是字处理程序，则应注意不要在文件中加入任何排版信息，保证得到的源文件一定是纯文本形式的。

Java 的执行系统不能识别文本形式的源文件，因此必须经过编译，生成字节码的类文件后才能运行。类文件是二进制格式的，有统一的格式，JVM 可以识别并执行。Java 编译器是 javac，创建 HelloWorldApp.java 源文件后，可以用下面的命令编译它：

```
$ javac HelloWorldApp.java
```

该行中的第一个字符$为系统命令行提示符，其后内容才是用户输入的命令。提示符依系统不同而有所差异。如果编译器没有返回任何错误信息，则表示编译成功，源文件正确，此时系统会在同一目录下生成新文件 HelloWorldApp.class。

如果编译时出现错误，则需按照错误内容提示修改程序，并重新进行编译。后面将介绍几种常见的错误，并简述其修正方法。

1.3.2 运行

正确编译后的类文件就可以执行了。Java 的解释器是 java，JVM 通过解释器解释执行类文件。

要运行 HelloWorldApp 应用程序，可输入如下命令：

```
$ java HelloWorldApp
```

命令输入后，会在屏幕上看到一行信息 Hello World!，这正是我们想要的结果，如图 1-11 所示。

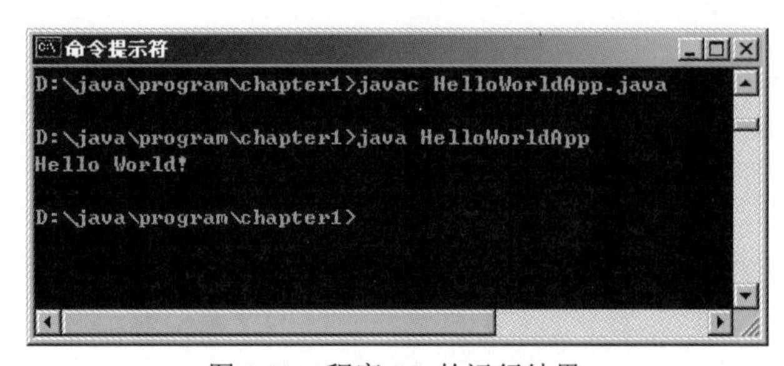

图 1-11　程序 1-1 的运行结果

注意：java 和 javac 一般放在系统的$JAVA_HOME\bin 目录中，系统配置文件的 Path 变量中应包含该目录。在用户工作目录下使用 java 和 javac 命令时，系统会自动到 Path 所含的目录中查找这些命令。如果在 Path 中没有包含路径，则需要在输入命令时，指定命令所在的绝对路径。

1.4 常见错误

1.4.1 编译时错误

1．错误提示内容一

```
javac: Command not found
```

解释：包含 javac 编译器的路径变量设置不正确。请检查环境变量的设置是否正确，通常 javac 编译器放在 The Java Developers Kit（JDK）下的 bin 目录中。

2．错误提示内容二

```
HelloWorldApp.java:3: Method printl
```

```
(java.lang.String) not found in class java.io.PrintStream.
System.out.printl ("Hello World!");
            ^
```

解释：输入的方法名 printl 不正确，方法 println()的名字被写成 printl。错误信息中用符号“^”指示系统找不到的方法名，第 1 行中的 3 表示错误所在行数，即第 3 行（注释行不计算在内）。系统不认识的标识符（用符号“^”指示的）产生的原因如下。

- 程序员拼写错误，包括大小写不正确。
- 方法所在的类没有引入到当前名字空间。
- 实例所对应的类中没有定义要调用的方法。
- 其他原因。

3．错误提示内容三

```
HelloWorldApp.java:1: Public class HelloWorldapp must be
defined in a file called "HelloWorldapp.java".
public class HelloWorldapp{
             ^
```

解释：文件 HelloWorldApp.java 中定义的公有类 HelloWorldapp 的名字和文件名不匹配。Java 规定，如果.java 文件中包含一个公有类，则文件名必须与类名一致。文件名与类名不一致时会发生该错误。此例中，名字中的字母 a 大小写不统一。

这里只列举了很少的几个错误，读者需要在练习的过程中逐渐熟悉其他错误，并培养自己快速定位错误、修改错误的能力。

1.4.2 运行时错误

1．错误提示内容一

```
Can't find class HelloWorldApp
```

解释：当输入 java HelloWorldApp 时发生该错误。

系统找不到名为 HelloWorldApp 的类文件。通常，该错误意味着类名拼写和源文件名不一样，系统创建 filename.class 文件时使用的是类定义的名字，并且区分大小写。

例如：

```
class HelloWorldapp {...}
```

经编译后将创建 HelloWorldapp.class 类文件。执行时，也要使用这个名字。发生这个错误时，可以使用文件查看命令 ls（UNIX 系列平台）或 dir（Windows 平台）看看当前目录下是否存在相应的文件，并检查文件名的大小写。

2．错误提示内容二

```
In class HelloWorldApp: main must be public and static
```

解释：如果 main()方法的左侧缺少 static 或 public，会发生这个错误。main()方法前面的修饰符有特殊的要求。

Java 中的 main()与标准 C 中 main()函数的地位相同。一个应用程序有且只有一个 main()方法，main()方法必须包含在一个类中，该类即为应用程序的外部标志。

3. 文件中含有的类个数错误

解释： 按照 Java 规则，一个源文件中最多只能定义一个公有类，否则会发生运行时错误。如果一个应用系统中有多个公有类，则要把它们分别放在各自不同的文件中。文件中非公有类的个数不限。

4. 层次错误

解释： 一个.java 源文件可以含有 3 个“顶层”元素，这 3 个元素列举如下：

- 一个包说明，即 package 语句，包说明是可选的；
- 任意多个引入语句，即 import 语句；
- 类和接口说明。

这些语句必须按一定的次序出现，即引入语句必须出现在所有类说明之前，包说明必须出现在类说明和引入语句之前。

从整体上来看，Java 程序的结构如下。

- package 语句：零个或一个，必须放在文件开始。
- import 语句：零个或多个，必须放在所有类定义之前。
- 公有的（public）类定义：零个或一个。
- 类定义：零个或多个。
- 接口定义：零个或多个。

每个源文件中，至少有一个类，最多只能有一个 public 类；源文件命名时，若文件中含有 public 类，则源文件必须与该类名字一致，还要注意区分大小写。例如，下面是正确的语句序列：

```
package Transportation;
import java.awt.Graphics;
import java.applet.Applet;
```

下面是两例错误的语句顺序：

```
import java.awt.Graphics;
import java.applet.Applet;
package Transportation;
```

上述示例中在包说明语句之前含有其他语句。

```
package Transportation;
package House;
import java.applet.Applet;
```

上述示例中含有两个包说明语句。

1.5 使用 Java 核心 API 文档

JDK 文档中有许多 HTML 文件，这些是 JDK 提供的应用程序编程接口（Application Programming Interface，API）文档，可使用浏览器查看。API 是原 Sun 公司提供的使用 Java 语言开发的类集合，用来帮助程序员开发自己的类、Applet 和应用程序。程序员使用最多的应该是 Java 核心 API。除了 Java 核心 API 之外，程序员可利用的 API 还有：Java 商业 API、Java 服务器 API、Java 媒体 API、Java 管理 API、Java 嵌入的 API。

核心 API 文档是按层设计的，以主页方式提供给用户。主页按照链接列出包的所有内容。如果选定了一个具体的包，则显示的页面将列出作为包成员的所有内容。每个类对应为一个链接，单击这个链接将跳转至提供该类的信息页。所有类文档都有相同的格式，不过，根据具体类的不同，有些内容项可能没有。Java 核心 API 中有众多的包，每个包中都有若干个类和接口，其中又含有若干属性。API 文档中依次列出各类的相应内容。

Java 提供的内容非常多，读者不可能阅读一两本 Java 教科书就能全部掌握。在实际编程时，API 是不可缺少的工具。实际上，Java 正是因其丰富的 API 才获得了如此巨大的成功。

可以浏览公司网站查看文档。Java 官方提供了 Java 8 在线 API 文档，网址是 http://docs.oracle.com/javase/8/docs/api/。打开后，界面如图 1-12 所示。

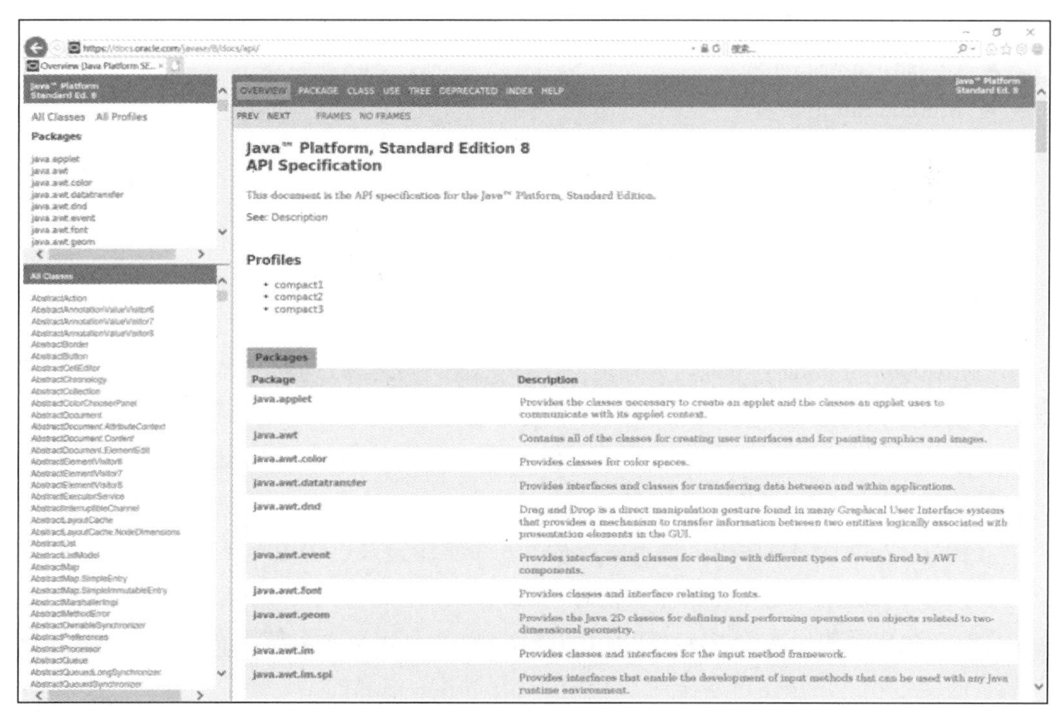

图 1-12　Java 核心 API 文档的初始页面

类文档中主要包括：类层次结构、类及其一般目的的说明、成员变量表、构造函数表、方法表、变量详细说明表及每个变量使用目的的详细描述、构造方法的详细说明及进一步描述、方法的详细说明及进一步描述。

读者必须要了解，有些类的许多工具不在该类的文档页中讲述，而是在其“父”类的文档中描述，例如，按钮（button）派生于组件（component）这一事实，就是在类层次结构中说明的。要找到 Button 类的 setColor()方法，必须查看 Component 类的文档。

类文档窗口分为 3 部分：左上部分显示 Java JDK 中提供的所有包的信息；选中某个包后，将在左下部分显示这个包中所有接口及类的信息。例如，选择查看 java.lang 包，左下窗框内将显示与这个包相关的内容。

如果想进一步查看包中 Integer 类的信息，选中 Integer，右侧窗框部分便会显示 java.lang 中 Integer 类的所有接口及类的内容，向下拉动滚动条，定位到所需的位置就可以了。

通常，包页面中都会列有接口索引（Interface Index）、类索引（Class Index）、异常索引（Exception Index）、错误索引（Error Index）等。因各包内容不同，有的包中可能只列有其中的若干项。例如，java.applet 包中只列有接口索引和类索引，java.math 中只有类索引。如果想查看包中任一项的内容，直接单击该链接，进入相应的页面即可。

总的来说，一个类中的信息包括以下部分：

- Field Summary。
- Constructor Summary。
- Method Summary。
- Field Detail。
- Constructor Detail。
- Method Detail。

Field Summary 中列出类中成员变量的信息，包括名字、类型及含义。Field Detail 中将详细介绍这些成员变量。

Constructor Summary 中列出类构造方法的信息，包括参数列表并解释所创建的实例。构造方法的详细信息在 Constructor Detail 部分中显示。

在 Method Summary 中可以查找到要使用的方法名。Method Detail 中将详细介绍该方法的使用方法，包括调用参数表及返回值情况。

在图 1-12 所示的页面中，最上面一行有几个常用链接。OVERVIEW 列出所有包的名字，PACKAGE 展示选中包的相关信息，CLASS 展示选中类的相关信息，USE 展示用法，TREE 列出类的层次关系，DEPRECATED API 中列出已不再使用的 API，INDEX 则将所有的变量和方法按字母序排列。文档使用变量和方法名的第一个字母建立一级索引，该一级索引位于页面的顶端，单击选中一个字母后，将列出以该字母打头的所有变量和方法，可以按名查找。

习　题

1.1 简述 Java 语言的特点。

1.2 什么是 Java 虚拟机？它包括哪几部分？

1.3 简述 JVM 的工作机制。

1.4 Java 语言的安全机制有哪些？

1.5 Java 的垃圾收集机制与其他语言相比有什么特点？

1.6 上机调试 1.2 节中的程序 1-1，直至得到正确结果。

1.7 练习使用浏览器查看 Java API 文档。

1.8 列出 Java API 文档中的 4 个包名。

1.9 列出 java.lang 中的 4 个类。

1.10 列出 java.applet 中 Applet 类的所有父类。

1.11 列出 java.awt 中的 4 个接口。

1.12 列出 java.lang.Math 类中的 4 个常用方法，并总结 Math 类的功能。

1.13 查阅 API 文档，列出 java.lang.String 类的 4 个常用方法。

1.14 查阅 API 文档，列出 java.util.Random 类的 4 个常用方法。

1.15 查阅 API 文档，列出 java.awt.Color 类的 4 个常用方法。

第 2 章　标识符和数据类型

简单地说，一个 Java 程序包括若干个类（及接口）定义，类定义是生成对象的“蓝本”。一个 Java 程序的结构包含如下几个部分。

- package 语句：可以没有，也可以每个文件有一个，有的话必须放在文件的开头。
- import 语句：可以没有，也可以有多个。如果有 import 语句，则必须放在所有类定义之前。
- public 型的类定义：每个文件中最多有一个。
- 类定义：每个文件包含的非 public 的类定义的个数没有限制。
- 接口定义：每个文件包含的接口定义的个数没有限制。

在介绍类、接口等的定义之前，本章先介绍构成语言的最基本的语法单位，如标识符、数据类型等。

2.1　Java 的基本语法单位

2.1.1　空白、注释及语句

1. 空白

在 Java 程序中，换行符及回车键都可以表示一行的结束，都可被视为是空白。另外，空格键、水平定位键（Tab）亦是空白。为了增加可读性，Java 程序的元素之间可插入任意数量的空白，编译器将忽略掉多余的空白。

程序中除了加入适当的空白外，还应使用缩进格式，使得同一层次语句的起始列位置相同。在程序 2-1 的两段代码中，虽然所有语句都一样，但第二种写法的程序设计风格更好，更清晰易读。

程序 2-1　两种程序风格的比较。

（1）不提倡的程序风格

```
//一种不好的风格
class Point {int x,y;Point(int x1,int y1) {x=x1;
y=y1;
}
Point(
){this(0,0);}
void
moveto(int x1,int y1){
x=x1;y=y1;
```

```
}}
```

（2）提倡的程序风格

```
//好的风格
class Point {
    int x, y;                          //点的 x 轴、y 轴坐标
    Point(int x1, int y1) {            //构造方法
        x = x1;
        y = y1;
    }
    Point(){                           //构造方法
        this( 0, 0);
    }
    void moveto(int x1, int y1){       //点移动到（x1, y1）
        x = x1;
        y = y1;
    }
}
```

2. 注释

在程序中适当地加入注释，会增加程序的可读性。注释不能插在一个标识符或关键字之中，即要保证程序中最基本元素的完整性。程序中允许添加空白的地方就可以写注释。注释不影响程序的运行结果，编译器会忽略注释。

下面是 Java 中的 3 种注释形式：

```
//在一行的注释
/* 一行或多行的注释 */
/** 文档注释 */
```

第 1 种形式表示从“//”开始一直到行尾均为注释，一般用它对声明的变量、一行程序的作用进行简短说明。“//”是注释的开始，行尾表示注释结束。

第 2 种形式可用于多行注释，“/*”表示注释的开始，“*/”表示注释的结束，“/*”和“*/”之间的所有内容均是注释内容。这种注释多用来说明方法的功能等。

第 3 种形式是文档注释，每个这样的注释必须出现在公有类定义或公有方法头的前面，且必须以“/**”开头，以“*/”结尾。如果程序中含有这种风格的注释，则可以执行一个称为 javadoc 的实用程序，提取类头、所有公有方法的头，以及以特定形式写的注释。注释中以符号@开头的特定的标签（tags），标识出方法的不同方面。例如，使用@param 标识参数，@return 标识返回值，而@throws 表示方法抛出的异常。

方法前面的注释可以是这样的一段文字：

```
/** Searches an entire array for a given item.
@param array An array sorted in ascending order.
@param desiredItem The item to be found in the array.
@return Index of the array entry that equals desiredItem;
      otherwise returns -belongsAt - 1, where belongsAt is
```

```
        the index of the array element that should contain
        desiredItem. */
    public static int binarySearch(int[] array, int desiredItem);
```

上面这段注释是文档注释，说明 binarySearch 方法的目的是在一个数组中查找某个给定的项。其中，参数 array 是以升序排序的数组，而 desiredItem 是要在数组中查找的项。返回值是与 desiredItem 相等的项在数组中的下标。

3. 语句、分号和块

与 C 和 C++语言一样，Java 中的语句也是最小的执行单位。Java 各语句间以分号“;”分隔。一个语句可写在连续的若干行内。大括号“{”和“}”包含的一系列语句称为语句块，简称为块。语句块可以嵌套，即语句块中可以含有子语句块。在词法上，块被当作一个语句看待。

2.1.2 关键字

Java 有许多关键字，关键字也称为保留字。它们都有各自的特殊意义和用法，不能用作标识符。在 Java 更高级的版本中，有些关键字已不再使用。

Java 的关键字如下：

abstract	boolean	break	byte	case	cast	catch
char	class	const	continue	default	do	double
else	extends	false	final	finally	float	for
future	generic	goto	if	implements	import	inner
instanceof	int	interface	long	native	new	null
operator	outer	package	private	protected	public	rest
return	short	static	super	switch	synchronized	this
throw	throws	transient	true	try	var	void
volatile	while					

与 C++相比，Java 中的关键字有些变化。有些关键字，如 cast、const、future、generic、goto、inner、operator、outer、rest 和 var 等都是 Java 保留的没有意义的关键字。在 Java 中，符号 true、false 和 null 都是小写的，而 C++语言中是大写。严格说，它们不是关键字，只是符号。关键字与符号间的区别是学术问题，不在本书的讨论之列。另外，Java 中没有 sizeof 运算符，这是因为所有类型的大小和表示都是固定的，不依赖于具体实现，所以不需要在程序中动态获得数据类型的大小。

2.1.3 标识符

在 Java 语言中，标识符是以字母、下画线（_）或美元符（$）开头，由字母、数字、下画线（_）或美元符（$）组成的字符串。标识符区分大小写，长度没有限制。除以上所列几项之外，标识符中不能含有其他符号，例如：+、=、*及%等，当然也不允许插入空格。在程序中，标识符可用于变量名、方法名、接口名、类名等。

例 2-1 一些合法的标识符。

```
identifier  username    User_name    _sys_var1
$change     sizeof
```

标识符区分大小写，Username、username 和 userName 是 3 个不同的标识符。

例 2-2 一些非法标识符。

```
2Sun           //以数字 2 开头
class          //是 Java 的关键字，有特殊含义
#myname        //含有其他符号#
```

实际上，Java 源代码使用的是 Unicode 码，而非 ASCII 码。Unicode 码用 16 位无符号二进制码表示一个字符，因此，Unicode 字符集中的字符数可达 65 535 个，比通常使用的 ASCII 码字符集（通常最多只有 255 个）大得多。

Unicode 兼容了许多不同的字母表，包括常见语种的字母。英文字母、数字和标点符号在 Unicode 和 ASCII 字符集中有相同的值。

标识符内可以包含关键字，但不能与关键字完全一样。如“thisOne”是一个合法的标识符，但“this”是关键字，不能当作标识符使用。

注意：虽然在 BASIC 语言、UNIX Shell 和 VMS 系统中常常使用含有美元符（$）的标识符，但在 Java 中如果不熟悉它们，最好不要使用。

2.2 Java 编码体例

编程时应该注重编程风格，增加必要的注释和空格，采用缩进格式，使程序中使用的算法框架简单清楚。除此之外，定义的各种标识符也要遵从惯例，注意大小写。没有含义的标识符永远也不可能是好的名字。变量的名字应该表示变量的用途，最好能望名知义，望名知用途。例如，可以将计数的变量命名为 count，将保存税率的变量命名为 taxRate。这样，不论自己编写程序、调试程序，还是其他人阅读程序，都很有帮助。下面介绍 Java 中的一些命名约定。

- 类——类名多为名词，含有大小写，每个字的首字母大写。例如类名 HelloWorld、Customer、MergeSort 等。
- 接口——接口是一种特殊的类，接口名的命名约定与类名相同。
- 方法——方法名多是动词，含有大小写，首字母小写，其余各字的首字母大写。尽量不要在方法名中使用下画线。方法名如 getName、setAddress、search、raiseSalary 等。
- 常量——基本数据类型常量的名字应该全部为大写字母，字与字之间用下画线分隔，对象常量可使用混合大小写。常量名如 BLUE_COLOR。
- 变量——所有的实例变量、类变量和全局变量都使用混合大小写，首字母为小写，后面各字的首字母用大写，作为字间的分隔符。变量名中不要使用下画线，还要避免使用美元符号($)，因为该字符对内层类有特殊含义。例如：变量名 balance、

orders、byPercent 等。

命名时应尽量避免使用单字符名字，除非是临时使用的要“扔掉”的变量（如循环变量 k，它不在循环外使用）。

除了命名约定外，编码方面也应遵守某些约定。如程序流程方面，对 if-else 或 for 结构中的所有语句要用一对大括号括起来，哪怕只有一个语句也最好括起来。每行只写一条语句，用 4 格或 3 格缩进对齐方式增加可读性。在必要的地方增加适量的空格。

要习惯用注释解释意义不明显的代码段。通常，用“//”形式的注释表示普通注释；对大段代码采用“/*…*/”形式的注释；使用“/**…*/”文档注释为将来的维护人员提供 API。

在不违背惯例及不引起歧义的情况下，读者可以尝试培养自己的编程风格。

2.3 Java 的基本数据类型

Java 的数据类型共分为两大类，一类是基本数据类型，另一类是复合数据类型。基本数据类型共有 8 种，分为 4 小类，分别是布尔、字符、整数和浮点数类型。复合数据类型包括数组，类和接口类型等。其中，数组是一个很特殊的概念，它是对象，而不是一个类，一般把它归为复合数据类型。本节介绍基本数据类型。复合数据类型将在后面的章节介绍。

Java 的数据类型如图 2-1 所示。

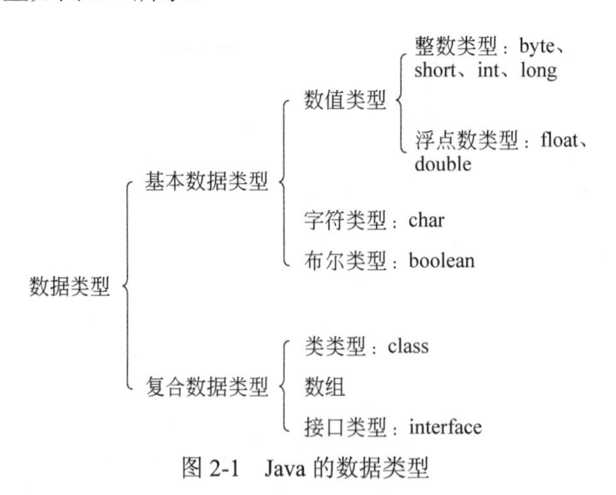

图 2-1 Java 的数据类型

2.3.1 基本数据类型

先看看 Java 中可以使用的基本数据类型，它们都可用于常量和变量。

1．布尔类型——boolean

逻辑值有两个状态。它们常被写做 on 和 off、true 和 false、yes 和 no。在 Java 中，这样的一个值用 boolean（布尔）类型表示，布尔类型也称作逻辑类型。boolean 类型有两个常量值：true 和 false（全是小写），计算机内部用 8 个二进制位来表示。

Java 是一种严格的类型语言，它不允许数值类型和布尔类型之间进行转换。有些语言，如著名的 C 和 C++，允许用数值表示逻辑值，如用 0 表示 false，非 0 表示 true。Java 不允许这么做，需要使用布尔值的地方不能以其他类型的值代替。

2．字符类型——char

单个字符用 char 类型表示。一个 char 表示一个 Unicode 字符，其值用 16 位无符号整数表示，范围为 0～65 535。char 类型的常量值必须用一对单引号（''）括起来。

在字符集中，有些字符很特殊。例如，如果想表示作为字符常量分隔符的单引号，该如何表示？如何表示换行符？Java 中定义了转义序列，用来表示这些特殊的符号。例如，使用'\n'、'\\'、'\''和'\"'，分别表示换行符、反斜杠符、单引号和双引号。

例 2-3　字符示例。

```
'a'          //表示字符 a
'\t'         //表示 Tab 键
'\u????'     //表示一个具体的 Unicode 字符，????是 4 位十六进制数字
```

3．整型——byte、short、int 和 long

Java 语言中提供 4 种整型量，对应的关键字分别是：byte、short、int 和 long。byte 表示的数的范围为–128～127，short 表示的数的范围为–32 768～32 767，int 表示的数的范围为–2 147 483 648～2 147 483 647，long 表示的数的范围为–9 223 372 036 854 775 808～9 223 372 036 854 775 807。整型常量可用十进制、八进制或十六进制的形式表示。以 1～9 开头的数为十进制数，以 0 开头的数为八进制数，以 0x 开头的数为十六进制数。

例 2-4　整数示例。

```
2            //表示十进制数 2
077          //表示八进制数 77，等于十进制数 63
0xBABE       //表示十六进制数 BABE，等于十进制数 47806
```

Java 中所有的整型量都是有符号数。整型常量默认为是 int 型。如果想表示一个长整型常量，需在数后明确写出字母 L。L 表示该数是一个 long 型量。注意，Java 中使用大写 L 或小写 l 均有效，但不建议使用小写字母，因为在有些情况下，它和数字 1 分辨不清。

例 2-5　长整型常量示例。

```
2L
077L
0xBABEL
```

表 2-1 列出了 4 种整型量的大小和可表示的范围。Java 语言规范中定义的表示范围用 2 的幂次表示，这是独立于平台的。

表 2-1　Java 整型量

整型类型	整数长度	字节数	表示范围
byte	8 位	1	$-2^{7}\sim2^{7}-1$
short	16 位	2	$-2^{15}\sim2^{15}-1$
int	32 位	4	$-2^{31}\sim2^{31}-1$
long	64 位	8	$-2^{63}\sim2^{63}-1$

Java 语言还提供了几个特殊常量值，用来表示最大值和最小值，如表 2-2 所示。

表 2-2　Java 整型常量的最大值和最小值

整型类型	最大值	最小值
int	Integer.MAX_VALUE	Integer.MIN_VALUE
long	Long.MAX_VALUE	Long.MIN_VALUE

4．浮点型——float 和 double

Java 浮点类型遵从标准的浮点规则，用 Java 编写的程序可运行在任何机器上。浮点型量有两种：一种是单精度浮点数，用 float 关键字说明；另一种是双精度浮点数，用 double 关键字说明。它们都是有符号数。float 表示的数的范围约为 $1.4e^{-45}\sim3.4e^{+38}$，double 表示的数的范围约为 $4.9e^{-324}\sim1.8e^{+308}$。如果数值常量中包含小数点、指数部分（字符 E），或其后跟有字母 F 或字母 D，则为浮点数。浮点数常量默认为是 double 型，除非用字母 f 明确说明它是 float 型。浮点型常量中的字母 F 或 D 既可以是大写，也可以是小写。

例 2-6　浮点数示例。

```
-5.31  39.27  5f  0.001327e+6
```

浮点数的表示范围见表 2-3。

表 2-3　Java 浮点数

浮点类型	浮点数长度	字节数	表示范围
float	32 位	4	1.4e–45f～3.402 823 5e+38f
double	64 位	8	4.9e–324d～1.797 693 134 862 315 7e+308d

Java 语言中有几个特殊的浮点型常量，如表 2-4 所示。

表 2-4　Java 中的特殊浮点型常量

特殊值 \ 类型	float	double
最大值	Float.MAX_VALUE	Double.MAX_VALUE
最小值	Float.MIN_VALUE	Double.MIN_VALUE
正无穷大	Float.POSITIVE_INFINITY	Double.POSITIVE_INFINITY
负无穷大	Float.NEGATIVE_INFINITY	Double.NEGATIVE_INFINITY
0/0	Float.NaN	Double.NaN

2.3.2　类型转换

Java 是一种强类型语言，每个数据都与特定的类型相关。但在运算中，允许整型、浮点型、字符型数据进行混合运算。运算时，不同类型的数据先转换为同一类型，然后再进行运算。转换的一般原则是位数少的类型转换为位数多的类型，这称作自动类型转换。这样做的目的是保证转换时不丢失有用信息。各类型所占用的位数从短到长（或表示范围从小到大）依次为：byte、short、char、int、long、float、double，因此它们之间进行自动类型转换时，原则上是排在前面的类型向排在后面的类型相转换，具体的转换规则见表 2-5。

表 2-5　不同类型数据的转换规则

操作数 1 类型	操作数 2 类型	转换后的类型
byte、short	int	int
byte、short、int	long	long
byte、short、int、long	float	float
byte、short、int、long、float	double	double
char	int	int

当位数多的类型向位数少的类型进行转换时，需要用户明确指明，即进行强制类型转换。例如，

```
int i = 3;
byte b = (byte) i;
```

将 int 型变量 i 赋给 byte 型变量 b 之前，先将 i 强制转为 byte 型。通常，高级类型（即位数较多的数据类型）转为低级类型（即位数较少的数据类型）时，会截断高位内容，因此导致精度下降或数据溢出。

2.3.3　变量、说明和赋值

变量使用之前，要先说明或声明。程序 2-2 演示了如何说明整型、浮点型、布尔型和字符型变量，并为之赋值。

程序 2-2　变量的说明和赋值。

源代码

```
public class Assign{
    public static void main(String args[]){
        int x,y;                    //说明整型变量
        float z = 3.1414f;          //说明浮点型变量并赋值
        double w = 3.1415;          //说明双精度型变量并赋值
        boolean truth = true;       //说明布尔类型变量并赋值
        boolean false1;             //说明布尔类型变量
        char c;                     //说明字符类型变量

        c = 'A';                    //给字符类型变量赋值
        x = 6;
```

```
        y = 1000;                   //给整型变量赋值
        false1 = 6 > 7;             //给布尔类型变量赋值

    }
}
```

源代码

程序 2-3 为每种基本数据类型定义一个变量，并为其赋值。

```
import java.util.*;

public class DataType{
    public static void main(String args[]){
        boolean  flag;
        char     yeschar;
        byte     finbyte;
        int      intvalue;
        long     longvalue;
        short    shortvalue;
        float    floatvalue;
        double   doublevalue;

        flag        = true;
        yeschar     = 'y';
        finbyte     = 30;
        intvalue    = -70000;
        longvalue   = 200l;
        shortvalue  = 20000;
        floatvalue  = 9.997E-5f;
        doublevalue = floatvalue * floatvalue;

        System.out.println("The values are:");
        System.out.println("布尔类型变量          flag = " + flag);
        System.out.println("字符类型变量       yeschar = " + yeschar);
        System.out.println("字节类型变量        finbyte= " + finbyte);
        System.out.println("整型变量           intvalue= " + intvalue);
        System.out.println("长整型变量        longvalue= " + longvalue);
        System.out.println("短整型变量       shortvalue= " + shortvalue);
        System.out.println("浮点型变量       floatvalue= " + floatvalue);
        System.out.println("双精度浮点型变量 doublevalue= " + doublevalue);
    }
}
```

程序的运行结果如图 2-2 所示。

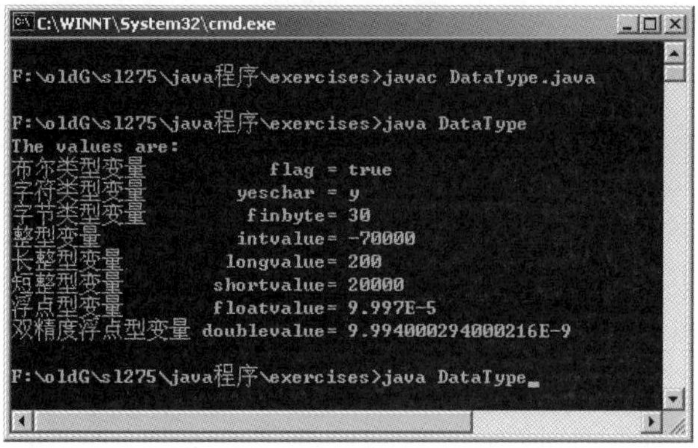

```
C:\WINNT\System32\cmd.exe

F:\oldG\s1275\java程序\exercises>javac DataType.java

F:\oldG\s1275\java程序\exercises>java DataType
The values are:
布尔类型变量          flag = true
字符类型变量       yeschar = y
字节类型变量        finbyte= 30
整型变量           intvalue= -70000
长整型变量        longvalue= 200
短整型变量       shortvalue= 20000
浮点型变量       floatvalue= 9.997E-5
双精度浮点型变量 doublevalue= 9.994000294000216E-9

F:\oldG\s1275\java程序\exercises>java DataType_
```

图 2-2　DataType 的运行结果

2.4　复合数据类型

2.4.1　概述

早期的程序设计语言把变量视为孤立的东西。例如，在程序中处理日期时，要说明 3 个独立的整数，分别代表日、月、年，如下所示。

```
int day, month, year;
```

该语句做两件事。表明当说到日（day）、月（month）或年（year）时，在内存中处理的是一个整数而不是其他类型；为这些整数分配存储空间。

虽然这种方法容易理解，但却有两点明显的不足。首先，如果程序要处理多个日期，则必须要进行更多的说明。例如，要保存两个生日，则需要如下说明：

```
int myBirthDay,myBirthMonth,myBirthYear;
int yourBirthday,yourBirthMonth,yourBirthYear;
```

这种方法因使用了多个变量而变得混乱，容易出错；同时，又占用了过多的命名空间。更重要的是每个值都是独立的变量。从概念上讲，日、月、年之间是有联系的。它们是同一事物，即日期的各部分。如果用 3 个整型变量表示 1 个日期，则这 3 个整型变量之间互相没有约束，它们的取值范围只受整型位数限制；而实际中，日期 3 部分的取值互有约束。例如，日期的值范围为 0～31，月的值范围为 1～12。除此之外，对应于不同的月份，日期的取值范围还稍有不同；遇到闰年或是平年，2 月的天数也不一样。

有两种办法来解决这个问题，一是有些语言提供了日期类型，并为这个类型定义了相应的函数，通过调用这些函数就可以得到需要的结果。另一个解决办法更常见，即定义复合数据类型。复合数据类型提供了更强大的类型定义工具，设计程序时也更加灵活。

2.4.2　复合数据类型

大多数程序设计语言（如 PASCAL、C 和 C++等）都提供类型变量（typed variable）

概念。类型变量是一个值，可以是整数或浮点数或字符。每种语言本身都有几种内置类型，但我们对新类型的定义更感兴趣。如果用户使用某种语言能定义新的类型，那该语言的处理能力可被大大扩展。通常，称用户定义的新类型为复合数据类型。

在有些语言中，复合数据类型又称为结构类型或记录类型。复合数据类型由程序员在源程序中定义，一旦有了定义，该类型就可像其他类型一样使用。

使用系统内置类型定义变量时，因为每种类型都是预定义的，所以无须程序员详细列出变量的存储结构。例如，定义整型变量 day：

```
int day;
```

之后，Java 便知道要分配多大的存储空间，并能解释存储的内容。而对于新定义的复合数据类型，因为系统不知道它的具体内容，所以要由程序员指定其详细的存储结构，这里存储空间的大小不以字节和位来衡量，而是按已知的其他类型考虑。

Java 是面向对象的程序设计语言，它为用户提供的复合数据类型就是前面提到的类类型、接口类型和数组。

2.5 类和对象的初步介绍

2.5.1 Java 中的面向对象技术

1. 为什么使用面向对象技术

在面向对象程序设计（object oriented programming，OOP）方法出现之前，软件界广泛流行的是面向过程的设计方法。这种方法中使用的变量名众多、函数名互不约束，令程序员不堪重负。特别是当开发大型系统时，多人合作共同开发项目，每个人仅负责自己的一部分工作，想读懂合作者的代码存在很大困难，有些含技巧的代码段更是难于理解。读代码尚且如此，能方便地使用合作者已有的代码更是难上加难。由于使用面向过程方法设计的程序把处理的主体与处理的方法分开了，因此各种成分错综复杂地放在一起，难以理解，易出错，并且难于调试。

随着开发系统的不断扩大，面向过程的方法越来越不能满足使用者的要求，面向对象的技术应运而生。OOP 技术使得程序结构简单，相互协作容易，更重要的是程序的重用性大大提高了。

所谓面向对象的方法学，就是使分析、设计和实现一个系统的方法尽可能地接近人们认识一个系统的方法。面向对象技术主要包含这样几个概念：对象、抽象数据类型、类、类型层次（子类）、继承性、多态性。

面向对象的方法学包括以下 3 方面。

- 面向对象的分析（object-oriented analysis，OOA）
- 面向对象的设计（object-oriented design，OOD）
- 面向对象的程序设计（object-oriented programming，OOP）

2. 什么是 OOP

OOP 技术把问题看成是相互作用的事物的集合，用属性来描述事物，而把对它的操作定义为方法。在 OOP 中，把事物称为对象，把属性称为数据，这样对象就是数据加方法。可以将现实生活中的对象经过抽象，映射为程序中的对象。对象在程序中是通过一种抽象数据类型来描述的，这种抽象数据类型称为类（Class）。

OOP 中采用了 3 大技术：封装、继承和多态。将数据及对数据的操作捆绑在一起成为类，这就是封装技术。程序只有一种基本的结构，即类。保留一个已有类中的数据和方法，并加上自己特殊的数据和方法，从而构成一个新类，这就是 OOP 中的继承。原来的类是父类，也称为超类，新类是子类，子类派生于父类，或说子类继承自父类。在一个类或多个类中，可以让多个方法使用同一个名字，从而具有多态性。多态可以保证对不同类型的数据进行等同的操作，名字空间也更加宽松。

3．Java 与 C++的 OOP 能力比较

Java 是完全的面向对象语言，具有完全的 OOP 功能。它的 OOP 能力与 C++相比略有差异。下面以图 2-3 说明两者的异同。

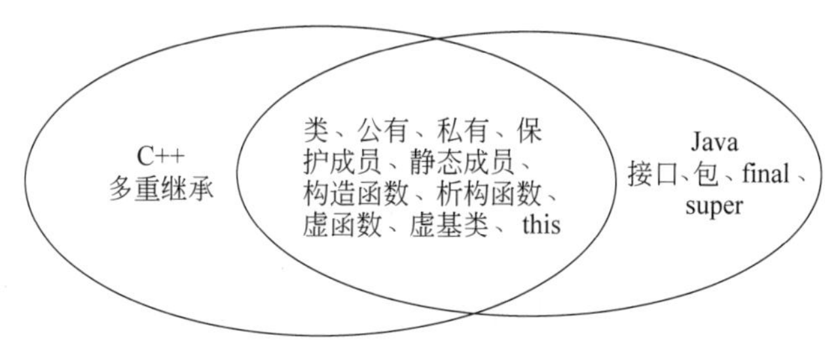

图 2-3　Java 与 C++ OOP 功能的异同

Java 与 C++都有类的概念，类中的基本内容也大同小异。它们差别最大的一点是，C++有多重继承的机制。多重继承是指从多个类派生一个子类，即一个类可以有多个父类，如图 2-4 所示。

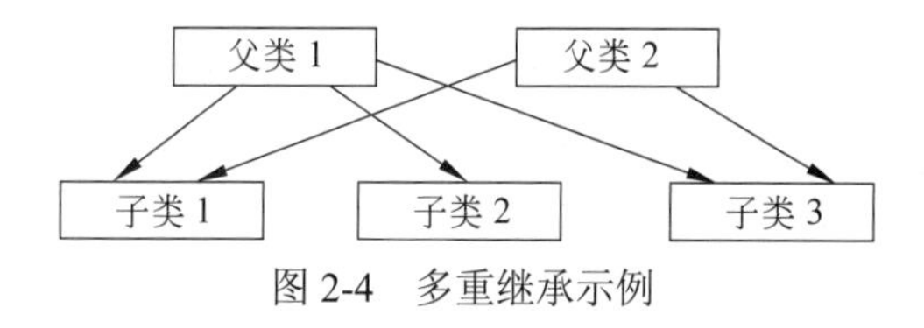

图 2-4　多重继承示例

图 2-4 中，子类 1 与子类 3 的父类都有两个：父类 1 和父类 2，两个子类都是由多个父类派生得到的。

多重继承关系类似于一个网。如果子类的多个父类有同名的方法和数据，那么就容易造成子类实例的混乱。这是多重继承不可克服的缺点。Java 抛弃了多重继承，只允许单重继承，子类与父类之间的关系非常清楚，不会造成任何混乱。虽然 Java 中去除了多重继承的写法，但并没有减弱这方面的能力。Java 提供了接口这个新概念，接口是一种

特殊的类，多重继承的能力通过接口来实现。

Java 在类层次之上又提出了包的概念，目的是减少命名冲突，扩大名字空间。

2.5.2 Java 中的类定义

Java 语言的类定义中含有两部分：数据成员变量和成员方法。Java 中类定义的一般格式如下：

```
修饰符 class 类名 [extends 父类名]{
    修饰符 类型 成员变量 1;
    修饰符 类型 成员变量 2;
    ...
    修饰符 类型 成员方法 1（参数列表）{
        类型 局部变量;
        方法体
    }
    修饰符 类型 成员方法 2（参数列表）{
        类型 局部变量;
        方法体
    }
    ...
}
```

其中，class 是关键字，表明其后定义的是一个类。

class 前的修饰符可以有多个，用来限定所定义的类的使用方式。

类名是用户为该类起的名字，它应该是一个合法的标识符，并尽量遵从命名约定。

extends 是关键字。如果所定义的类从某一父类派生而来，那么，父类的名字应写在 extends 之后。

类定义中可以含有多个数据成员变量，成员变量前面的类型是该变量的类型。类定义中的成员方法也可以有多个，其前面的类型是方法返回值的类型。方法体是要执行的真正语句。在方法体中还可以定义该方法内使用的局部变量，这些变量只在该方法内有效。

例如，描述一个人，可以定义 Person 类，包含 name、age、sex、phonenumber 等数据属性，然后使用 getTheAddress、changePhoneNumber 等方法访问此人的信息。针对一个银行账户，可以定义 BankAccount 类，它的数据成员有 owner、balance、accountNumber 等，使用 withdraw、deposit、transfer、getBalance 等方法即可结算账户中的资金。一辆轿车的类可以如例 2-7 定义。

例 2-7 类定义示例。

```
class Car{
    int color_number;
    int door_number;
    int speed;

    void brake() {...}
    void speedUp() {...}
```

```
    void slowDown() {...}
}
```

关于类定义有如下说明。

- Java 中的类定义与实现放在一起保存，整个类必须在一个文件中，因此有时源文件会很大。
- Java 源文件名必须根据文件中的公有类名来定义，并且要区分大小写。
- 类定义中可以指明父类，也可以不指明。若没有指明从哪个类派生而来，则表明是从默认的父类 Object 派生而来。实际上，Object 是 Java 中所有类的父类或祖先类。Java 中除 Object 之外的所有类均有一个且只有一个父类。Object 是唯一没有父类的类。
- class 定义的大括号之后没有分隔符“;”。

2.5.3 Java 中与 OOP 有关的关键字

1. 限定访问权限的修饰符

限定访问权限的修饰符有 public、private 和 protected，它们既可以用来修饰类，又可以修饰类中的成分，修饰符决定所修饰成分在程序运行时被处理的方式。

- public：用 public 修饰的成分是公有的，可以被其他任何对象访问。
- private：顾名思义，类中限定为 private 的成员是私有的，只能被这个类本身访问，在类外不可见。
- protected：用该关键字修饰的成分是受保护的，只可以被同一包及其子类的实例对象访问。

这 3 个限定符不是必须写的，如果不写，则表明是 friendly，相应的成分可以被所在包中的各类访问。

访问权限修饰符与访问能力之间的关系见表 2-6。

表 2-6　访问权限修饰符

类　型	无修饰符	private	protected	public
同一类	是	是	是	是
同一包中的子类	是	否	是	是
同一包中的非子类	是	否	是	是
不同包中的子类	否	否	是	是
不同包中的非子类	否	否	否	是

2. 存储方式修饰符

static 既可以修饰数据成员，又可以修饰成员方法，表明所说明的对象是静态的。静态成员与类相对应，可被类的所有对象共享，定义了类之后即已存在。类中定义的公有静态变量相当于全局变量。

例 2-8　静态变量定义示例。

```
public class Count {
    private int serialNumber;
    private static int counter = 0;
    public Count() {
        counter++;
        serialNumber = counter;
    }
}
```

Count 类中定义了私有成员 serialNumber，它表示的是每个类对象的序列号，这个号码应该是唯一的，因此用一个静态变量 counter 负责计数。Count 类的所有对象共享 counter 的值。

例 2-9 静态变量访问示例。

```
public class StaticVar {
    public static int number;
}
public class OtherClass {
    public void method() {
        int x = StaticVar.number;
    }
}
```

StaticVar 类中定义的公有静态变量 number 相当于全局变量。在程序的整个作用域内都可访问它，并且它的值对所有对象都是一样的，例如，在 method()方法内可以通过类名来访问它。

3. 与继承有关的关键字

继承是指特殊类对象共享更一般类对象的状态及行为，即通常所说的子类继承父类的特性。子类从父类（超类）继承的内容包括属性和方法。

此外，继承还有以下的含义。

- 子类除了拥有父类的属性和方法之外，还可以增加自己的属性和方法。
- 子类对象可以响应父类中的方法表示的消息。

Java 语言中，与继承有关的关键字主要有以下两个。

- final——用 final 修饰的类不能再派生子类，它是类层次中的最底层。
- abstract——用 abstract 可以修饰类或成员方法，表明被修饰的成分是抽象的。抽象方法只需给出原型说明，方法体是空的。含有抽象方法的类必须说明为抽象类。和 final 完全不同，抽象类一定要派生子类，父类中的抽象方法可以在子类中实现，也可以在子类中继续说明为抽象的，然后在更下一层的子类中实现。

源代码

例 2-10 抽象类示例。

```
abstract class Shape {
    abstract void draw();
    Point position;
```

```
    Shape(Point p){
        position = p;
    }
}
abstract class Round extends Shape {
    final double pi = 3.14159265;
    abstract void draw();
    abstract double area();
}
class Circle extends Round {
    int radius;
    void draw() {
        drawCircle(position);
    }
    double area(){
        return pi*radius*radius;
    }
    Circle(Point p, int radius){
        super(p);
        this.radius = radius;
    }
}
```

例 2-10 中定义了 Shape 类及其子类 Round，Round 的子类是 Circle。在 Shape 类中定义了抽象方法 draw()，在 Shape 的子类 Round 中，draw()继续定义为抽象的，进一步在它的子类 Circle 中，才实现 draw()方法。当然，运行这段代码时，还须细化 drawCircle()方法。

4．this 和 super

this 指代本类，super 指代父类，它们用在类的成员方法定义中。this 在 C++中已使用，super 是 Java 中的新表示。

2.5.4 类定义示例

用户使用类可以构造所需的各种类型。例如，程序中要说明日期这个类型，它含有 3 个部分：日、月、年，分别用 3 个整数表示。Java 中说明语句如例 2-11 所示。

例 2-11 类的说明。

```
public class Date{
    int day;
    int month;
    int year;
}
```

该定义告诉系统 Date 类型是一个类类型，其存储结构由 3 个整型量组成，依次为 day、month 和 year。

接下来，可以说明 Date 类型的变量，也称为类的实例。

```
Date mybirth, yourbirth;
```

虽然在变量说明中并没有明确指明day、month及year，但类定义中隐含了这几部分，程序中可以使用点运算符“.”访问变量中这3部分，例如：

```
mybirth.day = 26;
mybirth.month = 11;
yourbirth.year = 1960;
```

class不仅是一个复合数据类型，本示例中只定义了几个数据成员，实际上，一个完整的类除了有数据成员外，还有成员函数。见例2-9的二维点Point的定义。

源代码

例 2-12 定义平面中的一个二维点Point。

```
class Point {
    int x, y;
    Point(int x1, int y1) {
        x = x1;
        y = y1;
    }
    Point() {
        this(0, 0);
    }
    void moveTo(int x1, int y1) {
        x = x1;
        y = y1;
    }
}
```

这个类中除了定义横、纵坐标 x、y 之外，还包括两个构造方法及一个赋值函数moveTo()，这个方法将两个实参的值赋给类对象。

源代码

例 2-13 定义空间的三维点Point3d。

```
class Point3d extends Point {
    int z;
    public Point3d(int x, int y, int z) {
        super(x, y);
        this.z = z;
    }
    public Point3d(){
        this(0, 0, 0);
    }
}
```

Point3d是Point的子类。Point3d的第一个构造方法中，先调用父类的构造方法（有关构造方法的介绍请见后续章节），使用的关键字是super。使用本类中的变量z时，用this关键字指代。

程序2-4中定义了Customer类，包含客户的姓名、地址、电话3项信息，并定义了访问这些数据的方法。其中，getName()和 setName()可以得到或设置客户的姓名，getAddress()、setAddress()可以得到或设置客户的地址，getTelephone()、setTelephone()可以得到或设置客户的电话。类中没有写构造方法，因此当生成一个实例时，将使用默认的构造方法。

程序 2-4

源代码

```
class Customer {
    String name, address, telephone;
    String getName() {
        return name;
    }
    void setName (String name) {
        this.name = name;
    }
    String getAddress() {
        return address;
    }
    void setAddress (String address) {
        this.address = address;
    }
    String getTelephone() {
        return telephone;
    }
    void setTelephone (String telephone){
        this.telephone = telephone;
    }

    public static void main (String [] args) {
        Customer customer1 = new Customer();
        Customer customer2 = new Customer();

        customer1.setName("Zhang Feng");
        customer1.setAddress("#130 Nan Road");
        customer1.setTelephone("022-23503545");

        customer2.setName("Jin Wei");
        customer2.setAddress("#130 Bei Road");
        customer2.setTelephone("022-23503546");

        System.out.print("The first customer name:  ");
        System.out.println(customer1.getName());
        System.out.print("The first customer address:  ");
        System.out.println(customer1.getAddress());
        System.out.print("The first customer telephone:  ");
        System.out.println(customer1.getTelephone());

        System.out.print("The second customer name:  ");
        System.out.println(customer2.getName());
        System.out.print("The second customer address:  ");
```

```
        System.out.println(customer2.getAddress());
        System.out.print("The second customer telephone:  ");
        System.out.println(customer2.getTelephone());
    }
}
```

程序的运行结果如图 2-5 所示。

图 2-5　程序 2-4 的运行结果

2.5.5　创建一个对象

说明一个基本数据类型的变量时，它可以是 boolean、byte、short、char、int、long、float 或 double 类型中的一种，系统会为它分配相应的内存空间。类类型的变量就不这样简单了。

类的定义实际上相当于一个“模子”，说明一个类类型变量被称为创建了一个对象，就像是拿着模子复制了一个副本，程序中使用的就是这样的对象。类 X 的一个对象也称为类 X 的一个实例。一个实例是一个类的特定成员，虽然各个实例都有类似的结构，即都来源于一个模子，但每个实例都具有区别于其他实例的状态，即类的各实例中保存的值可以不同。

使用类类型（如 String 或用户定义的任何类型）说明变量时，系统都不分配内存空间。这和有些语言不一样。Java 对类类型变量的内存分配分两步进行。说明变量时，首先在内存中为其建立一个引用，并置初值 null，表示不指向任何内存空间。然后，需要程序员用 new 申请相应的内存空间，内存空间的大小依 class 的定义而定，并将该段内存的首地址赋给刚才建立的引用。换句话说，用 class 类型说明的变量并不是实例本身，而只是对实例的引用，还要进一步用 new 来创建类的实例（也称对象）。

对象有两个层次的含义：现实生活中的对象是客观世界的实体；程序中的对象则是一组变量和相关方法的集合，其中变量表明对象的状态，方法表明对象具有的行为。

定义类以后，必须创建该类的实例（对象）才能使用该类。

1. 对象引用

Java 系统在内存中为实例分配相应的空间后会将首地址返回，保存这个地址的变量称为对象的引用（reference），也可以称为引用变量。声明一个引用的格式如下：

```
类名 变量名;
```

例如，可以声明 Point 类的变量：

```
Point p;
```

p 在没初始化之前，初值为 null。

再看下面的说明：

```
Person mark;
Car myCar;
Customer bob;
BankAccount account;
Object foo;
```

2. 对象实例化

说明一个引用变量仅仅是预订了对象的存储空间，此时并没有对象生成，也没有相应的空间地址给对象使用。必须进行对象实例化之后，才有真正的对象（或实例）出现。

创建对象的格式如下：

```
变量名 = new 类名(参数列表);
```

实例化过程实际上是为对象分配内存。当一个对象不被任何变量引用时，Java 会自动启动垃圾回收线程，回收它的内存空间。另外，当对象作为函数参数时，它传递的是对象引用，因此，方法内对参数的任何修改都会影响到方法外。

熟悉 C 和 C++的用户可以把引用视为是一个指针——在大多数实现中它也确实是这样。这个指针指向系统为实例分配的那块内存空间的起始位置。引用中实际存放的是这个对象的首地址，更严格地说，是对象的句柄。

下面说明 Date 类型的一个变量 mybirth，并为之分配内存：

```
Date mybirth;
mybirth = new Date();
```

第 1 个语句是说明，它仅为引用分配足够的空间。第 2 个语句为 Date 中使用的 3 个整数分配空间。赋值语句为变量 mybirth 赋值新对象。这两个操作完成后，程序中即可以使用 Date 类型的各部分。

3. 对象使用

给定任一类 Xxxx 的类定义，调用 new Xxxx()创建的每个对象都区别于其他对象，并有自己的引用。该引用存储在相应的类变量中，以便可以使用点操作符来访问每个对象中的各独立成员。

使用对象中的数据和方法的格式如下：

```
对象引用.成员数据
```

对象引用.成员方法(参数列表);

例 2-14 在前面定义的 Point 类基础上的使用实例。

```
Point p = new Point(1, 1);
p.x = p.y = 20;
System.out.print("  p.x =  " + p.x);
System.out.println("  p.y =  " + p.y);

p.moveTo(30, 30);
System.out.print("  p.x = " + p.x);
System.out.println("  p.y = " + p.y);
```

图 2-6 描述了从类引用说明到创建实例间的过程。

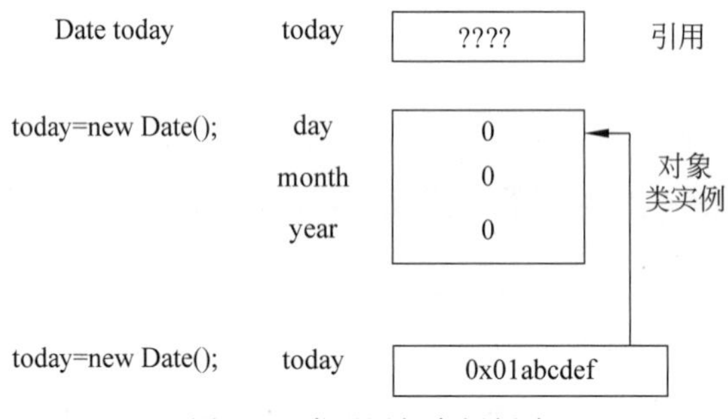

图 2-6 类引用与实例创建

从图 2-6 中可以看出，说明了 today 后，它的内存中没有存放任何值。当实例化后，也就是执行了 new Date()语句后，才在内存中分配了 Date 实例的地址，并在相应的 3 个变量内存放了初值 0，同时将这个实例的首地址放到引用 today 内。

2.5.6 引用变量的赋值

Java 把说明为 class 类型的变量视为是引用，由此，赋值语句的含义有了重大改变。看例 2-15 中的代码段：

例 2-15 引用变量的赋值。

```
int x = 7;
int y = x;
String s = "Hello";
String t = s;
```

代码中建立了 4 个变量：两个 int 类型和两个对 String 的引用。x 的值是 7，该值复制给 y。x 和 y 是独立变量，对一个变量的再修改不会影响到另一个，如下所示。

```
x = 5;
```

上述语句执行后，y 的值仍然为 7。

引用之间的赋值就不这样简单了。对变量 s 和 t，只存在一个 String 对象，它含有文本“Hello”。s 和 t 指向同一个对象。对任何一个变量的修改，都会影响到另一个变量的值。如：

```
String s = "Hello";
String t = s;
s = "World";
```

执行这 3 条语句后，s 和 t 的值分别如图 2-7 所示。

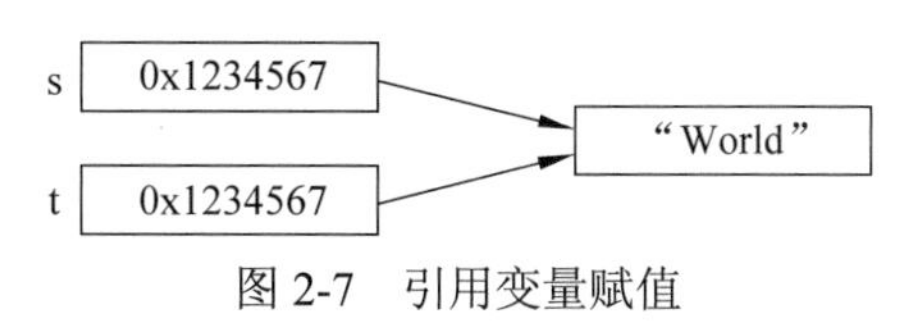

图 2-7　引用变量赋值

2.5.7　默认初始化和 null 引用值

当执行 new 为一个对象分配内存时，Java 自动初始化所分配的内存空间。对于数值变量，赋初值 0。对于布尔变量，初值为 false。对于引用，即对象类型的任何变量，使用的是一个特殊的值 null。

在 Java 中，null 值表示引用不指向任何对象。运行过程中，当系统发现使用了这样一个引用时，可以立即停止进一步的访问，不会给系统带来任何危险。

再看下面的两个示例。假设已经定义了一个 Customer 类，现说明这个类的一个引用 bob，如下所示。

```
Customer bob;
System.out.println(bob);
```

此时由于 bob 只是一个引用而没有相应的值，因此屏幕上会得到如下的编译错误提示：

```
"variable bob might not have been initialized"
```

可以给引用变量赋空值：

```
Customer bob = null;
System.out.println(bob);
```

由于 bob 已经有值，因此会在屏幕上输出 null。

自动初始化只用于成员变量，对方法中的自动变量不起作用。Java 规定，任何变量使用之前，必须对变量赋值。由于方法内的自动变量不能进行自动初始化，因此要求程序员显式地对其赋值。当然，可以为变量赋值 null。如果在变量赋值之前使用它，编译器也会指出一条错误信息。

要注意的是，在 Java 中 null 应小写，和其他语言中的用法不同。

2.5.8　术语概述

在前面的叙述中提到了一些术语，下面给出这些术语的精确定义。

1．复合数据类型

程序员定义的类型是复合数据类型。把描述整个对象各个不同方面的变量放到一个定义中，即可建立该模型。一旦有了定义，就可以使用该类型名来说明变量。有些语言使用术语“记录”类型或“结构”类型，Java 使用术语“类”类型。

2．类

类是面向对象语言中的一种复合数据类型。类不单单是复合数据类型，还有许多其他特性，后面将详细介绍。总结如下。

- 类是描述对象的“基本原型”，它定义一类对象所能拥有的数据和所能完成的操作。在面向对象的程序设计中，类是程序的基本单元。
- 相似的对象可以归并到同一个类中，就像传统语言中的变量与类型关系一样。
- 程序中的对象是类的一个实例，是一个软件单元，由一组结构化的数据和在其上的一组操作构成。

3．对象

对象是类的一个实例。类可以视为是一个模板——正在描述的对象的模型。每当创建一个类的实例时，得到的就是一个对象。

4．成员

成员是组成对象的元素。该术语还用于定义类的元素。成员变量、实例变量或域这些术语也可交替使用。

5. 引用

在 Java 中，定义为类类型的变量实际上并不保存对象数据。相反，变量只用来标识一个实际对象。这种类型的变量称作引用。

习　题

2.1　从下列字符串中选出正确的 Java 关键字。

abstract，bit，boolean，case，character，comment，double，else，end，endif，extend，false，final，finally，float，for，generic，goto，if，implements，import，inner，instanceof，interface，line，long，loop，native，new，null，old，oper，outer，package，print，private，rest，return　short，static，super，switch，synchronized，this，throw，throws，transient，var，void，volatile，where，write

2.2　请写出几个正确的 Java 标识符，并试着将它们用到自己设计的程序中。例如用变量 IntegerValue 表示一个整型量，用 MyTestClass 表示自己定义的一个类等。

2.3　请叙述标识符的定义规则。指出在下面的标识符中，哪些是不正确的，并说明原因。

here，there，this，that，it，2to1

2.4 Java 中有哪些基本数据类型？它们分别用什么符号来表示？各自的取值范围是多大？试着对每种数据类型定义一个变量，并为它赋一个值。

2.5 什么是对象？基本数据类型与对象有何不同？

2.6 Java 中的类型转换是什么？如何进行安全的类型转换？

2.7 什么是类？什么是面向对象的程序设计方法？你学过哪些程序设计方法？试着比较这些设计方法的异同点。

2.8 学习过 C++的读者，可以比较 Java 与 C++在面向对象设计方面的不同点和相同点。

2.9 试编码定义一个公有类 pub_test1，它含有两个浮点类型变量 fvar1 和 fvar2，还有一个整数类型的变量 ivar1。pub_test1 类中有一个 sum_f_I()方法，它将 fvar1 与 ivar1 的值相加，结果放在 fvar2 中。

2.10 以一个高等学校中的各类人员为研究对象。例如可以定义教师类，包括以下属性：姓名、性别、出生日期、工资号、所在系所、职称等基本信息，同时还可以定义相关的方法。教师类又可以包含研究系列、实验系列、图书管理系列、行政系列等子类，这些子类可以从父类中继承属性和方法，也可以再定义其他的属性和方法。请参照这个例子，定义一所高校中包含的各类人员的类（要求至少定义 5 个类），为每个类指明它应有的属性，按实际情况组织类的层次。并对每个类的每个属性定义必要的访问方法。

2.11 设计并实现一个 Course 类，它代表学校中的一门课程。按照实际情况，将这门课程的相关信息组织成它的属性，并定义必要的相应方法。

2.12 设计并实现一个 MyGraphic 类及其子类，它们代表一些基本的图形，这些图形包括矩形、三角形、圆形、椭圆形、菱形、梯形等。试给出能描述这些图形所必需的属性及必要的方法。

2.13 设计并实现一个 Vehicle 类及其子类，它们代表主要的交通工具，定义必要的属性信息及访问方法。

第 3 章　表达式和流程控制语句

3.1　表　达　式

表达式由运算符和操作数组成，对操作数进行运算符指定的操作，并得出一个结果。Java 运算符按功能可分为：算术运算符、关系运算符、逻辑运算符、位运算符、赋值运算符和条件运算符；除此之外，还有几个特殊用途运算符，如数组下标运算符等。操作数可以是变量、常量或方法调用等。

如果表达式中仅含有算术运算符，如“*”，则为算术表达式，它的计算结果是一个算术量（“+”用于字符串连接除外）。如果表达式中含有关系运算符，如“>”，则为关系表达式，它的计算结果是一个逻辑值，即 true 或 false。如果表达式中含有逻辑运算符，如“&&”，则为逻辑表达式，相应的计算结果为逻辑值。

3.1.1　操作数

1. 常量

常量操作数很简单，只有基本数据类型和 String 类型才有相应的常量形式。

例 3-1　常量示例。

```
常量                    含义
23.59                   double 型常量
-1247.1f                float 型常量
true                    boolean 型常量
"This is a String"      String 型常量
```

2. 变量

变量是存储数据的基本单元，它可以作为表达式中的操作数。变量在使用之前要先说明，变量说明的基本格式如下：

```
类型 变量名 1[ = 初值 1][,变量名 2  [= 初值 2]]...;
```

其中，类型是变量所属的类型，既可以是基本数据类型，如 int 和 float 等；也可以是类类型。有时也把类类型的变量称为引用。

变量说明的地方有两处，一处是在方法内，另一处是在类定义内。方法内定义的变量称为自动变量，有的人也喜欢称之为局部变量、临时变量或栈变量。不管叫什么，说的都是一个意思。这里所说的方法，包括程序员定义的各个方法。类中定义的变量就是它的成员变量。

说明基本数据类型的变量之后，系统会自动在内存中为其分配相应的存储空间。说明引用后，系统只分配引用空间，程序员要调用 new 来创建实例对象，然后才分配相应的存储空间。

3. 变量初始化

Java 程序中不允许将未经初始化的变量用于操作数。对于基本数据变量，在说明它们的同时可以进行初始化，如：

```
int x = 3;
```

创建一个对象后，使用 new 运算符分配存储空间时，系统按表 3-1 中的值自动初始化成员变量。

表 3-1　变量初始值

类　型	初始值	类　型	初始值
byte	(byte)0	double	0.0
short	(short)0	char	'\u0000'(null)
int	0	boolean	false
long	0L	所有引用类型	null
float	0.0f		

具有 null 值的引用不指向任何对象。如果使用它指向的对象，则导致一个异常。异常是运行时发生的一个错误，有关内容在第 6 章介绍。

自动变量在使用之前必须进行初始化。编译器扫描代码，判定每个变量在首次使用前是否已被显式初始化。如果编译器发现某个变量没有初始化，则会发生编译时错误。

例 3-2　变量初始化示例。

```
int x = (int)(Math.random() * 100);
int y;
int z;

if (x > 50) {
    y = 9;
}
z = y + x; //可能在初始化之前使用，导致编译错误
```

例 3-2 中程序的前 3 行说明了 3 个整型变量 x、y、z。x 初始化为表达式的值，y 和 z 都没有进行初始化。y 的赋值包含在 if 语句块中，而该块是否执行要依 x 的值而定。x 是随机数，当它小于或等于 50 时，程序流跳过 if 块，不会给 y 赋值，而是执行 if 块后的赋值语句。此时因 y 没有进行初始化，这条语句将导致一个编译错误。

4. 变量作用域

变量的作用域是指可访问该变量的代码范围。类中定义的成员变量的作用域是整个

类。方法中定义的局部变量的作用域是从该变量的说明处开始到包含该说明的语句块结束处，块外是不可使用的。

块内说明的变量将屏蔽其所在类定义的同名变量。但同一块中如果定义两个同名变量则引起冲突。Java 允许屏蔽，但冲突会引起编译错误。请看程序 3-1。

源代码

程序 3-1

```
1   class Customer {
2   /* 说明变量屏蔽及作用域实例
3   */
4       public static void main(String [] args) {
5           Customer customer = new Customer();
6           String name = "John Smith";
7           {
8                   //下列说明是非法的,仍在前一个 name 的作用域内
9                   String name = "Tom David";
10                  customer.name = name;
11                  System.out.println(
12                          "The customer's name: " + customer.name);
13          }
14      }
15      private String name;
16  }
```

程序 3-1 中定义了 Customer 类，其中有成员变量 name，如第 15 行所示。在 main() 方法中定义了局部变量 name，并赋初值“John Smith”。该局部变量屏蔽了同名的类成员变量。第 9 行又说明变量 name，与第 6 行说明的变量冲突，导致编译错误，如图 3-1 所示，错误的含义是指变量 name 在本方法中已定义。

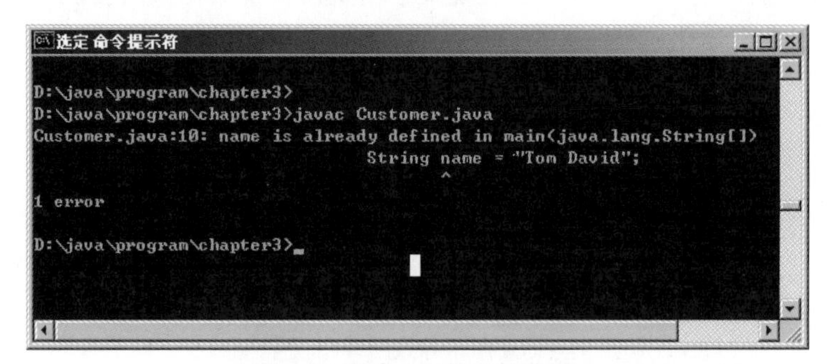

图 3-1　程序 3-1 的运行结果

修改程序 3-1，把第 3 个局部变量的说明改为赋值语句，得到程序 3-2。

源代码

程序 3-2

```
1   class Customer {
2   /* 说明变量屏蔽及作用域实例
3   */
4       public static void main(String [] args) {
5           Customer customer = new Customer();
```

```
6           String name = "John Smith";
7           {
8                   name = "Tom David";
9                   customer.name = name;
10                  System.out.println(
11                          "The customer's name: " + customer.name);
12          }
13      }
14      private String name;
15  }
```

该程序编译正确。它的运行结果如图 3-2 所示。

图 3-2　程序 3-2 的运行结果

再看程序 3-3。

程序 3-3

源代码

```
1   class Customer {
2   /* 说明变量屏蔽及作用域实例
3   */
4       public static void main(String [] args) {
5           Customer customer = new Customer();
6           {       String name = "Tom David";
7                   customer.name = name;
8                   System.out.println("The customer's name: " +
9                                           customer.name);
10          }
11          //下面的再说明是正确的,前一个 name 的作用域已结束
12          String name = "John Smith";
13          customer.name = name;
14          System.out.println(
15                          "The customer's name: " + customer.name);
16      }
17      private String name;
18  }
```

程序 3-3 是正确的。虽然 main()方法中两次说明了同名局部变量 name，但第 6 行说明的变量只在第 6～10 行的块内有效，在块外该变量消失，第 12 行不在其作用域内。该方法的输出结果如图 3-3 所示。

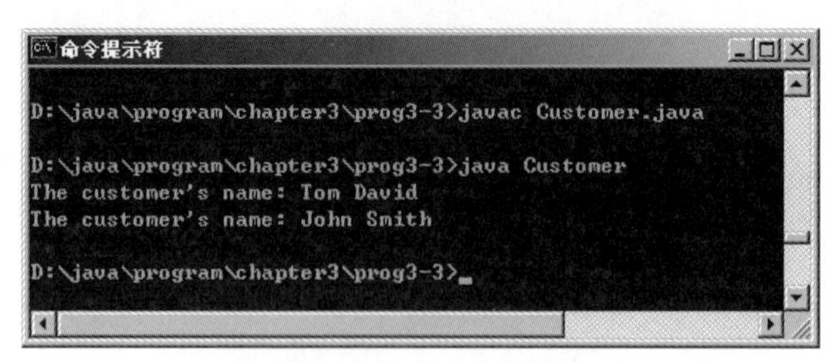

图 3-3　程序 3-3 的运行结果

3.1.2　运算符

Java 的大多数运算符在形式上和功能上都与 C 和 C++的运算符非常类似，若熟悉 C 和 C++就不会对此感到陌生。

1. 算术运算符

算术运算符包括通常的加（+）、减（–）、乘（*）、除（/）、取余（%），完成整型和浮点型数据的算术运算。许多语言中的取余运算只能用于整型量，Java 对此有所扩展，它允许对浮点类型量进行取余操作。取余运算还可以用于负数，结果的符号与第一个运算数的符号一致。看下面的例子：

```
3/2          //结果是 1
15.2 % 5     //结果是 0.2
5%-3         //结果是 2
-5%-3        //结果是-2
```

此外，算术运算符还有“++”“– –”两种，分别表示加 1 和减 1 操作。与 C++类似，++i 和 i++的执行顺序稍有不同，前者在 i 使用之前加 1，后者先使用再加 1。– –i 与 i– – 的情况与此类似。

2. 关系运算符

关系运算符用来比较两个值，包括大于（>）、大于或等于（>=）、小于（<）、小于或等于（<=）、等于（==）、不等于（!=）6 种。关系运算符都是二元运算符，运算的结果是一个逻辑值。二元运算符也称为双目运算符。

Java 允许“==”和“!=”两种运算用于任何数据类型。例如，可以判定两个实例是否相等。

3. 逻辑运算符

逻辑运算符包括逻辑与（&&）、逻辑或（||）和逻辑非（!）。前两个是二元运算符，最后一个是一元运算符。一元运算符也称为单目运算符。

Java 对逻辑与和逻辑或提供短路操作功能。进行运算时，先计算运算符左侧表达式的值，如果使用该值能得到整个表达式的值，则跳过运算符右侧表达式的计算，否则计算运算符右侧表达式，并得到整个表达式的值。

例 3-3　短路操作示例。

```
String unset = null;
if ((unset != null) && (unset.length() > 5)) {
    //对 unset 进行某种操作
}
```

空串 unset 不能使用，因此不能访问 unset.length()，但该 if()语句中的逻辑表达式是合法的，且完全安全。这是因为第一个子表达式（unset != null）结果为假，马上可知整个表达式的结果为假，所以&&运算符跳过不必要的（unset.length() > 5）计算，因为没有计算它，从而避免了空指针异常。

4. 位运算符

位运算符用来对二进制位进行操作，包括按位取反（~）、按位与（&）、按位或（|）、异或（^）、右移（>>）、左移（<<）及无符号右移（>>>）。位运算符只能对整型和字符型数据进行操作。

Java 提供两种右移运算符。

运算符“>>”较为常见，它执行算术右移，使用最高位填充移位后左侧的空位。右移的结果为：每移一位，第一个操作数被 2 除一次，移动的次数由第二个操作数确定。

例 3-4　算术右移示例。

```
128 >> 1 得到 64
256 >> 4 得到 16
-256 >> 4 得到 -16
```

逻辑右移（无符号右移）运算符>>>只对位进行操作，而没有算术含义，它用 0 填充左侧的空位。

例 3-5　逻辑右移示例。

```
(byte)0x80 >> 2 得到 -32
0xa2 >>> 2 得到 40
(byte) 0xa2 >> 2 得到 -24
(byte) 0xa2 >>> 2 得到 1073741800
```

算术右移不改变原数的符号，而逻辑右移不能保证这一点。

移位运算符约简其右侧的操作数，当左侧操作数是 int 类型时，右侧以 32 取模；当左侧是 long 类型时，右侧以 64 取模。因此，执行

```
int x;
x = x >>> 32;
```

后，x 的结果不改变，而不是通常期望的 0。这样可以保证不会将左侧操作数的各位完全移走。

“>>>”运算符只用于整型，它只对 int 或 long 值起作用。如果用于 short 或 byte 值，则在进行“>>>”操作之前，使用符号扩展将其提升为 int 型，然后再移位。

5. 其他运算符

Java 中的运算符还包括扩展赋值运算符（+=、–=、*=、/=、%=、&=、|=、^=、>>=、<<=）及（>>>=）、条件运算符（?:）、点运算符（.）、实例运算符（instanceof）、new 运算符、数组下标运算符（[]）等。

扩展赋值运算符是在赋值号（=）前加上其他运算符，是对表达式的一种简写形式。例如，在如下赋值语句中：

```
var = var op expression;
```

var 是变量，op 是算术运算符或位运算符，expression 为表达式。使用扩展赋值运算符可表示为

```
var op= expression;
```

例 3-6 扩展赋值运算符示例。

```
int x = 3;
x = x * 3;
```

等价于

```
int x = 3;
x *= 3;
```

条件运算符（?:）是三元运算符，它的一般形式为

```
逻辑表达式 ? 表达式 1 : 表达式 2;
```

逻辑表达式得到一个逻辑值，根据该值的真假决定执行什么操作。如果值为真，则计算表达式 1，否则计算表达式 2。注意，表达式 1 和表达式 2 需要返回相同的类型，且不能是 void。

6. 运算符的优先次序

在对一个表达式进行计算时，如果表达式中含有多种运算符，则要按运算符的优先级依次从高向低进行，同级运算符则按结合律进行。括号可以改变运算次序。运算符的优先次序见表 3-2。

表 3-2 运算符的优先次序

优先级	运算符	运　算	结合律
1	[]	数组下标	自左至右
	.	对象成员引用	
	(参数)	参数计算和方法调用	
	++	后缀加	
	--	后缀减	

（续表）

优先级	运算符	运　　算	结合律
2	++	前缀加	自右至左
	--	前缀减	
	+	一元加	
	-	一元减	
	~	位运算非	
	!	逻辑非	
3	new	对象实例	自右至左
	(类型)	转换	
4	*	乘法	自左至右
	/	除法	
	%	取余	
5	+	加法	自左至右
	+	字符串连接	
	-	减法	
6	<<	左移	自左至右
	>>	用符号位填充的右移	
	>>>	用 0 填充的右移	
7	<	小于	自左至右
	<=	小于或等于	
	>	大于	
	>=	大于或等于	
	instanceof	类型比较	
8	==	等于	自左至右
	!=	不等于	
9	&	位运算与	自左至右
	&	布尔与	
10	^	位运算异或	自左至右
	^	布尔异或	
11	|	位或	自左至右
	|	布尔或	
12	&&	逻辑与	自左至右
13	||	逻辑或	自左至右
14	?:	条件运算	自右至左
15	=	赋值	自右至左
	+=	加法赋值	
	+=	字符串连接赋值	
	-=	减法赋值	

（续表）

<table>
<tr><th>优先级</th><th>运算符</th><th>运　　算</th><th>结合律</th></tr>
<tr><td rowspan="12">15</td><td>*=</td><td>乘法赋值</td><td rowspan="12">自右至左</td></tr>
<tr><td>/=</td><td>除法赋值</td></tr>
<tr><td>%=</td><td>取余赋值</td></tr>
<tr><td><<=</td><td>左移赋值</td></tr>
<tr><td>>>=</td><td>右移（符号位）赋值</td></tr>
<tr><td>>>>=</td><td>右移（0）赋值</td></tr>
<tr><td>&=</td><td>位与赋值</td></tr>
<tr><td>&=</td><td>布尔与赋值</td></tr>
<tr><td>^=</td><td>位异或赋值</td></tr>
<tr><td>^=</td><td>布尔异或赋值</td></tr>
<tr><td>|=</td><td>位或赋值</td></tr>
<tr><td>|=</td><td>布尔或赋值</td></tr>
</table>

3.1.3　表达式的提升和转换

Java 语言不支持变量类型间的自动任意转换，有时必须显式地进行变量类型的转换。一般的原则是，变量和表达式可转换为更一般的形式，而不能转换为更受限制的形式。例如，int 型表达式可看作是 long 型的；而 long 型表达式当不使用显式转换时是不能看作 int 型的。通常，如果变量类型至少与表达式类型一样（即位数一样多），就可以认为表达式是赋值相容的。

例 3-7　类型转换示例。

```
long bigval = 6;          //6 是整型量，该语句正确
int smallval = 99L;       //99L 是长整型量，该语句错误
float z = 12.414F;        //12.414F 是浮点量，该语句正确
float z1 = 12.414;        //12.414 是双精度量，该语句错误
```

99L 是长整型量，smallval 是 int 型量，赋值不相容。同样，12.414 是双精度型的，不能赋给单精度变量 z1。

当表达式不是赋值相容时，有时需进行转换以便让编译器认可该赋值。例如，为让一个 long 型值“挤”入 int 型变量中，显式转换如下：

```
long bigValue = 99L;
int squashed = (int) (bigValue);
```

转换时，目标类型用括号括起来，放到要修改的表达式的前面。为避免歧义，被转换的整个表达式最好也用括号括起来。

3.1.4　数学函数

表达式中还经常出现另一类元素，这就是数学函数。Java 语言提供了数学函数类

Math，其中包含了常用的数学函数，读者可以按需调用。下面列出几个常用的函数调用情况：

```
Math.sin(0)                    //返回 0.0，这是 double 类型的值
Math.cos(0)                    //返回 1.0
Math.tan(0.5)                  //返回 0.5463024898437905
Math.round(6.6)                //返回 7
Math.round(6.3)                //返回 6
Math.ceil(9.2)                 //返回 10.0
Math.ceil(-9.8)                //返回-9.0
Math.floor(9.2)                //返回 9.0
Math.floor(-9.8)               //返回-10.0
Math.sqrt(144)                 //返回 12.0
Math.pow(5,2)                  //返回 25.0
Math.exp(2)                    //返回 7.38905609893065
Math.log(7.38905609893065)     //返回 2.0
Math.max(560,289)              //返回 560
Math.min(560,289)              //返回 289
Math.random()                  //返回 0.0 到 1.0 之间双精度的一个随机数值
```

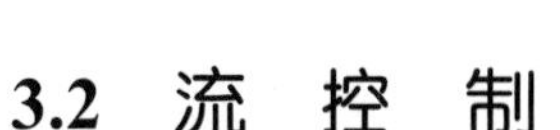

3.2 流 控 制

Java 程序中的语句指示计算机完成某些操作，一个语句的操作完成后会把控制转给另一个语句。

语句是 Java 的最小执行单位，语句间以分号（;）作为分隔符。语句分为简单语句及复合语句，简单语句就是通常意义下的一条语句，即单语句；而复合语句是一对大括号“{}”括起来的语句组，也称为“块”，块中往往含有多个语句，块后没有分号。

下面介绍几种类型的语句，包括表达式语句、块、分支语句和循环语句等。

3.2.1 表达式语句

在 Java 程序中，表达式都可当做一个值，而有的表达式也可当作语句。

语句与表达式有相同的地方也有不同的地方。首先，有的表达式可以当作语句，但并不是所有的语句都是表达式；另外，每个表达式都会得到一个值，即表达式的计算结果。虽然语句也会有一个值，但这个值并不是语句的计算结果，而是运行结果。

下面是一些表达式语句：

```
customer1 = new Customer();
point2 = new Point();
x = 12;
x++;
```

方法调用通常返回一个值，一般用在表达式中。有的方法调用可直接当做语句。例如：

```
System.out.println("Hello World!");
```

3.2.2 块

块是一对大括号“{}”括起来的语句组。例如，下面是两个块：

```
{  }
{   Point point1 = new Point();
    int x = point1.x;
}
```

第一个块是空块，其中不含任何语句。第二个块含两条语句。

方法体是一个块。块还用在流控制的语句（如 if 语句、switch 语句及循环语句）中。

3.2.3 分支语句

分支语句根据一定的条件，动态决定程序的流程方向，从程序的多个分支中选择一个或几个来执行。分支语句共有两种：if 语句和 switch 语句。

1. if 语句

if 语句是单重选择，最多只有两个分支。if 语句的基本格式是

```
if (逻辑表达式)
      语句 1;
[else
      语句 2;
]
```

if 语句中的语句 1 或是语句 2 可以是任意语句。其中 else 子句是可选的，当然还可以是 if 语句，这样的 if 语句称为嵌套的 if 语句。使用嵌套的 if 语句可以实现多重选择，即可以有多个分支。

if 关键字之后的逻辑表达式必须得到一个逻辑值，不能像其他语言那样以数值代替。因为 Java 不提供数值与逻辑值之间的转换。例如，C 语言中的语句形式：

```
int x = 3;
if (x)
{...}
```

在 Java 程序中应该写作：

```
int x = 3;
if (x!=0)
{...}
```

if 语句的含义是：当逻辑表达式结果为 true 时，执行语句 1，然后继续执行 if 后面的语句。当逻辑表达式为 false 时，如果有 else 子句，则执行语句 2，否则跳过该 if 语句，继续执行后面的语句。语句 1 和语句 2 既可以是单语句，也可以是语句块。

下面的示例是 if 语句的常见形式，其中形式 3 就是常见的 if 语句的嵌套。

形式 1：

```
if (逻辑表达式) {
    //逻辑表达式为 true 时要执行的语句;
}
```

形式 2：

```
if (逻辑表达式) {
    //逻辑表达式为 true 时要执行的语句;
}
else {
    //逻辑表达式为 false 时要执行的语句;
}
```

形式 3：

```
if (逻辑表达式 1) {
    //逻辑表达式 1 为 true 时要执行的语句;
}
else if (逻辑表达式 2) {
    //逻辑表达式 1 为 false，且逻辑表达式 2 为 true 时要执行的语句;
}
...
else {
    //前面的逻辑表达式全为 false 时要执行的语句;
}
```

例 3-8 if 语句示例。

```
1   int count;
2   count = getCount(); //程序中定义的一个方法，返回一个整型值
3   if (count < 0) {
4       System.out.println("Error: count value is negative!");
5   }
6   else {
7       System.out.println("There will be " + count +
8       " people for lunch today.");
9   }
```

if 语句可以嵌套，嵌套时，由于 else 子句是可选的，故 if 与 else 的个数可能不一致，这就存在配对匹配的问题。else 对应的是哪个 if 呢？在什么条件下执行其后的语句呢？如果不明确 else 与哪个 if 对应，就不能做出正确的判断，程序的运行结果也会有差异。与大多数语言的规定相同，Java 规定 else 子句属于逻辑上离它最近的 if 语句。

例 3-9 嵌套 if 语句示例。

```
1   if (firstVal == 0)
2       if (secondVal == 1)
```

```
3           firstVal++;
4       else
5           firstVal--;
```

第 4 行的 else 子句与第 2 行的 if 配对，当 firstVal 为 0 且 secondVal 不为 1 时，执行 firstVal--语句。如果想改变 else 的匹配关系，可以使用"{ }"改变语句结构。

例 3-10 改变匹配关系。

```
1   if (firstVal == 0){
2       if (secondVal == 1)
3           firstVal++;
4   }
5   else
6       firstVal--;
```

这次，else 子句与第 1 行的 if 配对，当 firstVal 不为 0 时执行 firstVal--操作。

2．switch 语句

前面已经看到，使用 if 语句可以实现简单的分支判断，并进而执行不同的语句。当需要进行多种条件的判断时，可以使用嵌套的 if 语句来实现。当然，这样的语句写起来较烦琐，最主要的是它的条件判定不太直观。实际上，为了方便地实现多重分支，Java 语言还提供了 switch 语句。它的含义与嵌套的 if 语句类似，只是格式上更加简洁。switch 语句的语法格式是

```
switch (表达式) {
    case c1:
           语句组 1;
           break;
    case c2:
           语句组 2;
           break;
    ...
    case ck:
           语句组 k;
           break;
    [default:
           语句组;
           break;]
}
```

这里，表达式的计算结果必须是 int 型或字符型，即是 int 型赋值相容的。当用 byte、short 或 char 类型时，要进行提升。Java 规定 switch 语句不允许使用浮点型或 long 型表达式。c1，c2，…，ck 是 int 型或字符型常量。default 子句是可选的，并且，最后一个 break 语句完全可以不写。

switch 语句的语义是：计算表达式的值，用该值依次和 c1，c2，…，ck 相比较。如果该值等于其中之一，例如 ci，那么执行 case ci 之后的语句组 i，直到遇到 break 语句跳

到 switch 之后的语句。如果没有相匹配的 ci，则执行 default 之后的语句。也可以将 default 看作一个分支，即前面的条件均不满足时要执行的语句。switch 语句中各 ci 之后的语句既可以是单语句，也可以是语句组。不论执行哪个分支，程序流都会顺序执行下去，直到遇到 break 语句为止。

例 3-11 switch 语句示例。

```
//colorNum 是整型变量
switch (colorNum) {
      case 0:
             setBackground(Color.red);
             break;
      case 1:
             setBackground(Color.green);
             break;
      default:
             setBackground(Color.black);
             break;
}
```

例 3-11 根据 colorNum 的值来设置背景色，其值为 0 时设置为红色，其值为 1 时设置为绿色，否则设置为黑色。这里使用了 Java 预设的一个类 Color。

实际上，switch 语句和 if 语句可以互相代替。例如例 3-11 也可以用 if 语句实现。

例 3-12 替换为 if 语句。

```
if (colorNum == 0)
     setBackground(Color.red);
else if (colorNum == 1)
          setBackground(Color.green);
     else
          setBackground(Color.black);
```

例 3-13 的两段程序实现的逻辑相同，都是根据 month 的值返回该月的天数，当然这里只处理平年的情况，没有考虑闰年的特殊处理。

例 3-13 switch 语句与 if 语句的等价性示例。

使用 if 语句：

```
static int daysInMonth(int month) {
     if (month == 2)
          return(28);
     if ((month == 4) || (month == 6) || (month == 9) || (month == 11))
          return(30);
     return(31);
}
```

使用 switch 语句：

```
static int daysInMonth(int month) {
      int days;
```

```
        switch(month) {
              case 2: days = 28; break;
              case 4:
              case 6:
              case 9:
              case 11: days = 30; break;
              default: days = 31;
        }
        return(days);
}
```

程序 3-4 是 switch 语句的应用实例。该程序输出第一个命令行参数首字符的分类信息，并进一步输出该字符。

源代码

程序 3-4

```
1   class SwitchTest{
2         public static void main(String [] args) {
3             char ch = args[0].charAt(0);
4             switch (ch) {
5                   case '0' : case '1' : case '2' : case '3':
6                   case '4' : case '5' : case '6' : case '7':
7                   case '8' : case '9' :
8                       System.out.println(
9                           "The character is digit " + ch);
10                      break;
11
12                  case 'a' : case 'b' : case 'c' : case 'd':
13                  case 'e' : case 'f' : case 'g' : case 'h':
14                  case 'i' : case 'j' : case 'k' : case 'l':
15                  case 'm' : case 'n' : case 'o' : case 'p':
16                  case 'q' : case 'r' : case 's' : case 't':
17                  case 'u' : case 'v' : case 'w' : case 'x':
18                  case 'y' : case 'z' :
19                      System.out.println(
20                          "The char is lowercase letter " + ch);
21                      break;
22
23                  case 'A' : case 'B' : case 'C' : case 'D':
24                  case 'E' : case 'F' : case 'G' : case 'H':
25                  case 'I' : case 'J' : case 'K' : case 'L':
26                  case 'M' : case 'N' : case 'O' : case 'P':
27                  case 'Q' : case 'R' : case 'S' : case 'T':
28                  case 'U' : case 'V' : case 'W' : case 'X':
29                  case 'Y' : case 'Z' :
30                      System.out.println(
31                          "The char is uppercase letter " + ch);
32                      break;
33                  default: System.out.println("The character" + ch
34                      + " is neither a digit nor a letter.");
```

```
35                }
36            }
37  }
```

当主程序执行时，如果第一个命令行参数的首字符分别是数字、小写字母及大写字母，系统就会显示这个首字符。如果输入的是非数字或字母，则提示该字符不是数字或字母。输出如图 3-4 所示。

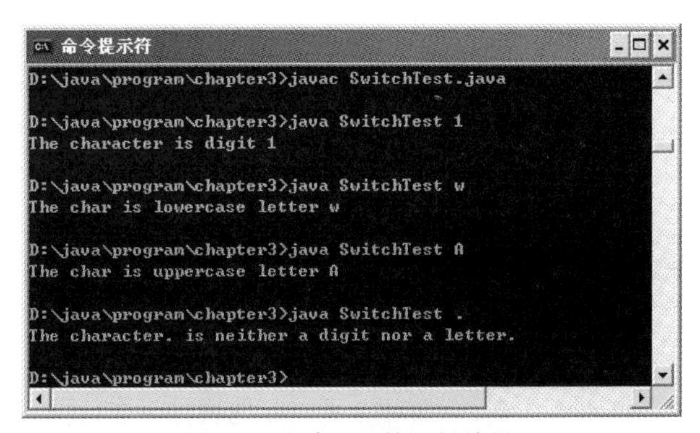

图 3-4　程序 3-4 的运行结果

如果不写上述方法中的最后一个 break 语句（第 32 行），则程序执行完第 30、31 行后将不停止，一直执行下去。程序的输出如图 3-5 所示。

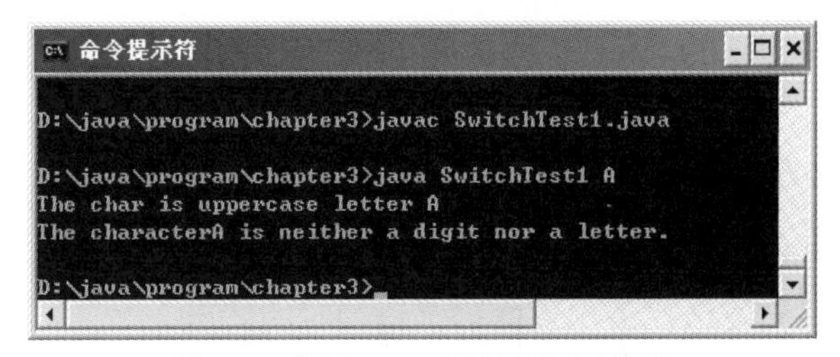

图 3-5　去掉 break 语句的运行结果

3.2.4　循环语句

循环语句控制程序流多次执行一段程序。Java 语言提供 3 种循环语句：for 语句、while 语句和 do 语句。

1．for 循环

for 语句的语法格式是

```
for (初始语句; 逻辑表达式; 迭代语句)
      语句;                        //循环体
```

初始语句和迭代语句中可以含有多个语句，各语句间以逗号分隔。for 语句括号内的 3 个部分都是可选的，逻辑表达式为空时，默认规定为恒真。

for 语句的语义是：先执行初始语句，判断逻辑表达式的值。当逻辑表达式为真时，执行循环体语句，执行迭代语句，然后再去判断逻辑表达式的值。这个过程一直进行下去，直到逻辑表达式的值为假时，循环结束，转到 for 之后的语句。for 语句中定义的循环控制变量只在该块内有效。

例 3-14 for 语句示例。

```
1    for (int i = 0; i < 3; i++) {
2         System.out.println("Are you finished yet?");
3    }
4    System.out.println("Finally!");
```

该段程序共执行 3 次第 2 行的输出语句（i 为 0、1、2 时）。当 i 等于 3 时，逻辑表达式的值为假，退出循环，执行第 4 行语句。程序输出结果为

```
Are you finished yet?
Are you finished yet?
Are you finished yet?
Finally!
```

如果逻辑表达式的值永远为真，则循环会无限制地执行下去，直到系统资源耗尽为止。

例 3-15 无限循环示例。

```
for ( ; ; )
     System.out.println("Always print!");
```

上述语句等价于：

```
for ( ; true ; )
      System.out.println("Always print!");
```

这段循环不会停止。

例 3-16 是初始语句及迭代语句包含多个语句时的情况。

例 3-16 初始语句和迭代语句示例。

```
int sumi = 0, sumj = 0;
for (int i = 0, j = 0; j < 10; i++, j++) {
     sumi += i;
     sumj += j;
}
```

2. while 循环

for 语句中常常用循环控制变量显式控制循环的执行次数。当程序中不能明确地指明循环的执行次数时，可以仅用逻辑表达式决定循环的执行与否。这样的循环可用 while 语句实现。

while 语句的语法格式是

```
while (逻辑表达式)
        语句;             //循环体
```

与 if 语句一样，while 语句中的逻辑表达式亦不能用数值代替。

while 语句的语义是：计算逻辑表达式，当逻辑表达式为真时，重复执行循环体语句，直到逻辑表达式为假时结束。如果第一次检查时逻辑表达式为假，则循环体语句一次也不执行。如果逻辑表达式始终为真，则循环不会终止。

例 3-14 的 for 语句可以改写为例 3-17 中的 while 语句。

例 3-17　while 语句示例。

```
int i = 0;
while (i < 3) {
    System.out.println("Are you finished yet?");
    i++;
}
System.out.println("Finally!");
```

3．do 循环

do 语句与 while 语句很相似。它把 while 语句中的逻辑表达式移到循环体之后。do 语句的语法格式是

```
do
    语句;                    //循环体
while (逻辑表达式);
```

do 语句的语义是：首先执行循环体语句，然后判断逻辑表达式的值。当表达式为真时，重复执行循环体语句，直到表达式为假时结束。不论逻辑表达式的值是真是假，do 循环中的循环体都至少执行一次。

例 3-18　do 语句示例。

```
//do 语句
int i = 0;
do {
    System.out.println("Are you finished yet?");
    i++;
} while (i < 3);
System.out.println("Finally!");
```

实际上，for、while 及 do 语句可互相替代。例如：

```
do
    语句 1;
while (逻辑表达式);
```

等价于：

```
语句 1;
while(逻辑表达式)
    语句 1;
```

3.2.5 break 语句与 continue 语句

Java 语言抛弃了有争议的 goto 语句，代之以两条特殊的流控制语句：break 语句和 continue 语句，它们用在分支语句或循环语句中，使得程序员更方便控制程序执行的方向。

1. 标号

标号可以放在 for、while 或 do 语句之前，其语法格式为

```
标号:语句;
```

2. break 语句

break 语句可用于 3 类语句中，一类是 switch 语句，一类是 for、while 及 do 等循环语句，还有一类是块语句。在 switch 语句及循环语句中，break 的语义是跳过本块中余下的所有语句，转到块尾，执行其后的语句。

例 3-19 break 语句示例。

```
for (int i = 0; i < 100; i++) {
    if (i == 5)
        break;
    System.out.println("i= " + i);
}
```

循环控制条件控制循环应该执行 100 次（i 为 0～99）。当 i 等于 5 时，执行 break 语句，它跳过余下的语句，结束循环。实际上，循环体 System.out.println 只执行了 5 次（i 从 0 到 4）。

break 语句的第 3 种使用方法是在块中和标号配合使用，其语法格式为

```
break 标号;
```

其语义是跳出标号所标记的语句块，继续执行其后的语句。这种形式的 break 语句多用于嵌套块中，控制从内层块跳到外层块之后。

再看例 3-20 和程序 3-5。

例 3-20 break 语句与标号示例。

```
int x;
out:    for (i=0; i<10; i++) {
        x=10;
        while (x<50) {
            x++;
            if (i*x == 400)
                break out;
        }
    }
```

程序 3-5

```
class Break {
      public static void main (String args[]){
            int i, j = 0, k = 0, h;
            label1: for(i = 0; i < 100; i++, j += 2)
            label2: {
            label3:        switch(i%2) {
                                 case 1: h=1;
                                        break;
                                 default:h=0;
                                        break;
                           }
                           if(i==50)
                                 break label1;
                    }
                    System.out.println("i=" + i);
      }
}
```

程序执行后，根据 i 的值进行判断。如果 i 是奇数，则 h 为 1；如果 i 是偶数，则 h 为 0。switch 语句中的 break 语句都只是跳过 switch 本身，并没有跳出 for 循环。当 i 增到 50 时，进入 if 语句块，执行的结果是跳出 label1 标记的语句块，即 for 语句块。接下来的语句是打印语句，输出 i 的值。运行结果如图 3-6 所示。

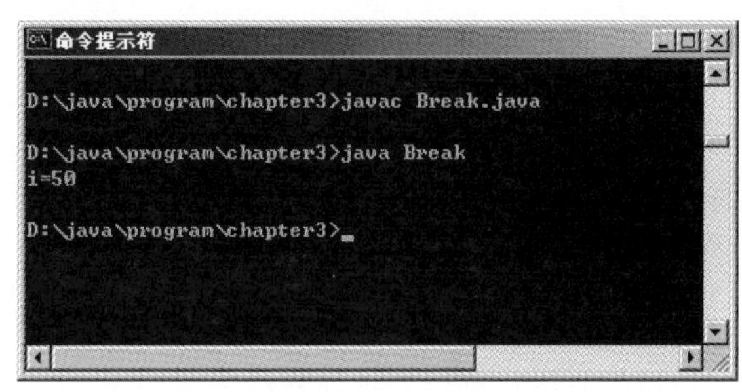

图 3-6　程序 3-5 的运行结果

3．continue 语句

在循环语句中，continue 可以立即结束当次循环而执行下一次循环，当然执行前要先判断循环条件是否满足。

continue 语句也可以和标号一起使用，其语法格式为

```
continue 标号;
```

它立即结束标号标记的那重循环的当次执行，开始下一次循环。这种形式的语句多用于多重循环中。

例 3-21　continue 语句示例。

```
outer:  for (int i = 0; i < 10; i++) {
```

```
            for (int j = 0; j < 20; j++){
                if (j>i) {
                    System.out.println();
                    continue outer;
                }
                System.out.print("*  ");
            }
        }
```

该程序的运行结果如下：

```
*
*  *
*  *  *
*  *  *  *
*  *  *  *  *
*  *  *  *  *  *
*  *  *  *  *  *  *
*  *  *  *  *  *  *  *
*  *  *  *  *  *  *  *  *
*  *  *  *  *  *  *  *  *  *
```

3.2.6 注释语句

Java 程序中，如果一整行都是注释，则为注释语句，它只用来对程序作进一步的说明，并没有任何实际的逻辑含义，编译程序也会忽略它的存在。注释语句的存在并不改变程序的运行结果。Java 中共有 3 种注释形式：

```
//在一行内的注释
/* 一行或多行的注释 */
/** 文档注释 */
```

第 1 种形式表示从“//”开始一直到行尾均为注释，一般用它对变量、一行程序的作用作简短说明。“//”是注释的开始，行尾表示注释结束。如果“//”出现在行首，则该行为注释语句。

第 2 种形式可用于多行注释，“/*”是注释的开始，“*/”表示注释结束，“/*”和“*/”之间的所有行均是注释语句。这种注释多用来说明方法的功能等。

第 3 种形式是文档注释。文档注释放在（一个变量或是一个函数的）说明之前，表示该段注释应包含在自动生成的任何文档中（即由 javadoc 命令生成的 HTML 文件）。

3.3 简单的输入输出

程序运行期间交互式地读入用户的输入，并将计算结果返回给用户是一个基本要求。本节介绍 Java 提供的用于输入输出的几个基本类。

1. Scanner 类

Scanner 类属于 java.util 包。它提供了许多方法，可用来方便地读入不同类型的输入值。例如从键盘输入，从文件中输入等。读者可查阅相关的 API 文档。

要调用 Scanner 类的方法，必须先创建一个对象。Java 中的对象使用 new 运算符来创建。下面的说明创建了一个 Scanner 类对象，它读入键盘输入：

```
Scanner scan = new Scanner(System.in);
```

以上说明创建了一个变量 scan，它代表一个 Scanner 对象。对象本身由 new 运算符来创建，并调用构造方法来建立对象。这些知识将在后续章节中介绍。

Scanner 类的构造方法接受一个参数，这个参数代表了输入源。System.in 对象代表标准输入流，默认是指键盘。

Scanner 对象用空白（空格、制表符及换行符）作为输入的分隔元素。这些空白称为分隔符。也可以指定用其他符号作为分隔符。

Scanner 类的 next()方法读入下一个输入对象，将它作为字符串返回。如果输入的是一串用空白分开的多个字，则每次调用 next()时都会得到下一个字。nextLine()方法读入当前行的所有输入，直到行尾，然后作为字符串返回。

程序 3-6

源代码

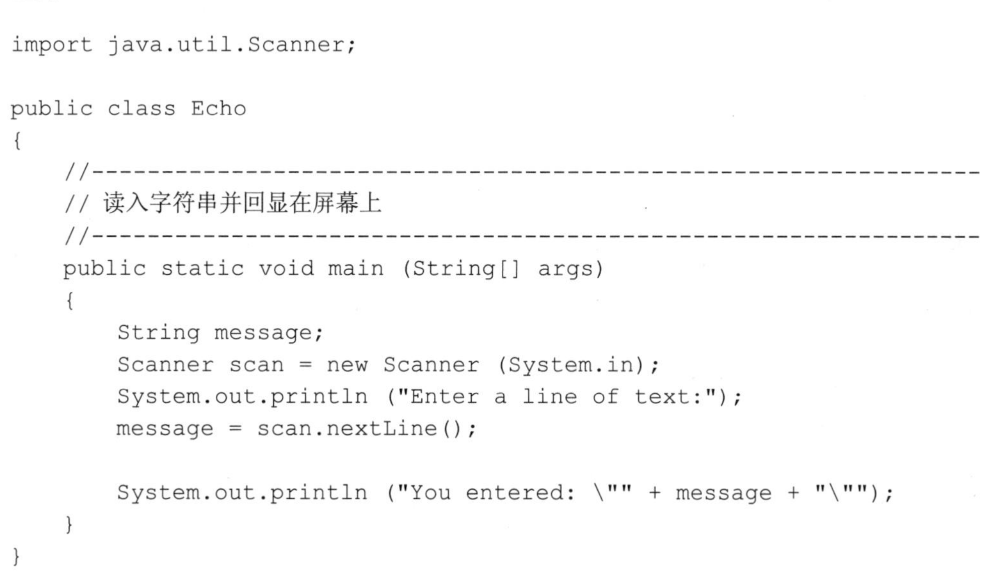

```
import java.util.Scanner;

public class Echo
{
    //-----------------------------------------------------------------
    // 读入字符串并回显在屏幕上
    //-----------------------------------------------------------------
    public static void main (String[] args)
    {
        String message;
        Scanner scan = new Scanner (System.in);
        System.out.println ("Enter a line of text:");
        message = scan.nextLine();

        System.out.println ("You entered: \"" + message + "\"");
    }
}
```

程序 3-6 中的 Echo 程序，读入用户输入的一行文本，将它保存到字符串变量 message 中，并回显在屏幕上。在 Echo 类定义之前的 import 语句，告诉系统程序中要使用 Scanner 类。第 5 章将介绍 import 语句。

不同的 Scanner 类方法，如 nextInt()和 nextDouble()，用来读入不同类型的数据。程序 3-7 的 IntDouble 类，读入人的身高体重，并据此计算 BMI 值。

源代码

程序 3-7

```
import java.util.Scanner;

public class IntDouble
{
    //-----------------------------------------------------------------
    // 计算 BMI
    //-----------------------------------------------------------------
    public static void main (String[] args)
    {
        int age;
        double weight, height, bmi;

        Scanner scan = new Scanner (System.in);

        System.out.print ("你的年龄是: ");
        age = scan.nextInt();

        System.out.print ("你的体重是（千克）: ");
        weight = scan.nextDouble();

        System.out.print ("你的身高是（米）: ");
        height = scan.nextDouble();

        bmi = weight / (height*height);

        System.out.println ("BMI: " + bmi);
    }
}
```

Scanner 对象依据使用的读数据的方法及输入中的分隔符，一次处理一个输入值。输入时可以将多个输入值放到同一行中，也可以把它们分在多个行中，视具体情况而定。

2．NumberFormat 类和 DecimalFormat 类

程序 3-7 的输出结果包含多位小数，但实际上可能不需要这么多位小数。为此，Java 提供了格式化输出的功能，相关的类有 NumberFormat 类和 DecimalFormat 类。使用这些类，可使打印或显示的信息看起来比较美观。它们都属于 Java 标准类库，在 java.text 包中定义。

NumberFormat 类提供对数值进行格式化操作的一般功能。不能使用 new 运算符实例化一个 NumberFormat 对象。相反地，只能直接使用类名调用一个特殊的静态方法来得到一个对象。

NumberFormat 类中的两个方法 getCurrencyInstance()和 getPercentInstance()，返回用于格式化数值的对象。getCurrencyInstance()方法返回货币格式对象，而 getPercentInstance()方法返回百分比格式对象。通过格式对象调用 format()方法，将参数按相应的模式格式化后作为字符串返回。

和NumberFormat类不一样，DecimalFormat类按惯例使用new运算符来实例化对象。它的构造方法要带一个 String 类型的参数，这个参数表示格式化处理模式，然后可以使用 format()方法对一个具体的值进行格式化。之后，还可以调用 applyPattern()方法改变对象要使用的模式。

传给 DecimalFormat 构造方法可以由字符串定义的模式精心设置。不同的符号用来表示不同的格式信息。例如，模式字符串“0.###”表示小数点左边至少要有一位数字，如果整数部分为 0，则小数点左边写 0。它还表明小数部分要有 3 位数字。

进一步修改程序 3-7，得到如下的程序 3-8。这次的输出结果美观多了。

程序 3-8

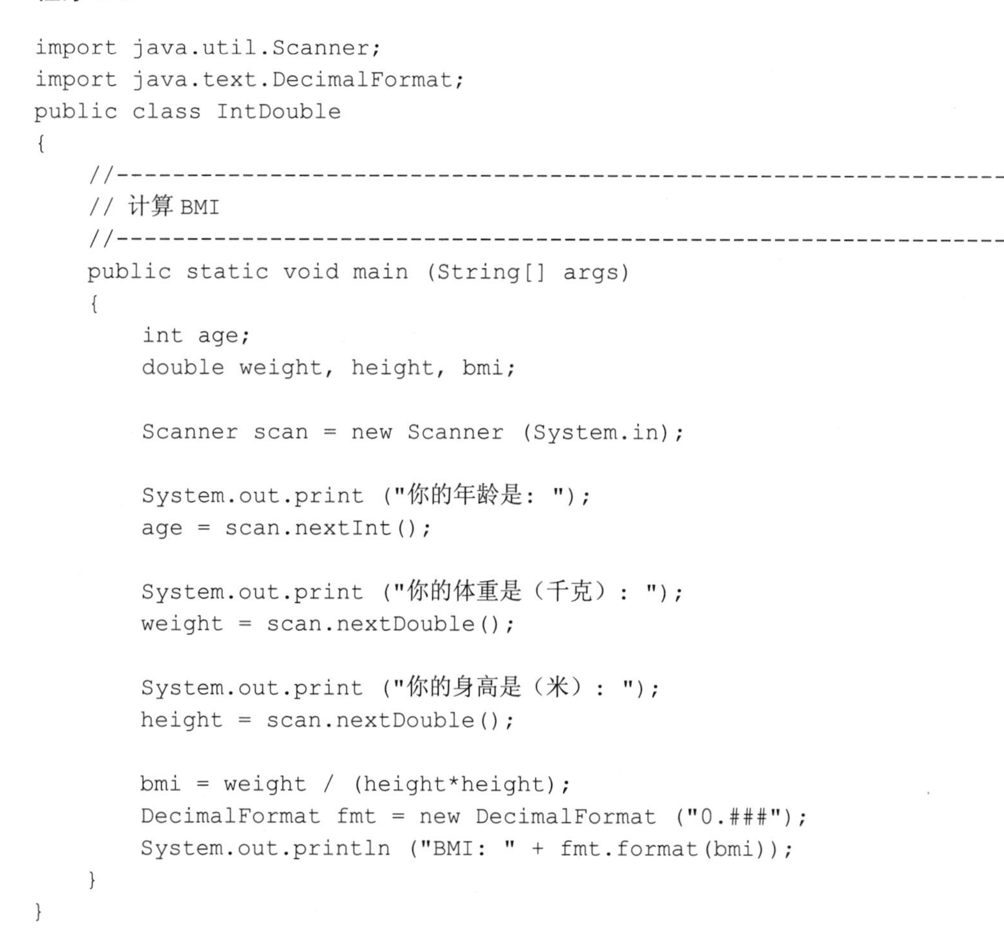

```
import java.util.Scanner;
import java.text.DecimalFormat;
public class IntDouble
{
    //-----------------------------------------------------------------
    // 计算 BMI
    //-----------------------------------------------------------------
    public static void main (String[] args)
    {
        int age;
        double weight, height, bmi;

        Scanner scan = new Scanner (System.in);

        System.out.print ("你的年龄是: ");
        age = scan.nextInt();

        System.out.print ("你的体重是（千克）: ");
        weight = scan.nextDouble();

        System.out.print ("你的身高是（米）: ");
        height = scan.nextDouble();

        bmi = weight / (height*height);
        DecimalFormat fmt = new DecimalFormat ("0.###");
        System.out.println ("BMI: " + fmt.format(bmi));
    }
}
```

习　题

3.1 Java 中常用的运算符有哪些？它们的含义分别是什么？

3.2 Java 中操作符优先级是如何定义的？

3.3 >>>与>>有什么区别？试分析下列程序段的运行结果：

源代码

```
int b1 = 1;
int b2 = 1;

b1 <<= 31;
b2 <<= 31;

b1 >>= 31;
b1 >>= 1;

b2 >>>= 31;
b2 >>>= 1;
```

3.4 设 n 为自然数，$n!=1\times2\times\cdots\times n$ 称为 n 的阶乘，规定 $0!=1$。试编写程序计算 2!，4!，6!，8!和 10!，并将结果输出到屏幕上。

3.5 使用 java.lang.Math 类，生成 100 个 0～99 的随机整数，找出它们之中的最大者及最小者，并统计大于 50 的整数个数。

提示：Math 类支持 random 方法。

```
public static synchronized double random()
```

上述方法返回一个 0.0～1.0 之间的小数，如果要得到其他范围的数，需要进行相应的转换，例如想得到一个 0～99 之间的整数，可以使用下列语句：

```
int num = (int) (100 * Math.random());
```

3.6 在下列表达式中找出每个操作符的计算顺序，并在操作符下按次序标上相应的数字。

```
a+b+c-d
a+b/c-d
a+b/c*d
(a+b)+c-d
(a+b)+(c-d)%e
(a+b)+c-d%e
(a+b)%e%c-d
```

3.7 编写程序打印下面的图案。

```
* * * * * * *
  * * * * *
    * * *
      *
    * * *
  * * * * *
* * * * * * *
```

3.8 编写程序打印下面的图案。

```
*  *  *  *  *  *  *  *  *  *
*  *  *  *  *  *  *  *  *
*  *  *  *  *  *  *  *
*  *  *  *  *  *  *
*  *  *  *  *  *
*  *  *  *  *
*  *  *  *
*  *  *
*  *
*
```

3.9 编写程序打印乘法口诀表。

3.10 编写程序，要求判断从键盘输入的字符串是否为回文（回文是指自左向右读与自右向左读完全一样的字符串）。

3.11 编写程序，判断用户输入的数是否为素数。

3.12 编写程序，将从键盘输入的华氏温度转换为摄氏温度。

3.13 编写程序，读入一个三角形的三条边长，计算这个三角形的面积，并输出结果。

提示：设三角形的三条边长分别是 a、b、c，则计算其面积的公式为

$$s=(a+b+c)/2$$

$$\text{面积}=\sqrt{s(s-a)(s-b)(s-c)}$$

3.14 编写一个日期计算程序，完成以下功能。

（1）从键盘输入一个月份，在屏幕上输出本年这个月的月历，每星期一行，从星期日开始，到星期六结束。

（2）从键盘输入一个日期，在屏幕上显示是星期几，也以当年为例。

（3）从键盘输入两个日期，计算这两个日期之间共有多少天。

3.15 设有各不同面值的人民币若干，编写一个计算程序，对任意输入的一个金额，给出能组合出这个值的最佳可能，要求使用的币值个数最少。例如，给出 1.46 元，将得到下列结果：

1.46 元=

 1 元　1 个

 2 角　2 个

 5 分　1 个

 1 分　1 个

第 4 章　数组、向量和字符串

4.1　数　　组

4.1.1　数组说明

如果多个量之间存在某种内在的联系，但是又不想使用单独的变量命名它们，这时就可以考虑使用数组。例如，三维坐标系中一个点的坐标值（x, y, z）就可以用一个一维数组来表示。类似地，一个矩阵可以用二维数组来表示。这样既体现了数据之间的逻辑关系，又节省了命名空间。

一个数组是一系列匿名变量，数组中的元素可通过下标访问。在 Java 中，数组是对象。类 Object 中定义的方法都可以用于数组对象。程序员可以说明任何类型的数组，也就是说，数组元素可以是基本数据类型，也可以是类类型，当然还可以是数组。数组在使用之前必须先说明，也就是要先定义，定义一维数组的格式如下：

```
类型 数组名[];
```

其中，类型可以为 Java 中任意的数据类型，包括基本数据类型和复合数据类型，数组名为一个合法的标识符，[ ]指明该变量是一个数组类型变量。

例如，下面两行分别说明了两个合法的数组 s 和 intArray：

```
char s[];
int intArray[];
```

s 的每个元素都是 char 类型的，第二行声明了一个整型数组 intArray，数组中的每个元素为整型数据。

还可以定义复合数据类型的数组，例如：

```
Date dateArray[];
Point points[];
```

这两行声明的数组，其元素都是类类型的。dateArray 的每个元素都是 Date 类类型的，points 的每个元素都是 Point 类类型的。

与 C 和 C++不同，Java 在数组的定义中不为数组元素分配内存，因此中括号[ ]中不用指出数组中元素的个数，即数组长度。和其他类类型一样，说明不创建对象本身，因此这些说明并不创建数组，只是引用变量，用来指向一个数组。

上面所示的格式，即变量名后接中括号，既是 C 和 C++的标准，也是 Java 允许的格式。Java 还允许用另一种格式说明数组，即将中括号放到变量名的左面。如下所示：

```
type[] arrayName;
```

前面的例子也可以这样定义：

```
char[] s;
int[] intArray;
Date[] dateArray;
Point[] points;
```

以上几行的说明与前面的说明完全等价。

在这种格式中，左面是类型部分，右面是变量名，与其他类型说明的格式一致。这两种格式目前都在使用，编写程序时可以选择使用其中的任何一种，并熟练掌握。

4.1.2 创建数组

既然定义数组只是对数组的说明，并没有为数组分配内存，因此还不能访问它的任何元素。必须经过数组初始化后，才能应用数组的元素。这个过程就是数组的创建过程。

数组的初始化分为静态初始化和动态初始化两种。所谓静态初始化就是在定义数组的同时对数组元素进行初始化，例如：

源代码

```
int intArray[]={1,2,3,4};   //定义了一个含有 4 个元素的 int 型数组
int[] ages = {34, 12, 45};
double[] heights = {4.5, 23.6, 84.124, 78.2, 61.5};
boolean[] tired = {true, false, false, true};
String[] names = {"Zhang","Li","Wang"};
char vowels[] = {'a', 'e', 'i', 'o', 'u'};
BankAccount[] accounts = {  //对象数组的初始化
    new BankAccount("Zhang", 100.00),
    new BankAccount("Li", 2380.00),
    new BankAccount("Wang", 500.00),
    new BankAccount("Liu", 175.56),
    new BankAccount("Ma", 924.02)
};
```

例 4-1 字符串数组。

```
String names[] = {
    "Georgianna",
    "Jen",
    "Simon",
    "Tom"
};
```

这里，用 4 个字符串常量初始化 names 数组，它等价于：

```
String names[];
names = new String[4];
names[0] = "Georgianna";
names[1] = "Jen";
names[2] = "Simon";
```

```
names[3] = "Tom";
```

静态初始化可用于任何元素类型，初值块中每个位置的每个元素均对应一个引用。

与之相对应的，动态初始化是使用运算符 new 为数组分配空间，这和所有对象是一样的。数组说明的中括号中的数字表示数组元素个数。对于基本数据类型的数组，其创建格式如下：

```
类型 数组名[] = new 类型[数组大小];
类型[] 数组名 = new 类型[数组大小];
```

如果前面已经对数组进行了说明，则此处的类型可以不写。例如已经说明了字符数组 s 后，其初始化如下所示：

```
s = new char[20];
```

上述代码行创建了一个有 20 个字符的数组 s。

对于复合数据类型的数组，使用运算符 new 只是为数组本身分配空间，并没有对数组的元素进行初始化。因此对于复合数据类型的数组，需要经过两步进行空间分配。

第一步先创建数组本身：

```
类型 数组名[] = new 类型[数组大小];
```

第二步分别创建各个数组元素：

```
数组名[0] = new 类型(参数列表);
...
数组名[数组大小-1] = new 类型(参数列表);
```

例如：

```
points = new Point[100];
```

只创建有 100 个 Point 型变量的数组，但没有创建 100 个 Point 对象。因为 Point 型是类类型，这些对象必须再单独创建，如下所示：

```
points[0] = new Point();
points[1] = new Point();
...
points[99] = new Point();
```

再看一个例子：

```
String stringArray[];                   //定义一个 String 类型的数组
stringArray = new String[3];            //给数组 stringArray 分配 3 个引用
                                        //空间，初始化每个引用值为 null
stringArray[0] = new String("how");     //各引用指向各自的对象
stringArray[1] = new String("are");
stringArray[2] = new String("you");
```

值得注意的是，Java 中没有静态的数组定义，数组的内存都是通过 new 动态分配的。

下面的写法是错误的：

```
int intArray[5];    //错误
```

下面以 Point 类为例，用图 4-1 表示数组说明与数组创建之间的关系。

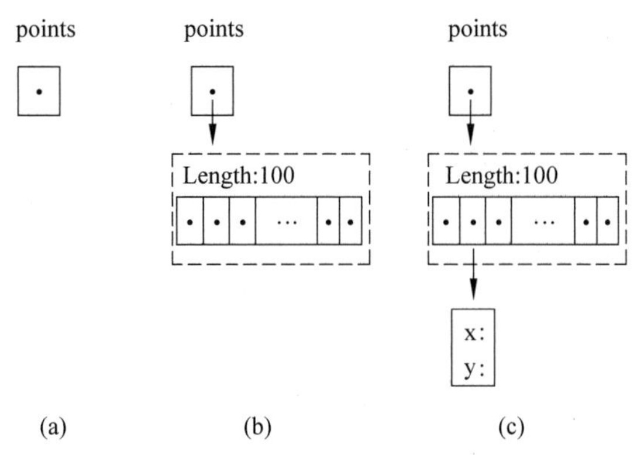

图 4-1　数组说明与数组创建

Point 类定义如下：

```
class Point {
      int x, y;
      Point (int x1, int y1) {
            x = x1;
            y = y1;
      }
      Point() {
            this(0, 0);
      }
}
```

说明语句：

```
Point [] points;
```

执行完毕，系统为变量 points 分配一个引用空间，如图 4-1(a)所示。语句

```
points = new Point [100];
```

执行完毕，系统在内存中为数组对象分配存储空间，并把数组引用赋给变量 points，如图 4-1(b)所示。语句

```
points[1] = new Point();
```

执行完毕，数组的状态由图 4-1(b)变为图 4-1(c)。

数组变量的类型可以不同于所指向的数组类，但应该是它的父类。例如，下面的代码：

```
Object [] points;
points = new Point [100];
```

是允许的。points 的类型是 Object[]，第二行创建的数组类型是 Point[]类型，Point[]类型派生于公共父类 Object；反之则是不允许的。例如：

```
Point [] points;
points = new Object [100];
```

是不允许的。

4.1.3 数组边界

在 Java 中，数组下标从 0 开始，下标也称为索引。数组中的元素个数 length 是数组类中唯一的数据成员变量。使用 new 创建数组时系统自动给 length 赋值。数组一旦创建完毕，其大小就被固定下来。程序运行时可以使用 length 进行数组边界检查。如果发生越界访问，则抛出一个异常。关于异常的介绍请见本书后面的章节。例 4-2 中创建一个有 10 个 int 型量的数组 list，然后顺序访问每个数组元素。遍历时，没有使用常数 10，而是用 list.length 控制数组的下标范围。

例 4-2 使用 length。

```
int list[] = new int [10];
for (int i = 0; i < list.length; i++) {
//进行相应处理的代码
}
```

循环的结束条件中使用 list.length，而不是常数 10。这样做不会引起数组下标越界，可使程序更健壮，修改更方便。

4.1.4 数组元素的引用

在定义一个数组，并用运算符 new 为它分配内存空间后，就可以引用数组中的每一个元素了。数组名加上下标可以表示数组元素，元素的引用方式为

```
数组名[index]
```

其中，index 为数组下标，下标从 0 开始，一直到 length−1。

下标可以是整型常数或表达式，如下所示：

```
arrayName[1],
arrayName[i],
arrayName[6*i]
```

创建数组时，每个元素都会被初始化。如前面创建的字符数组 s，它的每个值均被初始化为 0（\0000）。而数组 points 的每个值均被初始化为 null，表明它还没指向真正的 Point 对象。在执行赋值语句

```
points[0] = new Point();
```

后，系统才创建一个真正的 Point 对象，并让数组的第一个元素指向它。

注意：包括数组元素在内的所有变量的初始化，从系统安全角度看都是必不可少的，任何变量都不能在没有初始化的状态下使用。但遗憾的是，编译器不能检查数组元素的初始化情况，因此需要程序员自己多加注意。

例 4-3 数组初始化。

```
double[] heights = {4.5, 23.6, 84.124, 78.2, 61.5};
String[] names = {"Bill","Jennifer","Joe"};
System.out.println(heights.length);    //打印 5
System.out.println(names.length);      //打印 3
names[1] = null;                       //擦掉了值“Jennifer”
System.out.println(names.length);      //仍打印 3
```

程序 4-1 给定一组整型数，求它们的平均值及最大值。

源代码

```
class Calculator {
    public static double calculateAverage(int[] numbers) {
        int sum = 0;
        for (int i=0; i<numbers.length; i++)
            sum += numbers[i];
        return sum/(double)numbers.length;
    }
    public static int findMaximum(int[] numbers) {
        int max = numbers[0];
        for (int i=0; i<numbers.length; i++)
            if (numbers[i] > max)
                max = numbers[i];
        return max;
    }
}
public class CalculatorTester2 {
    public static void main(String args[]) {
        int numbers[] = {23, 54, 88, 98, 23, 54, 7, 72, 35, 22};
        System.out.println("The average is " +
                                Calculator.calculateAverage(numbers));
        System.out.println("The maximum is " +
                                    Calculator.findMaximum(numbers));
    }
}
```

4.1.5 多维数组

1. 多维数组的定义

Java 中没有真正的多维数组，但因为数组元素可以说明为任何类型，所以可以建立数组的数组（的数组……），由此得到多维数组。通常，n 维数组是 n–1 维数组的数组。说明多维数组时使用类型及多对中括号。例如，int [][]是类型，它表示二维数组，每个元素是 int 类型的。

下面以二维数组为例，来看多维数组的定义。二维数组的定义方式如下：

```
类型(数组名)[][];
```

例如：

```
int intArray[][];
```

也可以采用另一种定义方式：

```
类型[][] 数组名;
```

与一维数组一样，定义时对数组元素也没有分配内存空间，同样要使用运算符 new 来分配内存，然后才可以访问每个元素。

2. 多维数组的初始化

与一维数组一样，多维数组的初始化也分为静态和动态两种。

静态初始化时，在定义数组的同时为数组分配空间。以二维数组为例，如下所示：

```
int intArray[][]= {{2,3}, {1,5}, {3,4}};
```

这里，不必指出数组每一维的大小，系统会根据初始化时给出的初值的个数自动算出数组每一维的大小。

最外层括号所含各元素是数组第一维的各元素，最内层括号对应于数组最后一维的元素。上面定义的数组 intArray 为一个 3 行 2 列的数组，它的形式如下：

```
2 3
1 5
3 4
```

使用两个下标可以访问数组中的任一元素，如 intArray[1][1]表示该数组第 2 行第 2 列的元素 5，注意，数组下标均从 0 开始。

对多维数组进行动态初始化时，有两种分配内存空间的方法。

第一种方法直接为每一维分配空间：

```
类型 数组名[][] = new 类型[第一维大小][第二维大小];
```

例如：

```
int a[][] = new int[2][3];
```

第二种方法中，多维数组可以从最高维起（而且必须从最高维开始），分别为每一维分配内存。创建二维数组的一般格式为

```
类型 数组名[][] = new 类型 [arrleng1][];
数组名[0] = new 类型 [arrleng2];
数组名[1] = new 类型 [arrleng2];
...
数组名[arrleng1 - 1] = new 类型 [arrleng2];
```

该说明创建的数组第一维大小是 arrleng1，第二维大小为 arrleng2。它创建的是一个

矩阵数组，即第二维的大小一致。

请看例 4-4 中的说明。

例 4-4 数组说明。

```
int twoDim [][] = new int[4][];
twoDim[0] = new int[5];
twoDim[1] = new int[5];
```

第一行调用 new 创建的对象只是一个一维数组。数组含 4 个元素。每个元素又是对整数数组元素的 null 引用，由此构成二维数组。

再看例 4-5。

例 4-5 数组说明。

```
String s[][]=new String[2][];
s[0] = new String[3];
s[1] = new String[3];
s[0][0] = new String("Good");
s[0][1] = new String("Luck");
s[0][2] = new String(" ");
s[1][0] = new String("to");
s[1][1] = new String("you");
s[1][2] = new String("!");
```

除此之外，在 Java 中还可以创建非矩阵数组，见例 4-6。

例 4-6 非矩阵数组。

```
int twoDim[][] = new int[4][];
twoDim[0] = new int[2];
twoDim[1] = new int[4];
twoDim[2] = new int[6];
twoDim[3] = new int[8];
```

twoDim 数组为 4 行，每行的元素个数分别为 2、4、6、8 个，各不相同。

数组形式如下：

```
X X
X X X X
X X X X X X
X X X X X X X X
```

该数组各维的长度如下：

```
twoDim.length = 4
twoDim[0].length = 2
twoDim[1].length = 4
twoDim[2].length = 6
twoDim[3].length = 8
```

由于矩阵数组是最常见的格式，因此 Java 提供了创建矩阵数组的简化方式。二维矩

阵数组的一般说明格式为

```
type arrayName[][] = new type[length1][length2];
```

其中，arrayName 是数组名，length1 和 length2 分别为数组各维的大小，type 是数组元素的类型。

例 4-7　二维数组。

```
int matrix[][] = new int[4][5];
```

可创建一个有 4 个一维数组的数组，每个一维数组中又有 5 个整数，即 4 行 5 列的整数矩阵。该行等价于下面这段代码：

```
int matrix[][] = new int[4][];
for (int j = 0; j < matrix.length; j++)
    matrix[j] = new int[5];
```

虽然说明格式允许中括号放在变量名的左面或右面，但在多维数组中使用时应注意其合法性。例 4-8 展示了正确与错误的数组说明示例。

例 4-8　正确的及错误的二维数组说明。

下面是一些正确的数组说明：

```
int a1[][] = new int[2][3];
int a2[][] = new int[2][];
int []a3[] = new int[4][6];
```

下面是一些错误的数组说明：

```
1   int errarr1[2][3];
2   int errarr2[][] = new int[][4];
3   int errarr3[][4] = new int[3][4];
```

第 1 行：不允许说明静态数组。

第 2 行：数组的维数说明顺序应从高维到低维，先说明高维，再说明低维。反之是不允许的。

第 3 行：数组维数的指定只能出现在 new 运算符之后。

3．多维数组的引用

在定义并初始化多维数组后，可以使用多维数组中的每个元素。下面仍以二维数组为例，来说明多维数组的引用。具体引用方式如下。

```
数组名 [index1][index2]
```

其中，index1 和 index2 为数组下标，它们都可以是整型常数和表达式，序号都是从 0 开始。如：

```
int myTable[][] = new int[4][3];
```

如果要访问 myTable 的元素，只需要通过其行、列的下标就可以了。例如：

```
myTable[0][0] = 34;
myTable[0][1] = 15;
myTable[0][2] = 26;
```

例 4-9　二维数组使用示例。

```
int myTable[][] = {
     {23, 45, 65, 34, 21, 67, 78},
     {46, 14, 18, 46, 98, 63, 88},
     {98, 81, 64, 90, 21, 14, 23},
     {54, 43, 55, 76, 22, 43, 33}};
for (int row=0;row<4; row++) {
     for (int col=0;col<7; col++)
          System.out.print(myTable[row][col] + " ");
     System.out.println();
}
```

输出结果如下，其中最上面一行和最左面一列代表数组的下标，并不是真正的输出内容：

```
     0    1    2    3    4    5    6
0    23   45   65   34   21   67   78
1    46   14   18   46   98   63   88
2    98   81   64   90   21   14   23
3    54   43   55   76   22   43   33
```

程序 4-2 计算表中各行元素之和并查找其和值最大的那个行。设元素值都为正整数。

程序 4-2

源代码

```
public class TableTester {
     public static void main(String args[]) {
          int myTable[][] = {
               {23, 45, 65, 34, 21, 67, 78},
               {46, 14, 18, 46, 98, 63, 88},
               {98, 81, 64, 90, 21, 14, 23},
               {54, 43, 55, 76, 22, 43, 33}};
          int sum, max, maxRow=0;
          max = 0;       //假设所有的值都为正数
          for (int row=0; row<4; row++) {
               sum = 0;
               for (int col=0; col<7; col++)
                    sum += myTable[row][col];
               if (sum > max) {
                    max = sum;
                    maxRow = row;
               }
          }
          System.out.println("Row " + maxRow + "# has the maximum value,
```

```
it is " + max);
      }
}
```

程序 4-2 的运行结果如图 4-2 所示。

```
Windows PowerShell
PS D:\java\program\chapter4> javac TableTester.java
PS D:\java\program\chapter4> java TableTester
Row 2# has the maximum value, it is 391
PS D:\java\program\chapter4> _
```

图 4-2　程序 4-2 的运行结果

与一维数组的长度不同，多维数组的 length 属性只返回第一维的长度。如：

```
int ages[4][7];
ages.length;                          //返回 4，而不是 28
```

可以分别访问每一维的长度，如：

```
int[][] ages = int ages[4][7];
int[] firstArray = ages[0];
int &=ages.length * firstArray.length; //返回 28
```

读者可以试着使用每一维的长度，修改程序 4-2 中的两个常数，以保证数组不发生越界错误。

在 Java 中，数组是用来表示一组同类型数据的数据结构，并且数组是定长的，初始化以后，数组的大小不会再动态变化。数组变量的值是数组对象实例的引用。

为了程序员使用方便，Java 提供的 java.util 包中有一个 Arrays 类，其中提供了一些对数组的操作方法。例如 int binarySearch(type a[], type key)，它可以对关键字 key 在数组 a 中进行二分查找，但要求数组 a 必须已经排序，否则返回值无意义。数组 a 中有重复的值时，该方法返回的值不确定，即无法确定找到的是哪一个。如果 key 存在，则返回它在数组 a 中的位置。

boolean equals(type a1[], type a2[])也是一个常用的方法，它判定两个数组大小是否相同，并且每一个元素是否相等。Java 规定，两个 null 数组是相等的。

4.1.6　数组复制

数组创建后就不能改变大小，但是可以使用同一个引用变量指向一个全新的数组，例如：

```
int elements[] = new int[6];
elements = new int[10];
```

在上述示例中，第一个数组实际上丢失了，除非还有其他的引用指向它。

可以使用一种高效率的方法复制数组。Java 在 System 类中提供了一个特殊的方法

arraycopy()，用于实现数组之间的复制。可通过程序 4-3 说明 arraycopy()方法的使用。

程序 4-3

```
1   class ArrayTest{
2        public static void main(String args[]) {
3                 //初始数组
4            int elements[] = { 1, 2, 3, 4, 5, 6 };
5                 //其他的语句
6                 //增大后的新数组
7            int hold[] = {10, 9, 8, 7, 6, 5, 4, 3, 2, 1 };
8                 //把 elements 数组中的所有元素复制到
9                 //hold 数组中，下标从 0 开始
10           System.arraycopy(elements, 0, hold, 0, elements.length);
11       }
12  }
```

elements 是一个含 6 个 int 型数的数组，hold 含有 10 个 int 型数。第 10 行的语句是将 elements 中第 1 个（下标为 0）到第 elements.length 个元素依次放到 hold 中下标从 0 开始的各位置，即第 1～6 个位置。执行完毕，数组 hold 的内容为：1，2，3，4，5，6，4，3，2，1。

在本例中，数组 elements 和 hold 作为方法 arraycopy 的参数使用。当数组作为函数参数时，是将数组引用传给方法，函数中对数组内容的任何改变都将影响至函数外。

4.2 Vector 类

与大多数程序设计语言一样，Java 中的数组只能保存固定数目的元素，且必须把所有需要的内存单元一次性申请出来，而不能先创建数组再追加数组元素数量。为了解决这个问题，Java 中引入了向量（Vector）类。

向量是 java.util 包提供的一个非常重要的工具类。它对应于采用类似数组顺序存储的数据结构，但是具有比数组更强大的功能。它允许不同类型的元素共存于一个变长数组中，因此可以看作是将不同类型元素按照动态数组来进行处理。每个 Vector 类的对象都可以表达一个完整的数据序列。Vector 类的对象不但可以保存顺序的一列数据，而且还提供了许多有用的方法来操作和处理这些数据。

向量也是一组对象的集合，但相对于数组，向量可以追加对象元素数量，因此可以更方便地修改和维护序列中的对象。

Vector 类的对象可以看作是一个可变大小的数组，和使用数组下标来访问数组元素类似，可以用一个整数类型的顺序值来访问 Vector 的元素。创建了 Vector 的对象后，如果增加或删除了其中的元素，则 Vector 的大小也相应地变大或变小。

4.2.1 概述

在程序设计中，经常遇到需要用一个集合作为容器来包含众多元素，而各个元素的类型及集合中元素的个数又无法预知的情况。如果这些元素类型之间都存在继承关系，那么从类的继承性的概念出发，可以将这个集合容器的类型设为它们的父类类型，由赋值兼容原则可以实现这种要求（关于类的继承，请详见后面章节）。但实际情况却不这么理想，往往所具有的元素是杂乱无章的，也就是说各个元素的类型是不相同的，那么使用父类集合作为容器的想法就行不通了，这时就可以用到 Vector 类。在这里可以把一个 Vector 类的对象想象为一个长度和口径都随时可变的管道，任何类型的对象均能顺序加入到其中，以后又可随时提取。

向量比较适合在如下情况下使用：

- 需要处理的对象数目不定，序列中的元素都是对象或可以表示为对象；
- 需要将不同类的对象组合成一个数据序列；
- 需要在对象序列中频繁进行元素的插入和删除；
- 经常需要定位序列中的对象和其他查找操作；
- 在不同的类之间传递大量的数据。

Vector 类的方法相对于数组要多一些，但是使用这个类也有一定的局限性，例如其中的对象不能是简单数据类型等。

除了存放数据元素的 elementData 域外，每个向量 Vector 对象还包含了一个容量值 elementCount 和一个容量增值 capacityIncrement。elementCount 记录 Vector 中元素的实际个数，这个数不多于 Vector 对象的容量。当有元素被加入向量时，容量值会相应增大，以记录目前向量的大小。当向量中增加的元素超过了它的容量值后，向量的存储空间以容量增值的大小为单位增长，为以后新的元素加入做好准备。通常，向量的容量值至少和向量的实际大小一样，甚至大一些。

4.2.2 Vector 类的构造方法

Vector 类常用的 3 个构造方法如下。

- public Vector()：构造一个空向量。
- public Vector(int initialCapacity)：指定的初始存储容量 initialCapacity 构造一个空的向量 Vector。
- public Vector(int initialCapacity, int capacityIncrement)：指定的初始存储容量 initialCapacity 和容量增量 capacityIncrement 构造一个空的向量 Vector。

例如：

```
Vector MyVector = new Vector(100, 50);
```

这个语句创建的 MyVector 向量序列初始有 100 个元素的空间，以后一旦空间用尽则以 50 为单位递增，使序列中元素空间的容量变成 150、200、250…。在创建 Vector 序列时，不需要指明序列中元素的类型，使用时确定即可。

4.2.3 Vector 类对象的操作

Vector 类包含了以下成员变量。

- protected int capacityIncrement：增量的大小。如果值小于或等于 0，则存储区的大小每次倍增。
- protected int elementCount：存储区中元素的数量。
- protected Object elementData[]：元素存储的存储区。

1．元素的添加

向 Vector 类对象中添加元素主要有以下方法。

- Boolean add(E e)：将指定元素添加到本 Vector 的末尾。
- void add(int index, E element)：将指定元素添加到本 Vector 的指定位置。
- void addElement(E obj)：将指定的组件添加到本 Vector 的末尾，将其大小增大 1。
- void insertElementAt(E obj, int index)：将指定的对象作为组件插入在本 Vector 中的指定下标处。

看下面的例子。

例 4-10　添加元素。

```
Vector MyVector = new Vector();
for (int i=1;i<=10;i++){
    MyVector.addElement(new Random());
}
MyVector.insertElementAt("middle",5);
```

2．元素的删改

使用以下方法可以修改或删除 Vector 类对象序列中的元素。

- void setElementAt(E obj, int index)：该方法将本 Vector 中下标为 index 的元素设置为指定对象。
- boolean removeAll(Collection<?> c)：从本 Vector 中删除指定 Collection 中包含的所有元素。
- void removeAllElements()：该方法从本 Vector 中删除所有组件，同时将大小置为 0。
- boolean removeElement(Object obj)：该方法将删除指定参数在本 Vector 中的第一次（最小下标）出现。
- void removeElementAt(int index)：删除指定下标处的组件。

例 4-11 先创建一个 Vector，再删除其中的所有字符串对象“to”。

例 4-11　删除元素。

```
Vector MyVector = new Vector(100);
for (int i=0;i<10;i++){
        MyVector.addElement("welcome");
        MyVector.addElement("to");
        MyVector.addElement("beijing");
}
while (MyVector.removeElement("to"));
```

3. 元素的查找

Java 还提供了在向量中进行查找的操作，常用的查找向量中某元素的方法如下。

- E elementAt(int index)：返回指定下标处的组件。
- boolean contains(Object o)：如果本 Vector 包含指定的元素，则返回 true。
- int indexOf(Object o)：返回指定元素在本 Vector 中第一次出现的下标，如果本 Vector 中不包含该元素，则返回−1。
- int lastIndexOf(Object o)：返回指定元素在本 Vector 中最后一次出现的下标，如果本 Vector 中不包含元素，则返回−1。

例如：

```
int i=0;
While((i=MyVector.indexOf("welcome",i))!=-1){
    System.out.println(i);
}
```

4.2.4 Vector 类中的其他方法

下面是 Vector 类中的一些常用方法。Java API 中有对该类所有方法的描述。使用时，可以查阅相关的 API 文档。

- int size()：返回本 Vector 中的组件个数。
- int capacity()：返回本 Vector 当前的容量。
- Object clone()：返回本 Vector 的备份。
- void copyInto(Object[] anArray)：将本 Vector 中的组件复制到指定数组中。
- E firstElement()：返回本 Vector 的第一个组件（下标为 0 的项）。
- E lastElement()：返回本 Vector 的最后一个组件。
- boolean isEmpty()：测试本 Vector 是否没有组件。
- void setSize(int newSize)：设置本 Vector 的大小。
- void trimToSize()：将本 Vector 的容量修剪为该 Vector 的当前大小。

4.2.5 Vector 类的使用举例

使用 Vector 类时，需要特别注意的一个问题就是要先创建后使用。如果不先使用 new 运算符利用构造方法创建 Vector 类的对象，而直接使用 Vector 的方法（如 addElement()等），则可能造成堆栈溢出或使用 null 指针异常等，妨碍程序的正常运行。

程序 4-4 使用本节已讨论过的 Vector 类的方法，向向量增加不同类型的元素并输出 Vector 元素。

源代码

程序 4-4

```
import java.util.*;
```

```
public class MyVector extends Vector{
    public MyVector(){
        super(1, 1); //指定 capacity 和 capacityIncrement 取值
    }
    public void addInt(int i){
        addElement(new Integer(i));
    }
    public void addFloat(float f){
        addElement(new Float(f));
    }
    public void addString(String s){
        addElement(s);
    }
    public void addCharArray(char a[]){
        addElement(a);
    }

    public void printVector(){
        Object o;
        int length = size();  //同 capacity 相比较

        System.out.println("Number of vector elements is "+length+" and
                            they are:");
        for (int i = 0; i < length; i++){
            o = elementAt(i);
            if (o instanceof char[]){
                //System.out.println(o); 不好
                System.out.println(String.copyValueOf((char[]) o));
            }
            else
                System.out.println(o.toString());
        }
    }
    public static void main (String args[]){
        MyVector v = new MyVector();
        int digit = 5;
        float real = 3.14f;
        char letters[] = {'a', 'b', 'c', 'd'};
        String s = new String ("Hi there!");

        v.addInt(digit);
        v.addFloat(real);
        v.addString(s);
        v.addCharArray(letters);

        v.printVector();
    }
}
```

程序 4-4 的运行结果如图 4-3 所示。

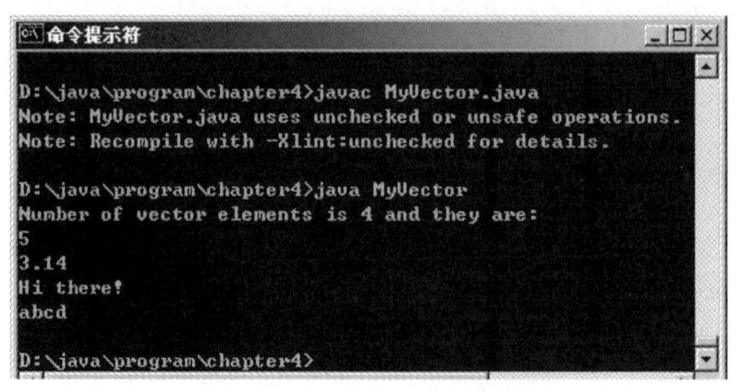

图 4-3　程序 4-4 的运行结果

4.3　字符串类型

Java 中提供了 String 和 StringBuffer 类型，通过它们，可以方便地处理字符串。String 和 StringBuffer 都是类，因此 Java 中的字符串是一个真正的对象，而不像其他语言那样是一个以零结尾的字符数组。

4.3.1　字符串简述

字符串是内存中连续排列的一个或多个字符。Java 提供的标准包 java.lang 中封装了 String、StringBuffer 和 StringBuilder 类，其中，String 类用于处理不变字符串，StringBuffer 类和 StringBuilder 类用于处理可变字符串。StringBuilder 类是在 Java 5 中新增的，Java 还提供了与 StringBuffer 类兼容的 API，比 StringBuffer 类的稍快一些，更适合于单线程应用程序。不变字符串是指字符串一旦创建，其内容就不能改变。例如，对 String 类的实例进行查找、比较、连接等操作时，既不能输入新字符，也不能改变字符串的长度。对于那些需要改变内容并有许多操作的字符串，可使用 StringBuffer 类。

String 类和 StringBuffer 类中都封装了许多方法，用来对字符串进行操作。

4.3.2　字符串说明及初始化

Java 程序中的字符串分常量和变量两种。系统为程序中出现的字符串常量自动创建一个 String 对象，例如，

```
System.out.println("This is a String");
```

将创建“This is a String”对象，这个创建过程是隐含的。对于字符串变量，在使用之前要显式说明，并进行初始化。字符串的说明很简单：

```
String s1;
StringBuffer sb1;
```

同样可以创建一个空的字符串：

```
String s1 = new String();
```

也可以由字符数组创建字符串，如下所示：

```
char chars[] = {'a', 'b', 'c'};
String s2 = new String( chars );
```

当然，可以直接用字符串常量来初始化一个字符串：

```
String s3 = "Hello World!";
```

4.3.3 字符串处理

字符串创建以后，可以使用字符串类中的方法对它进行操作。

1. String 类

String 类的对象是不可改变的，一旦创建，就确定下来。程序中可以使用系统提供的方法获得 String 实例的信息。

String 类中常用的方法如下所示。

- length()：返回字符串中的字符个数。
- charAt(int index)：返回字符串中 index 位置的字符。
- toLowerCase()：将当前字符串中所有字符转换为小写形式。
- toUpperCase()：将当前字符串中所有字符转换为大写形式。
- subString(int beginIndex)：截取当前字符串中从 beginIndex 开始到末尾的子字符串。
- replace(char oldChar, char newChar)：将当前字符串中出现的所有 oldChar 替换为 newChar。

另外还有 getChars()、indexOf()、getBytes()等许多方法，使用时可参阅核心 API 文档。

注意：String 类的实例是不可改变的，对字符串进行操作后并不改变字符串本身，而是又生成了另一个实例。

程序 4-5 字符串操作。

源代码

```
public class StringTest {
    public static void main(String args[]) {
        String s = "This is a test String!";
        System.out.println("before changed, s= " + s);

        String t = s.toLowerCase();
        System.out.println("after changed, s= " + s);
        System.out.println("t= " + t);
    }
}
```

程序 4-5 的运行结果如图 4-4 所示。由运行结果可以看出，进行 toLowerCase()操作前后，s 的内容并没有改变，而该操作的结果是在内存中又生成一个新的对象“this is a test string!”，该实例赋给变量 t。

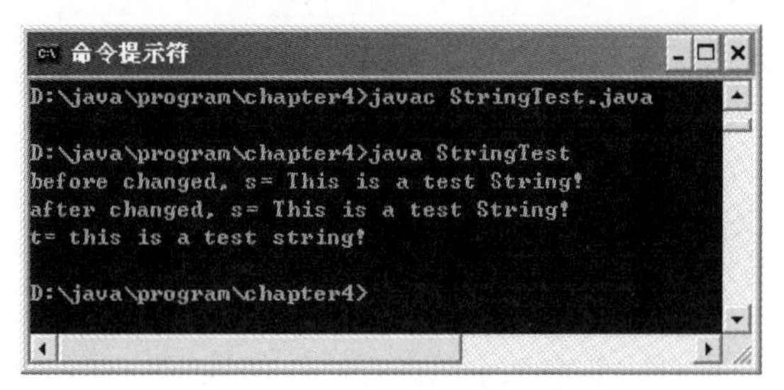

图 4-4　程序 4-5 的运行结果

2．StringBuffer 类

StringBuffer 类处理可变字符串。当修改一个 StringBuffer 类的字符串时，不用再创建一个新的字符串对象，而是直接操作原字符串。Java 为 StringBuffer 类提供的方法不同于 String 类中的方法。

系统为 String 类对象分配内存时，按照对象中所含字符的实际个数等量分配。而为 StringBuffer 类对象分配内存时，除去字符所占空间外，还会再另加 16 个字符大小的缓冲区。对于 StringBuffer 类对象，可使用 length()方法获得字符串的长度，另外，还可使用 capacity()方法返回缓冲区的容量。通常，StringBuffer 的长度是指存储在其中的字符个数，容量是指缓冲所能容纳的最大字符数。

4.3.4　几个特殊处理

1．连接

String 类对象可以使用 concat(String str)方法将 str 连接在当前字符串的尾部。例如：

```
String s = "This is the ";
String t = s.concat("String.");
```

t 的内容为："This is the String."。

另外，系统还提供了实现连接的简单操作，即重载运算符“+”。“+”除了能实现数值加法外，还可连接它的两个操作数。只要“+”的两个操作数中有一个是字符串，则另一个也会自动转换为字符串类型。

StringBuffer 类对象使用 append()方法实现连接。例如，age 是 int 型变量，值为 36 时，则下面的语句：

```
String s = "He is" + age + "years old.";
```

与语句：

```
String s = new StringBuffer("He is").append(age).append("years
old.").toString();
```

完全等价。

2. 比较

String 类中有多个比较方法，如 compareTo()、equals()、equalsIgnoreCase()、regionMatches()等。它们可用来实现字符串的比较。这几个方法判定要比较的两个实例内容是否符合条件。请看程序 4-6。

源代码

程序 4-6

```
class StringTest{
    public static void main(String args[]) {
        String str = "This is the first string.";

        boolean result1 = str.equals("This is the first string.");
        boolean result2 = str.equals("this is the first string.");
        boolean result3 = str.equalsIgnoreCase("this is the first string.");

        System.out.println("result1 = " + result1);
        System.out.println("result2 = " + result2);
        System.out.println("result3 = " + result3);
    }
}
```

程序 4-6 的运行结果如图 4-5 所示。

图 4-5　程序 4-6 的运行结果

Java 中也可以使用关系运算符“==”判定两个字符串是否相等。与 equals()方法不同的是，“==”判定两字符串对象是否是同一实例，即它们在内存中的存储空间是否相同。

程序 4-7

源代码

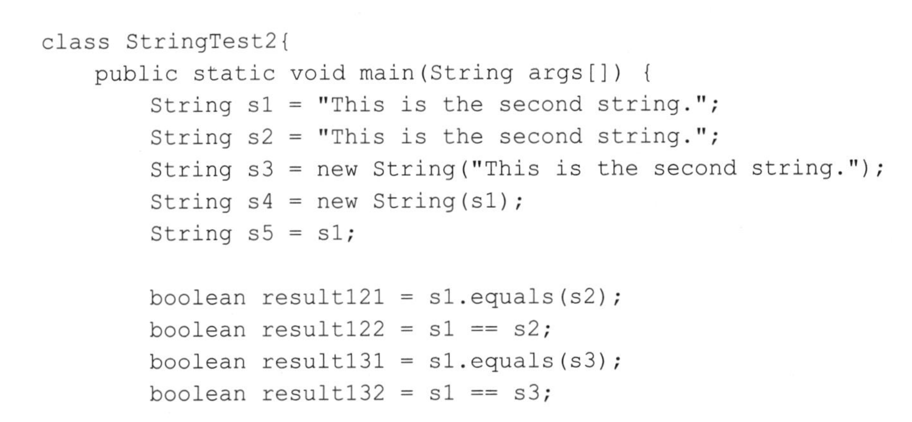

```
class StringTest2{
    public static void main(String args[]) {
        String s1 = "This is the second string.";
        String s2 = "This is the second string.";
        String s3 = new String("This is the second string.");
        String s4 = new String(s1);
        String s5 = s1;

        boolean result121 = s1.equals(s2);
        boolean result122 = s1 == s2;
        boolean result131 = s1.equals(s3);
        boolean result132 = s1 == s3;
```

```
        boolean result141 = s1.equals(s4);
        boolean result142 = s1 == s4;
        boolean result151 = s1.equals(s5);
        boolean result152 = s1 == s5;

        System.out.println("s1 equals s2= " + result121);
        System.out.println("  s1 == s2  = " + result122);
        System.out.println("s1 equals s3= " + result131);
        System.out.println("  s1 == s3  = " + result132);
        System.out.println("s1 equals s4= " + result141);
        System.out.println("  s1 == s4  = " + result142);
        System.out.println("s1 equals s5= " + result151);
        System.out.println("  s1 == s5  = " + result152);

    }
}
```

程序 4-7 的运行结果如图 4-6 所示。

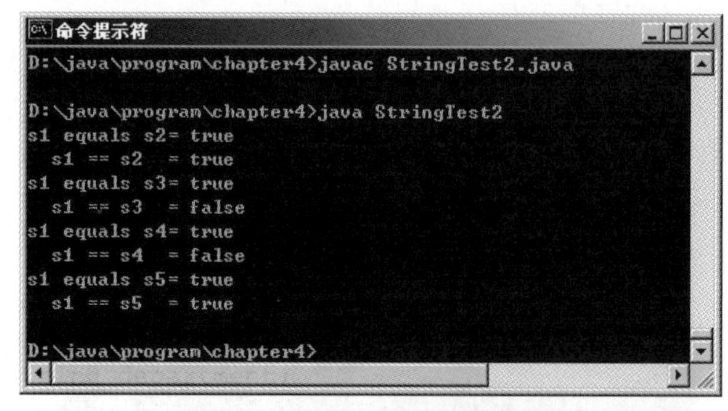

图 4-6　程序 4-7 的运行结果

习　题

4.1　在 Java 中是如何完成数组边界检查的?

4.2　请简述数组创建的过程。如何创建一个对象数组?

4.3　数组的内存分配是如何完成的?

4.4　下列哪个语句段可以生成包含 5 个空字符串的数组?

(1)

```
String a[] = new String [5];
for (int i = 0; i < 5; a[i++] = "");
```

(2)

```
String a[] = {"", "", "", "", ""};
```

（3）

```
String a[5];
```

（4）

```
String[5] a;
```

（5）

```
String[] a = new String[5];
for (int i = 0; i < 5; a[i++] = null);
```

4.5 下面的哪些数组定义是正确的？

（1）int a[][] = new int [10, 10];

（2）int a[10][10] = new int [][];

（3）int a[][] = new int [10][10];

（4）int []a[] = new int [10][10];

（5）int [][]a = new int [10][10];

4.6 下面的哪些数组定义是正确的？其中哪些能够实例化一个对象数组？

（1）int array1 = {2, 3, 4, 5, 6, 7};

（2）int array2[]= {2, 3, 4, 5, 6, 7, 8};

（3）int[] array3 = int[30];

（4）int [] array4 = new int [30];

（5）int [] array5 = new {2, 3, 4, 5, 6, 7, 8};

（6）int [] array6 = new int[];

4.7 选择一组等长的英文单词，例如，一组 4 个字母组成的单词：

```
work  back  come  deal  desk  book  java  tool  face
```

一组 5 个字母组成的单词：

```
watch  match  noise  risky  stock
```

试定义一个字符串数组，让数组中每个元素均存储一个英文单词，元素个数根据选择的英语单词数量而定。再按照电话机表盘定义数字与字母的对应关系，如数字 2 对应 a 或 b 或 c，数字 5 对应 j 或 k 或 l。现编制一个程序，要求将用户输入的数字串转换成相应的字符串（注意一个数字串对应多个字符串），将这些字符串与数组中存储的英文单词逐个比较。如果某一字符串与英文单词匹配成功，则在屏幕上输出数字串及对应的单词；如果都不匹配，则在屏幕上输出一条“没有匹配的单词”的信息。

4.8 定义一个一维的整数数组，其中存储随机生成的 100 个整数，利用你所熟悉的一种排序方法对它们进行升序排序，输出排序后的结果。

4.9 定义一个一维数组，其中存储随机生成的 1 000 个 1～100 的整数，统计每个整数出现的次数。

4.10 定义一个 Student 数组，其中保存学生的基本信息，包括姓名、学号、性别，还分别保存 3 门课程的成绩及 3 门课程对应的学分。试编程计算这 3 门课程的学分绩，并按学分绩的降序进行排序，输出排序后的结果。

4.11 使用数组保存书、CD、磁带等信息，实现添加、删除、查找功能。添加、删除时，要显示操作正确与否的信息；查找时按关键字值进行查找，并显示查找结果。

第 5 章　进一步讨论对象和类

5.1　抽象数据类型

5.1.1　概述

绝大多数程序设计语言都预定义了一些基本数据类型，并相应定义了对这些类型的实例执行的操作。例如，对整型、实型等数值类型，有加、减、乘、除等操作；对逻辑类型，有逻辑与、逻辑或、逻辑非等操作。

自定义的复合数据类型则需要自行定义方法，对该类型的实例进行相应的操作。在早期许多程序设计语言中，复合数据类型及其相关操作的代码之间没有特殊的联系。例如，用户将日期定义为 Date 类型，并定义一个 tomorrow()方法，以接收 Date 类型的参数，并推断其后一日的日期。程序中定义变量的代码和 tomorrow()方法的代码可以分离。

有些编程语言改进了这种处理方式，允许数据类型说明和欲对该类型进行操作的代码说明之间有较紧密的联系。通常，数据类型加上对该类型的操作称为抽象数据类型。严格地说，抽象数据类型是指基于一个逻辑关系的数据类型以及可以施加于这个类型的一组操作。每一个操作均由它的输入、输出来定义。抽象数据类型的定义并不涉及它的实现细节，这些实现细节对于抽象数据类型的用户是隐藏的。

程序 5-1 给出了 Date 类型和 tomorrow 操作间建立的一种联系。

程序 5-1

```
public class Date {
    private int day, month, year;
    Date (int i, int j, int k) {
         day = i;
         month = j;
         year = k;
    }

    Date() {              //这是个构造方法，显式初始化
         day = 1;
         month = 1;
         year = 1998;
    }

    Date (Date d) {       //这是带一个参数的构造方法
         day = d.day;
         month = d.month;
         year = d.year;
```

```
    }

    public Date tomorrow() {
         Date d = new Date(this);        //说明一个对象
         d.day++;
         if (d.day > d.daysInMonth()){ //daysInMonth()返回每个月中的天数
             d.day = 1;
             d.month ++;
             if (d.month > 12) {
                  d.month = 1;
                  d.year ++;
             }
        }
        return d;
    }
}
```

名为 tomorrow 的代码段在 Java 中叫做方法，也可以称为成员函数。

在有些程序设计语言中，tomorrow()方法的定义或许会要求带一个参数，例如：

```
void tomorrow(Date d);
```

像 Java 这种支持抽象数据类型的语言在数据和操作之间建立了较严格的联系，即把方法与数据封装在一个类中。在程序中不是把方法描述为对数据的操作，而是认为数据知道如何修改自己，然后要求数据对它自己执行操作。相应的语句如下：

```
Data d = new Date (20, 11, 1998);       //已初始化的 date 对象
d.tomorrow();
```

这种写法表明，数据自己执行操作，tomorrow()方法作用于变量 d。要访问 Date 类的域，可使用点操作符“.”：

```
d.day
```

上述语句的意思是“d 所指的 Date 对象中的 day 域”。类似地，d.tomorrow()是指“调用 d 所指的 Date 对象中的 tomorrow()方法”，即对 d 对象进行 tomorrow 操作。

把方法看作是数据的特性，而不把数据与方法分开，这种思想是建立面向对象系统过程中的重要步骤。

5.1.2 定义方法

定义一个抽象数据类型后，还需要为这个类型的对象定义相应的操作，也就是方法。在 Java 中，方法的定义方式类似于其他语言，尤其与 C 和 C++ 很类似。定义的一般格式如下：

修饰符 返回类型 名字(参数列表)块

其中：

- 名字是方法名，它必须使用合法的标识符。
- 返回类型说明方法返回值的类型。如果方法不返回任何值，它应该声明为 void。Java 对待返回值的要求很严格，方法返回值必须与所说明的类型相匹配。如果方法说明有返回值，例如 int，那么方法从任何一个分支返回时都必须返回一个整数值。
- 修饰符段可以含几个不同的修饰符，其中限定访问权限的修饰符包括 public、protected 和 private。public 访问修饰符表示该方法可以被任何其他代码调用，而 private 表示方法只能被类中的其他方法调用。关于其他修饰符的说明请参考 2.5.3 节。
- 参数列表是传送给方法的参数表。表中各元素间以逗号分隔，每个元素由一个类型和一个标识符组成。
- 块表示方法体，是要实际执行的代码段。

在例 5-1 中，为程序 2-4 中的 Customer 类定义了 setName()和 getAddress()方法。

例 5-1　方法定义示例。

```
void setName (String name) {
    this.name = name;
}
String getAddress() {
    return address;
}
```

程序 5-2 在 Date 类中增加 daysInMonth()和 printDate()方法，完善 Date 类。

程序 5-2

源代码

```
public class Date {
    private int day, month, year;
    Date (int i, int j, int k) {
        day = i;
        month = j;
        year = k;
    }

    Date() {                //构造方法
        day = 1;
        month = 1;
        year = 1998;
    }

    Date (Date d) {         //带一个参数的构造方法
        day = d.day;
        month = d.month;
        year = d.year;
    }

    public void printDate() {
```

```
        System.out.print(day + "/"  + month + "/" + year);
    }

    public Date tomorrow() {
        Date d = new Date(this);
        d.day++;
        if (d.day > d.daysInMonth()) {
            d.day = 1;
            d.month ++;
            if (d.month > 12) {
                d.month = 1;
                d.year ++;
            }
        }
        return d;
    }

    public int daysInMonth() {
        switch (month) {
        case 1: case 3: case 5: case 7:
        case 8: case 10: case 12:
            return 31;
        case 4: case 6: case 9: case 11:
            return 30;
        default:
            if (year % 100 != 0 && year % 4 == 0) {
                return 29;
            }
            else return 28;
        }
    }

    public static void main (String args[]) {
        Date d1 = new Date();
        System.out.print("The current date is (dd / mm / yy): ");
        d1.printDate();
        System.out.println();
        System.out.print("Its tomorrow is (dd / mm / yy): ");
        d1.tomorrow().printDate();
        System.out.println();

        Date d2 = new Date(28, 2, 1964);
        System.out.print("The current date is (dd / mm / yy): ");
        d2.printDate();
        System.out.println();
        System.out.print("Its tomorrow is (dd / mm / yy): ");
        d2.tomorrow().printDate();
        System.out.println();
    }
}
```

程序 5-2 的运行结果如图 5-1 所示。

```
选定 命令提示符

D:\java\program\chapter5\prog5-2>javac Date.java

D:\java\program\chapter5\prog5-2>java Date
The current date is (dd / mm / yy): 1/1/1998
Its tomorrow is (dd / mm / yy): 2/1/1998
The current date is (dd / mm / yy): 28/2/1964
Its tomorrow is (dd / mm / yy): 29/2/1964

D:\java\program\chapter5\prog5-2>
```

图 5-1　程序 5-2 的运行结果

5.1.3　按值传送

Java 只“按值”传送自变量，即方法调用不会改变自变量的值。当对象实例作为自变量传送给方法时，自变量的值是对对象的引用，也就是说，传送给方法的是引用值。在方法内，这个引用值是不会被改变的，但可以修改该引用指向的对象内容。因此，当从方法中退出时，所修改的对象内容可以保留下来。

程序 5-3 可以说明这个问题。

程序 5-3

源代码

```
public class PassTest {
   float ptValue;

   public static void main(String args[]) {
       String str;
       int val;

       //创建类的实例
       PassTest pt = new PassTest();

       //给整型量 val 赋值
       val = 11;

       //改变 val 的值
       pt.changeInt(val);

       //val 当前的值是什么呢？打印出来看看
       System.out.println("Int value is: " + val);

       //给字符串 str 赋值
       str = new String("hello");

       //改变 str 的值
       pt.changeStr(str);

       //str 当前的值是什么呢？打印出来看看
       System.out.println("Str value is: " + str);
```

```
        //现在给 ptValue 赋值
        pt.ptValue = 101f;

        //现在通过对象引用改值
        pt.changeObjValue(pt);

        //当前的值是什么
        System.out.println("Current ptValue is: " + pt.ptValue);
    }

    //修改当前值的方法
    public void changeInt(int value) {
        value = 55;
    }

    public void changeStr(String value) {
        value = new String("different");
    }

    public void changeObjValue(PassTest ref) {
        ref.ptValue = 99f;
    }
}
```

程序执行时，创建 pt 对象，方法内局部变量 val 赋初值 11。调用 changeInt()方法后，val 的值没有改变。字符串变量 str 作为 changeStr 的参数传入方法内。当从方法中退出后，其内容也没有变化。当对象 pt 作为参数传给 changeObjValue()后，该引用所保存的地址不改变，而该地址内保存的内容可以变化，因此退出方法后，pt 对象中的 ptValue 改变为 99f。

输出内容如图 5-2 所示。

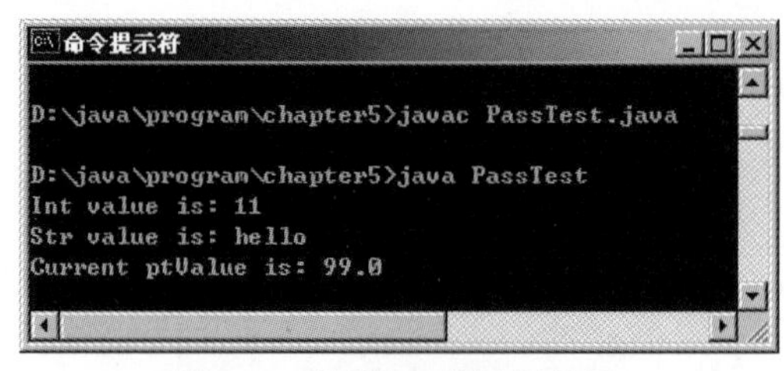

图 5-2　程序 5-3 的运行结果

changeStr()不改变 String 对象，但 changeObjValue()改变了 PassTest 对象的内容。

5.1.4　方法重载

如果需要在同一个类中写多个方法，让它们对不同类型的变量进行同样的操作，就需要方法重载。下面以一个输出文本表示的简单方法为例来说明这个问题。该方法名为 print()。

现在假定需要打印 int、float 和 String 类型的值。每种类型的打印方式不同，这是合情合理的，因为不同的数据类型需要不同的格式，可能要进行不同的处理。按惯例，此时可以建立 3 个方法，分别称为 printInt()、printFloat()和 printString()。当然，如果要处理的情况更复杂，则需要建立更多方法，显然这比较麻烦，特别是在调用时容易混淆。可喜的是，面向对象的程序设计方法提供了良好的解决方案，避免了这种麻烦。

在 Java 和其他几种面向对象的程序设计语言中，允许对多个方法使用同一个方法名，这就是方法重载。当然，前提条件是系统能够区分实际调用的是哪个方法，才可用这种方式。也就是说，在真正调用方法之前，系统能够根据已知的条件正确判定该调用哪个方法，并从几个同名的方法中选出真正要调用的那一个。一个方法区别于另一个方法的要素有这样几个：方法名、参数列表及返回值。因为方法名都是一样的，实际调用之前并不知道返回值是什么，那么只有靠参数列表来区分方法了。实际上也正是如此，Java 根据参数列表来查找适当的方法并调用，这包括参数的个数及各参数的类型。通常，方法名称和方法的参数列表（包括方法的参数的个数、顺序和类型）称为方法签名。

方法重载允许 Java 在同一个类中定义多个有相同名字的方法，但需要具有不同的参数列表，即方法签名不同。不只如此，在不同的类中也可以这样定义。

程序 5-2 中，已经见过方法重载了，即 Date 类的构造方法。在一个类的定义中，往往会有多个构造方法，根据初始化时的不同条件调用不同的构造方法，以生成不同的对象。

在前面提到的打印这个例子中，可以根据参数自变量的类型来区分这些方法。要重载方法，可以如下说明 3 个方法：

```
public void print(int i)
public void print(float f)
public void print(String s)
```

当调用 print()方法时，可根据自变量的类型选中相应的一个方法。

方法重载有两条规则：

- 调用语句的自变量列表必须足够判明要调用的是哪个方法。自变量的类型可能要进行正常的扩展提升（如浮点变为双精度），但在有些情况下这会引起混淆。
- 方法的返回类型可能不同。即让两个同名方法只有返回类型不同，而自变量列表完全相同则是不够的，因为在方法执行前不知道能得到什么类型的返回值，所以也就不能确定要调用的是哪个方法。重载的方法的参数列表必须不同，即参数个数或参数类型或参数的顺序不同。

5.2 对象的构造和初始化

前面已经提到，在说明了一个引用后，要调用 new 为新对象分配空间，也就是要调用构造函数。在 Java 中，使用构造函数（constructor，也称为构造方法）是生成实例的唯一途径。在调用 new 时，既可以带有变量，也可以不带变量，这要视具体的构造方法而定。例如，在程序中可以写：new Button("Press me")。这里，Button()就是这个类的构造方法，括号中的字符串是参数值。系统根据所带参数的个数和类型，调用相应的构造方法。调用构造方法时，步骤如下。

（1）分配新对象的空间，并进行默认的初始化。在 Java 中，这两步是不可分的，从而可确保不会有没有初值的对象。

（2）执行显式的成员初始化。

（3）执行构造方法，构造方法是一个特殊的方法。

5.2.1 显式成员初始化

如果在成员说明中写有简单的赋值表达式，就可以在构造对象时进行显式的成员初始化。

例 5-2 成员变量初始化示例。

```
public class Initialized {
    private int x = 5;
    private String name = "Fred";
    private Date created = new Date();
    ...
}
```

如果创建了 Initialized 的实例，那么，在系统为其进行默认的初始化之后，还要给实例中的变量 x 赋值整数 5，给变量 name 赋值字符串"Fred"。

5.2.2 构造方法

显式初始化是为对象域设定初值的一种简单方法。因为设定的初值不具有变化性，所以这种简单的方法有其局限性。实际上，我们可能想处理更一般的情况，此时要执行一个方法来完成初始化。例如，创建按钮对象时，可能想在按钮上显示一个字符串，这需用具体字符串进行初始化。显式初始化显然做不到这一点。

为了实现这样的功能，系统定义了默认的构造方法，同时允许程序员编写自己的构造方法完成不同的操作。构造方法是特殊的类方法，有着特殊的功能。它的名字与类名相同，没有返回值，在创建对象实例时由 new 运算符自动调用。同时为了创建实例的方便，一个类可以有多个具有不同参数列表的构造方法，即构造方法可以重载。事实上，不论是系统提供的标准类，还是用户自定义的类，往往都含有多个构造方法。

例 5-3 构造方法示例。

```
public class Xyz {
    //成员变量
    int x;
    public Xyz() {              //参数表为空的构造方法
        //创建对象
        x = 0;
    }
    public Xyz(int i) {         //带一个参数的构造方法
        //使用参数创建对象
        x = i;
```

```
    }
}
```

在类 Xyz 中定义了两个构造方法，其中一个方法的参数列表是空的，另一个方法带有一个 int 型参数。在创建 Xyz 的实例时，可以使用以下两种形式：

```
Xyz Xyz1 = new Xyz();
Xyz Xyz2 = new Xyz(5);
```

因为构造方法的特殊性，故它不允许程序员按通常调用方法的方式来调用，实际上它只用于生成实例时由系统自动调用。构造方法中参数列表的说明方式决定了该类实例的创建方式。例如在 Xyz 类中，不能像下面这样创建实例：

```
Xyz err1 = new Xyz(1,1);
```

因为，类中没有定义 Xyz(int i, int j)这样的构造方法。

构造方法不能说明为 native、abstract、synchronized 或 final，也不能从父类继承构造方法。

构造方法的特性总结如下。

- 构造方法的名字与类名相同。
- 没有返回类型。
- 必须为所有的变量赋初值。
- 通常要说明为 public 类型的，即公有的。
- 可以按需包含所需的参数列表。

5.2.3 默认的构造方法

每个类都必须至少有一个构造方法。如果程序员没有为类定义构造方法，则系统会自动为该类生成一个默认的构造方法。默认构造方法的参数列表及方法体均为空，所生成的对象的属性值也为零或空。如果程序员定义了一个或多个构造方法，则自动屏蔽掉默认的构造方法。构造方法不能继承。

默认构造方法的参数列表是空的，在程序中可以使用 new Xxx()来创建对象实例，这里 Xxx 是类名。如果程序员定义了构造方法，那么，最好包含一个参数表为空的构造方法，否则，调用 new Xxx()时会出现编译错误。默认构造方法的调用请见例 5-4。

例 5-4 调用默认构造方法。

源代码

```
class BankAccount{
    String ownerName;
    int accountNumber;
    float balance;
}

public class BankTester{
    public static void main(String args[]){
        BankAccount myAccount = new BankAccount();
```

```
        System.out.println("ownerName=" + myAccount.ownerName);
        System.out.println("accountNumber=" + myAccount.accountNumber);
        System.out.println("balance=" + myAccount.balance);
    }
}
```

例 5-4 定义了 BankAccount 类，并在 BankTester 类的 main()方法中创建 BankAccount 类的一个实例 myAccount。因为在 BankAccount 类的定义中没有写任何构造方法，所以这里要调用系统给出的默认构造方法，也就是说 myAccount 的各个域的值为空或零。例 5-4 的输出结果为：

```
ownerName=null
accountNumber=0
balance=0.0
```

可以在调用默认的构造方法之后直接对其状态进行初始化，如例 5-5。

例 5-5 对象的初始化。

```
BankAccount myAccount;
myAccount = new BankAccount();
myAccount.ownerName = "Wangli";
myAccount.accountNumber = 1000234;
myAccount.balance = 2000.00f;
```

5.2.4 构造方法重载

前面已经介绍了方法重载的概念，现在再来分析一种经常用到的方法重载的情况以及使用中的一些技巧——构造方法重载（constructor overloaded）。

在进行对象实例化时可能会遇到许多不同情况，于是要求针对所给定的不同的参数调用各个不同的构造方法。这时，可以通过在一个类中同时定义若干个构造方法，即对构造方法进行重载来实现。有些构造方法中会有重复的代码，或者一个构造方法可能包含另一个构造方法中的全部代码，我们希望能够简化代码的书写，此时就可能会遇到在其中一个构造方法中引用另一个构造方法的情况。可以使用关键字 this 来指代本类中的其他构造方法，见例 5-6。

例 5-6 构造方法的引用。

```
public class Student{
    String name;
    int age;

    public Student(String s, int n){
        name = s;
        age  = n;
    }
    public Student(String s){
        this(s, 20);
```

```
        }
        public Student(){
            this("Unknown");
        }
    }
```

在例 5-6 中，第三个构造方法没有任何参数，其中方法调用 this("Unknown")实际上是把控制权转给了只带一个字符串参数的构造方法，并为其提供了所需的字符串参数的值；而在第二个构造方法中则通过调用 this(s, 20)，把控制权转给第一个构造方法，并为其提供了字符串参数和 int 型参数的值。今后可以发现，当对对象的成员变量使用默认值进行初始化时，许多程序都采用了这种方式。

5.2.5 finalize()方法

finalize()方法属于 Object 类，它可被所有类使用。当对象实例不被任何变量引用时，Java 会自动进行“垃圾回收”，收回该实例所占用的内存空间。一个对象有它的生存期，在 Java 程序中，程序员需要使用 new 来正式说明对象的开始，但对象的结束不需要程序员明确说明，而由系统自动判定。这就是所谓的“自动垃圾回收”。系统时刻监视每个对象的使用情况，掌握每个对象的引用数。一旦为零，则自动消亡这个对象。在对对象进行垃圾收集之前，Java 自动调用对象的 finalize()方法，它相当于 C++中的析构方法，用来释放对象所占用的系统资源。

finalize()方法的说明方式如下：

```
protected void finalize () throws Throwable
```

5.2.6 this 引用

在前面构造方法重载的例 5-6 中已经看到 this 的使用了，即可以使用 this 关键字在一个构造方法中调用另外的构造方法。

在传统的函数中，可以使用函数的命名变量来表示要对之施加操作的数据。在 Java 中，如果在类的成员方法中访问类的成员变量，可以使用关键字 this 指明要操作的对象，见例 5-7。

例 5-7 用 this 指明成员变量。

```
public class Date {
    private int day, month, year;
    public void printDate() {
        System.out.println("The current date is (dd / mm / yy): "
            + this.day + " / " + this.month + " / " + this.year);
    }
}
```

在类方法中，Java 自动用 this 关键字把所有变量和方法引用结合在一起。基于这个原因，该例中，this 的使用是不必要的，程序中可以不写该关键字，相应的代码段见例 5-8。

例 5-8 去掉不必要的 this。

```
public class Date {
    private int day, month, year;
    public void printDate() {
        System.out.println("The current date is (dd / mm / yy): "
            + day + " / " + month + " / " + year);
    }
}
```

有些情况下关键字 this 是必需的。例如，在完全独立的类中调用一个方法，同时把对象作为一个自变量来传送。此时，要用 this 指明对哪个对象进行操作。例如：

```
Birthday bDay = new Birthday (this);
```

5.3 子　　类

Java 中的类层次结构为树形结构，这和我们在自然界中描述一个事物的方法是类似的。例如可以将动物划分为哺乳类动物及爬行类动物，然后又对这两类动物继续细分，如图 5-3 所示。

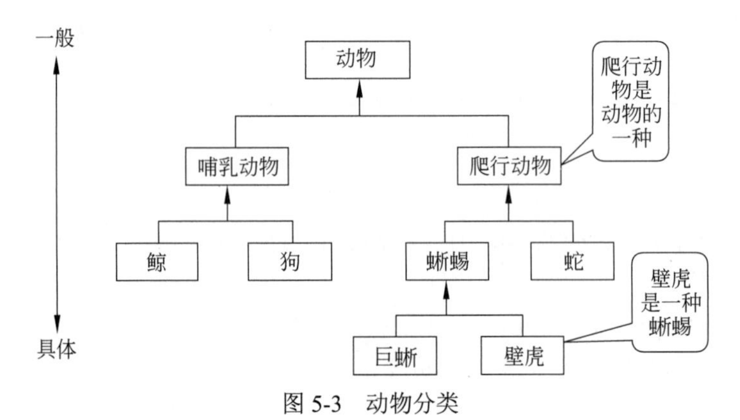

图 5-3　动物分类

哺乳动物及爬行动物都可以看作动物的子类。同样地，鲸和狗可以看作哺乳动物的子类。在 Java 中，也可以用子类和父类来刻画事物，大的更一般的类可以看作父类，而包含在其中的特殊的类是子类。子类与父类的关系是：子类对象“is a”(或“is a kind of”)父类对象，也就是说，子类中的任何一个成员也是父类中的一个成员。例如，狗是哺乳动物，也是动物。

这不仅描述了对象之间的关系，而且还在程序设计上体现了继承。使用继承这一面向对象的特性，不但可以支持软件的可复用性，还能保证代码在类之间共享。同时为程序员节省了编程时间，因为代码的编写量减少了。最重要的是，代码简单了，因此维护性也相应提高了。

5.3.1 is-a 关系

在程序设计中，有时要建立关于某对象的模型，例如要从雇员 Employee 这个最初的模型派生出多个具体化的版本，如经理 Manager。显然，一位经理首先是一位雇员，具有雇员的一般特性。除此之外，经理还有雇员所不具有的额外特性。考虑到公司中的职员对象 Employee，可能具有的属性信息包括名字、受雇时间、生日及其他相关信息等，经理 Manager 可能具有的属性信息包括所领导的职员团队等。为此，可定义两个类来表示它们，见例 5-9。

例 5-9 具有一般性和特性的两个类的示例。

```
public class Employee {
    public String name;
    public Date hireDate;
    public Date dateOfBirth;
    public String jobTitle;
    public int grade;
...
}
public class Manager {
    public String name;
    public Date hireDate;
    public Date dateOfBirth;
    public String jobTitle;
    public int grade;
    public String department;
    public Employee [] subordinates;
...
}
```

从上面的定义可以看出，Manager 类和 Employee 类之间存在重复部分。实际上，适用于 Employee 的很多方法可以不经修改就被 Manager 使用。Manager 与 Employee 之间存在“is a”关系，即 Manager“is a”Employee。

使用“is a”关系要特别注意，有些对象之间虽然也是“大”与“小”的关系，但并不是一般与特殊的关系。例如汽车包括了车身与发动机，但不能说它们之间存在“is a”关系，它们只能是整体与部分的关系，一般称为“has a”关系。

5.3.2 extends 关键字

面向对象的语言提供了派生机制，它允许程序员用以前已定义的类来定义一个新类。新类称作子类，原来的类称作父类或超类。两个类中公共的内容放到父类中，而相应地，更特殊的内容放到子类中。Java 中亦有同样的机制，在定义类时可以表明这个类是不是另一个类的子类。如果是子类的定义，在 Java 中，用关键字 extends 表示派生。其格式如下：

```
public class A extends B {
```

```
    ...
}
```

这个定义表明 A 类派生于 B 类，称 A 为子类，B 为父类。如果一个类的定义中没有出现 extends 关键字，则表明这个类派生于 Object 类。Java 中预定义的任何类都直接或间接地派生于 Object 类，因此 Object 类是它们的父类或祖先类，也是我们自己定义的任何类的父类或祖先类。

类的划分要看实际的应用而定，例如大学的学生可以分为全日制学生及非全日制学生两类，也可以划分为本科生及研究生等。如何将大集合划分为小集合，依具体情况有所变化。

再来考虑例 5-9 中的两个类。很明显，它们具有“is a”关系，因此可以使用派生机制来表示它们。具体来说，可以从 Employee 派生出 Manager 类，重新定义这两个类，见例 5-10。

例 5-10 类的派生示例。

```
public class Employee {
    public String name;
    public Date hireDate;
    public Date dateOfBirth;
    public int employeeNumber;
    public String jobTitle;
    public int grade;
...
}
public class Manager extends Employee {
    public String department;
    public Employee [] subordinates;
}
```

在这段代码中，Manager 类中有 Employee 类的所有变量和方法。所有这些变量和方法都继承自父类中的定义。程序员要做的只是定义额外的特性，或者进行必要的修改。

派生机制改善了程序的可维护性，增加了可靠性。对父类 Employee 所做的修改延伸至子类 Manager 类中，程序员不需要做额外的工作。

5.3.3 单重继承

如果一个类有父类，则其父类只能有一个，这是 Java 独特于其他面向对象语言的地方。Java 只允许从一个类中扩展类。这条限制叫单重继承。通常，面向对象语言都允许有多重继承，即一个类的父类可以有多个。Java 规定单重继承的限制，是因为它要让代码的可靠性更高。方法的重载允许在不同的类中定义相同名字的方法，假定 A 类及 B 类中都定义了 ABC 方法，当允许多重继承时，C 类派生于 A 类及 B 类，A 类和 B 类中的 ABC 方法都可以延伸到 C 类中，那么哪个才是 C 类的实例真正要调用的方法呢？这显然容易引起混淆。为了使代码更清晰，Java 对继承做了比较严格的限制。

显然多重继承有它的巨大优势，因为可以定义一个新的类兼具原来多个类的特性。

为了保留多重继承的能力，Java 提出了接口的概念。关于接口的介绍，请详见后面的章节。

Object 类是 Java 程序中所有类的直接或间接父类，也是类库中所有类的父类，处在类层次的最高点。所有其他的类都是从 Object 类派生出来的，因此 Object 类包含了所有 Java 类的公共属性，其构造方法是 Object()，其中较主要的有如下一些方法。

- public final Class getClass()：获取当前对象所属的类信息，返回 Class 对象。
- public String toString()：按字符串对象返回当前对象本身的有关信息。
- public boolean equals(Object obj)：比较两个对象是否是同一对象，是则返回 true。
- protected Object clone()：生成当前对象的一个副本，并返回这个复制对象。
- public int hashCode()：返回该对象的哈希码值。
- protected void finalize() throws Throwable：定义回收当前对象时所需要完成的资源释放工作。

我们已经知道，Java 中的继承关系如同一个树形结构，派生于父类的子类还可以继续派生新的子类，如图 5-4 所示。

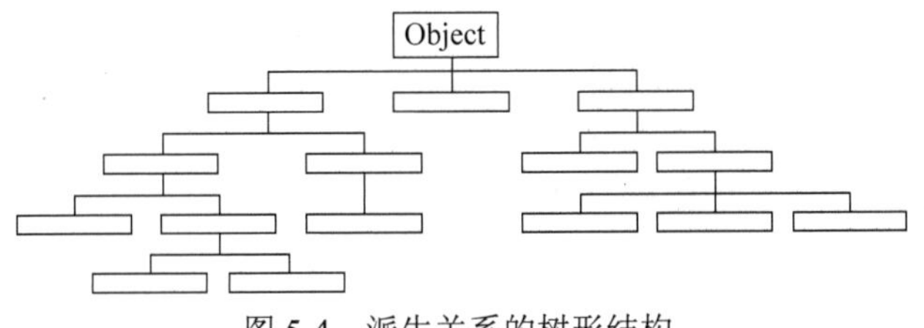

图 5-4　派生关系的树形结构

虽然原则上子类对象可以继承父类对象中的方法和成员，但一个对象继承的具体内容取决于此对象所属的类在类层次中的位置。具体地说，一个对象从其所有的祖先类（在树中通往 Object 的路径上的类）中继承属性及行为。

虽然一个子类可以从父类继承所有的方法和成员变量，但是不能继承构造方法。只有两种方法可让一个类得到构造方法：一种方法是自己编写一个构造方法；另一种方法是，在用户没有编写构造方法时，由系统为类提供唯一一个默认的构造方法。

Employee 及 Manager 类的对象可以使用其父类中定义的公有（及保护）属性和方法，就如同在其自己的类中定义一样。

例 5-11　使用父类的元素。

```
public class Person {
    public String name;
    public String getName(){
        return name; }
}
public class Employee extends Person {
    public int employeeNumber;
    public int getEmployeeNumber(){
        return employeeNumber; }
}
public class Manager extends Employee {
```

```
    public Vector responsibilities;
    public Vector getResponsibilities(){
        return responsibilities; }
}
```

源代码

在客户程序中可以写下列语句：

```
Employee jim = new Employee();
jim.name = "Jim";
jim.employeeNumber = 123456;
System.out.println(jim.getName());
Manager betty = new Manager();
betty.name = "Betty";
betty.employeeNumber = 543469;
betty.responsibilites = new Vector();
betty.responsibilities.add("Internet project");
System.out.println(betty.getName());
System.out.println(betty.getEmployeeNumber());
```

子类不能直接访问其父类中的私有属性及方法，但可以使用公有（及保护）方法进行访问，见例 5-12。

例 5-12 不能访问父类中的私有元素。

```
public class B {
    public int a = 10;
    private int b = 20;
    protected int c = 30;
    public int getB(){
        return b; }
}
public class A extends B {
    public int d;
    public void tryVariables() {
        System.out.println(a);      //允许
        System.out.println(b);      //不允许
        System.out.println(getB()); //允许
        System.out.println(c);      //允许
    }
}
```

5.3.4 转换对象

与大多数面向对象的语言一样，Java 允许使用对象之父类类型的一个变量指示该对象，这称为转换对象（casting）。对于前面定义的 Employee 和 Manager 类，下面的语句是合法的：

```
Employee e = new Manager();
```

使用变量 e,可以只访问 Employee 对象的内容,而隐藏 Manager 对象中的特殊内容。

这是因为编译器知道 e 是一个 Employee，而不是 Manager。对象引用的赋值兼容原则允许把子类的实例赋给父类的引用，但反过来是错误的，不能把父类的实例赋给子类的引用，如下行程序将导致一个错误：

```
Manager m = new Employee();
```

类的变量既可以指向本类实例，又可以指向其子类的实例，这表现为类的多态性。在程序中，有时需要判明一个引用到底指向哪个实例。这可以通过 instanceof 运算符来实现。假定类的继承关系如下所示：

```
public class Employee extends Object
public class Manager extends Employee
public class Contractor extends Employee
```

则类之间的层次关系如图 5-5 所示。

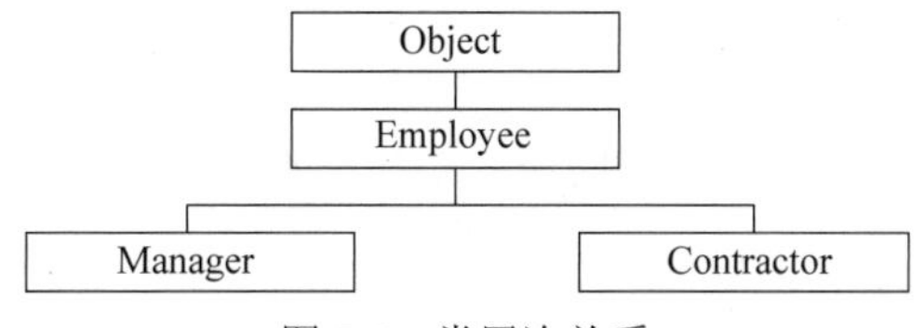

图 5-5　类层次关系

注意：虽然 extends Object 的写法完全合乎语法，但由于 Object 是所有类的父类，因此，这种写法是多余的。在这里，这样写的目的只是提醒读者注意类之间的层次关系。

假定 Employee 类型的引用指向一个对象，但分辨不清该对象是 Employee 类型、Manager 类型，还是 Contractor 类型。 借助于 instanceof，可以判明它的真正类型，见例 5-13。

例 5-13　instanceof 的使用示例。

```
public void method(Employee e) {
    if (e instanceof Manager) {
        //经理级人士
    }
    else if (e instanceof Contractor) {
        //掌握公司机密的高层人士
    }
    else {
        //普通雇员
    }
}
```

如果用 instanceof 运算符已判明父类的引用指向的是子类实例，就可以转换该引用，恢复对象的全部功能。

例 5-14　转换对象示例。

```
public void method(Employee e) {
```

```
    if (e instanceof Manager) {
        Manager m = (Manager)e;
        System.out.println("This is the manager of " + m.department);
    }
    //其他操作
}
```

如果没有进行转换，当引用 e.department 时，因为编译器知道在 Employee 中没有 department 成员，所以会出现错误。

通常，要转换对象引用时须做下列检查。

- 沿类层次向“上”转换总是合法的，例如，把 Manager 引用转换为 Employee 引用。实际上此种方式下不需要转换运算符，只用简单的赋值语句就可完成。
- 对于向“下”转换，只能是父类到子类转换，其他类之间是不允许的。例如，把 Manager 引用转换为 Contractor 引用肯定是非法的，因为 Contractor 不是 Manager。这两个类之间没有继承关系。要转换的类（赋值号右侧）必须是当前引用类型（赋值号左侧）的父类，且要使用显式转换。
- 编译器检查正确后，需在运算时检查引用类型。如果源程序中忘记进行 instanceof 检查，要转换的对象不是目标类型的对象，则引发一个异常。异常是运行时错误的一种，将在后面章节介绍。

5.3.5 方法自变量和异类集合

1. 方法的参数

表面看来，把类的一个实例赋给该类的一个变量总是正确的。但实际上，为了处理的一般性，实例和变量并不总是属于同一个类。

例如，可以把子类 Manager 的实例赋给父类 Employee 的变量。这样做是可接受的，因为子类实例属于父类集合。使用这种方式，可以编写接受“一般”对象的方法，该方法可用于任何子类。下面还是以 Employee 和 Manager 为例，编写一个方法，对接收的 Employee 型参数计算它的工资纳税税率，见例 5-15。

例 5-15 子类对象作为参数。

```
public TaxRate findTaxRate(Employee e) {
    //进行计算并返回 e 的税率
}

//在应用程序类中可以写下面的语句
    Manager m = new Manager();
    ...
    TaxRate t = findTaxRate(m);
```

最后一行语句是合法的。虽然 findTaxRate()的自变量必须是 Employee 类型的，而调用时的参数是 Manager 类型的，但因为 Manager 是一个 Employee，所以可以转换为更“一般”的变量类型来调用这个方法。

2. 异类集合

异类集合是由不同质内容组成的集合，也就是集合内所含元素的类型可以不完全一致。在面向对象的语言中，可以创建有公共祖先类的任何元素的集合。看下面 3 行代码：

```
Employee [] staff = new Employee[1024];
staff[0] = new Manager();
staff[1] = new Employee();
```

数组 staff 中各元素的类型是不相同的。可以像处理同质数组一样，处理由不同类型元素组成的数组。例如，可以对数组元素按年龄大小进行排序等。

因为 Java 中每个类都是 Object 的子类，所以可以使用 Object 的一个数组作为任何对象的容器。由于基本类型变量不是对象，因此不能加到 Object 数组中。

5.4 方法重写

使用类的继承关系，可以从已有的类产生一个新类，并在原有特性基础上，增加新的特性，由于父类中原有的方法不能满足新的要求，因此需要修改父类中已有的方法。又或者如果子类不需要使用从父类继承来的方法的功能，则可以定义自己的方法。这就是重写（override）的概念，也称为方法的隐藏。子类中定义方法所用的名字、返回类型及参数列表与父类中方法使用的完全一样，称子类方法重写了父类中的方法，从逻辑上看就是子类中的成员方法将隐藏父类中的同名方法。

5.4.1 方法重写示例

在面向对象语言程序设计中，方法重写是经常用到的概念。通过方法的重写，可以达到语言多态性的目的。重写一个方法的目的，既可以是取代或修改原有的方法，也可以是在某些方面进行扩展，或者加以改进。通常，子类重写父类方法多发生在这 3 种情况下：子类要做与父类不同的事情；在子类中取消这个方法；子类要做比父类更多的事情。

当子类重写父类方法的时候，虽然子类与父类使用了相同的方法名及参数列表，但可以执行不同的功能（或什么都不做）。利用方法隐藏机制，子类对象的操作可以与父类中定义的完全不一样，满足了灵活性的要求。要注意的是，重写的同名方法中，子类方法不能比父类方法的访问权限更严格。例如，如果父类中方法 method()的访问权限是 public，子类中就不能含有 private 的 method()，否则，会出现编译错误。

例 5-16 便考虑了 Employee 和 Manager 类中的示例方法。

例 5-16 方法重写示例。

```
public class Employee {
    String name;
    int salary;
```

```
    public String getDetails() {
        return "Name: " + name + "\n" + "Salary: " + salary;
    }
}

public class Manager extends Employee{
    String department;

    public String getDetails() {
        return "Name: " + name + "\n" + "Manager of " + department;
    }
}
```

Employee 和 Manager 类中都有 getDetails()方法，可以看出，它们返回的字符串是不完全相同的。

在例 2-12 定义的二维点类 Point 中，添加 print()方法及 main()方法，在例 2-13 定义的 Point 的子类 Point3d 的类中，添加 print()方法。见程序 5-4。

源代码

程序 5-4

```
public class Point {
    void print() {
        System.out.println("This is the superclass!");
    }

    public static void main(String args[]){
        Point superp = new Point();
        superp.print();
        Point3d subp = new Point3d();
        subp.print();
    }
}
class Point3d extends Point {
    void print() {
        System.out.println("This is the subclass!");
    }
}
```

程序 5-4 的运行结果如图 5-6 所示。

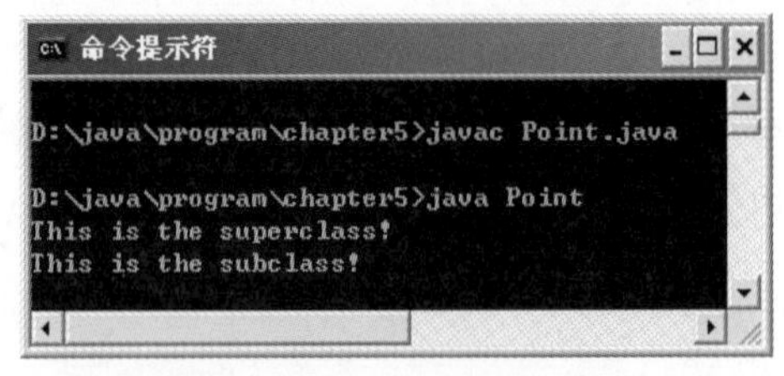

图 5-6　程序 5-4 的运行结果

程序 5-5 是在前面定义的二维、三维点类基础上，增加求该点到原点距离的方法。

程序 5-5

```
public class Point {
    //其他构造方法
    public double distance() {
        return Math.sqrt(x*x + y*y);
    }
    //其他的成员方法

    public static void main(String args[]) {
        Point p = new Point(1,1);
        System.out.println("p.distance() = " + p.distance());
        p = new Point3d(1,1,1);
        System.out.println("p.distance() = " + p.distance());
    }
}

class Point3d extends Point{
    public double distance(){
        return Math.sqrt(x*x + y*y + z*z);
    }
}
```

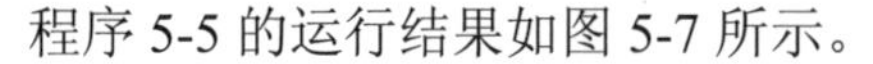
程序 5-5 的运行结果如图 5-7 所示。

图 5-7　程序 5-5 的运行结果

如果子类已经重写了父类中的方法，但在子类中还想使用父类中被隐藏的方法，可以使用 super 关键字。在程序 5-5 的子类 Point3d 的 print()方法中增加一条语句，见程序 5-6。

程序 5-6

源代码

```
public class Point {
    void print() {
        System.out.println("This is the superclass!");
    }

    public static void main(String args[]){
        Point superp = new Point();
        superp.print();
        Point3d subp = new Point3d();
```

```
            subp.print();
        }
    }
    class Point3d extends Point {
        void print() {
            System.out.println("This is the subclass!");
            super.print();
        }
    }
```

即，调用子类的print()方法结束之前，还要再调用父类的print()方法。

程序 5-6 的运行结果如图 5-8 所示。

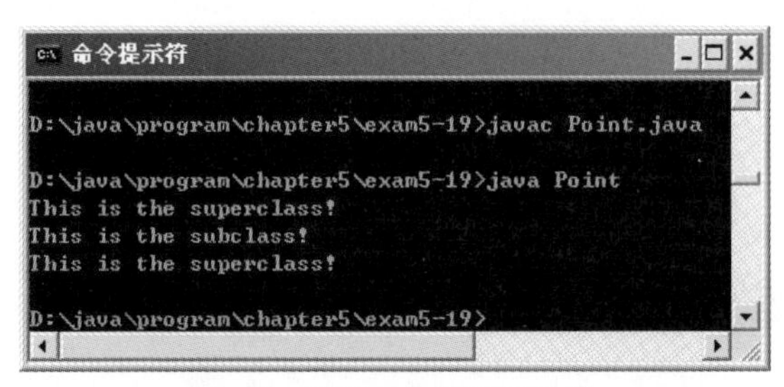

图 5-8　程序 5-6 的运行结果

注意：如果方法名相同，而参数列表不同，则是方法重载。调用重载的方法时，编译器将根据参数的个数和类型，选择对应的方法执行。重载的方法属于同一个类。重写的方法分属于父类和子类。

程序 5-7 进一步说明 super 的使用方法。

程序 5-7

```
class SuperClass{
    void showMyPosition(){
        System.out.println("I am in superclass!");
        System.out.println("I will go back now ...");
    }
}
class SubClass extends SuperClass{
    void showMyPosition(){
        System.out.println("At first I will go to superclass ...");
        super.showMyPosition();
        System.out.println("Now I have moved to subclass!");
    }
}
public class SuperTest{
    public static void main(String args[]){
        SubClass son=new SubClass();
        son.showMyPosition();
    }
}
```

程序 5-7 的运行结果如图 5-9 所示。

```
D:\java\program\chapter5>javac SuperTest.java

D:\java\program\chapter5>java SuperTest
At first I will go to superclass ...
I am in superclass!
I will go back now ...
Now I have moved to subclass!

D:\java\program\chapter5>
```

图 5-9　程序 5-7 的运行结果

注意：如果 super.method()已经指向其父类中的某个方法，那么这个调用形式就会执行父类方法中的所有操作，而其中也就有可能包括一些原本不希望进行的操作。这一点在应用重写时务必注意。另外，由继承性的特点可以容易理解，super.method()语句所指向的这个方法不一定是在父类中加以描述的，它也可能是父类从它的祖先类中继承来的。因此，在有必要了解某方法的代码时有可能需要按继承关系依次向上查询才能够找到。

5.4.2　应用重写的规则

应用重写时必须注意以下两条重要规则。

- 重写方法允许访问的范围不能小于原方法。
- 重写方法所抛出的异常不能比原方法更多。

以上两条规则均源于多态性和 Java 所具有的“类型安全性”的要求。试分析例 5-17。

例 5-17　重写方法的访问权限示例。

```
class SuperClass{
    public void method(){
    ...
    }
}
class SubClass extends SuperClass{
    private void method(){
    ...
    }
}
public class Test{
    public static void main(String args[]){
        SuperClass s1 = new SuperClass();
        SuperClass s2 = new SubClass();
        s1.method();
        s2.method();
    }
}
```

编译后会出现以下错误提示信息：

```
Test.Java:6: Methods can't be overridden to be more private. Method void
```

```
method() is public in class SuperClass.
       private void method(){
                    ^
```

在这里，由于 SubClass 子类中的 method()方法是 private 类型，而它所重写的父类中的原方法是 public 类型，也就是要通过重写试图缩小该方法所能够被访问的范围，这是不允许的。根据运行时多态原理，对象 s2 所执行的 method()方法是在 SubClass 中定义的 method()版本，故它不能被访问。

基于同样的道理，一个重写方法也不能抛出更多的异常事件，见例 5-18。关于异常的介绍请见后面章节。

例 5-18 重写方法的异常处理示例。

```
import java.io.*;

class Parent{
    void method(){
    }
}
class Child extends Parent{
    void method() throws IOException{
    }
}
```

编译后会出现以下错误提示信息：

```
Child.Java:8: Invalid exception class Java.io.IOException in throws clause.
The exception must be a subclass of an exception thrown by void method()
from class Parent.
void method() throws IOException{
     ^
```

在这里，由于 Child 子类中 method()方法抛出比其父类中原方法更多的异常，因此，在进行编译时也将会发生错误。

5.4.3 调用父类构造方法

出于安全性的考虑，Java 对于对象的初始化要求非常严格。例如，Java 要求一个父类的对象要在子类运行前完全初始化。

super 关键字也可以用于构造方法中，其功能为调用父类的构造方法。子类不能从父类继承构造方法，在子类的构造方法中调用父类的某一个构造方法不失为一种良好的程序设计风格。

如果在子类的构造方法的定义中没有明确调用父类的构造方法，则系统在执行子类的构造方法时会自动调用父类的默认构造方法（无参数的构造方法）。

如果在子类的构造方法的定义中调用了父类的构造方法，则调用语句必须出现在子类构造方法的第一行。请分析例 5-19。

例 5-19 调用父类的构造方法示例。

```
class Employee{
    String name;
    public Employee(String s){
        name = s;
    }
}
class Manager extends Employee{
    String department;
    public Manager(String s, String d){
        super(s);
        department = d;
    }
}
```

通常，调用 super()时参数的个数没有限制，只要其参数个数和父类中的某个构造方法的参数个数相符即可。在通常情况下，没有参数的默认构造方法常被用于初始化父类对象。当然，对于父类的不同构造方法可视情况进行选择。但是要注意的是，super()调用必须放在构造方法的开头位置，否则在编译时会出现错误。如果将 Manager 类的构造方法变更为以下形式：

```
public Manager(String s, String d){
    department = d;
    super(s);
}
```

那么在编译时会出现以下错误提示信息：

```
Manager1.Java:9: No constructor matching Employee() found in class Employee.
public Manager(String s, String d){
       ^
Manager1.Java:11: Constructor invocation must be the first thing in a method.
       super(s);
```

在这里程序先执行的是子类的操作，而后才进行父类初始化过程，这是不符合要求的。

5.5 多　　态

“多态”这个词来源于希腊语，意思是“多种形式”。多态作为一个概念，实际上在英文中常见。例如，“你最喜爱的运动”对不同的人意味着不同的运动。有人喜欢打篮球，有人喜欢踢足球。

在 Java 中，多态允许同一条程序指令在不同的上下文中意味着不同的事情。具体来说，一个方法名出现在程序中时，若执行该方法的对象类型不同，则可能执行不同的动作。

我们定义的 Manager 类与 Employee 类之间具有“is a”关系，或者说，一名 Manager 也是一名 Employee。这不仅仅是为了方便才这样做。事实上，Manager 得到了父类

Employee 的所有可继承属性，包括数据成员和方法成员。这意味着对 Employee 类合法的操作，对 Manager 类也合法。假定 Employee 类中有一个 getDetails()方法，而由 Employee 派生的 Manager 类中亦有一个同名、同参数列表、同返回类型的 getDetails()方法，因此，子类中的方法替换或称隐藏了原来的方法。

在前面的类定义之后，假定说明了如下两个实例：

```
Employee e = new Employee();
Manager m = new Manager();
```

此时，e.getDetails()与 m.getDetails()将执行不同的代码。前者是 Employee 对象，将执行 Employee 类中的方法，后者是 Manager 对象，执行的是 Manager 类中的方法。

如果这样创建实例：

```
Employee e = new Manager();
```

则 e.getDetails()调用哪个方法就不容易弄清了。

这引出对象是多态（polymorphism）的，即它们有“许多形式”。一个具体对象可以有 Manager 的形式，也可以有 Employee 的形式。

重载一个方法可以视为是多态。父子类之间直接或间接重写的方法，要由对象在运行时确定将调用哪个方法，这也是多态。

实际上，这正是面向对象语言的一个重要特性。要执行的是与对象真正类型（运行时类型）相关的方法，而不是与引用类型（编译时类型）相关的方法。

变量的静态类型（static type）是出现在声明中的类型。例如，变量 e 的静态类型是 Employee。静态类型是在代码编译时固定且确定下来的。运行时某一时刻变量指向的对象的类型称为动态类型（dynamic type）。变量的动态类型随运行进程会改变。e 的动态类型是 Manager。引用类型的变量称为多态变量（polymorphic variable），因为执行过程中，它的动态类型可以不同于静态类型，且可改变。

调用稍后可能被重写的方法的这种处理方式，称为动态绑定（dynamic binding）或后绑定（late binding），因为在程序执行之前，方法调用的含义没有与方法调用的位置进行绑定。

5.6 Java 包

一个 Java 源代码文件称为一个编译单元。Java 语言规定，一个编译单元中只能有一个 public 类，且该类名与文件名相同。编译单元中的其他类是该主 public 类的支撑类。经过编译，编译单元中的每个类都产生一个 .class 文件。Java 的工作程序是一系列的.class 文件，Java 解释器负责寻找、加载和解释这些文件。

这种机制下，不同名的类中如果含有相同名字的方法或成员变量，不会造成混淆，例如，类 A 中的方法 m1 与类 B 中的方法 m1 互不相干，但由于有继承机制，程序员可能用到其他人定义的类。例如从互联网上下载的类，使用过程中又不知晓全部的类名，这就有冲突的可能了。因此在 Java 中必须要有一种对名字空间的完全控制机制，以便可以建立一个唯一的类名。这就是包机制，用于类名空间的管理。

5.6.1　Java 包的概念

包是类的容器，包的设计人员利用包来划分名字空间，用于分隔类名空间，以避免类名冲突。到目前为止，本书前面章节中的所有示例都属于一个默认的无名包。没有包定义的源代码文件成为未命名的包中的一部分，在未命名的包中的类不需要写包标识符。

Java 中的包一般均包含相关的类，使用包的目的就是要将相关的源代码文件组织在一起，因为不同的包中的类名可以相同，从而尽最大可能避免名字冲突。从另一个角度来看，这种机制提供了包一级的封装及访问权限。例如，所有关于交通工具的类都可以放到名为 Transportation 的包中。

程序员可以使用 package 指明源文件中的类属于哪个具体的包。包语句的格式如下：

```
package pkg1[.pkg2[.pkg3...]];
```

程序中如果有 package 语句，该语句一定是源文件中的第一条可执行语句，它的前面只能有注释或空行。另外，一个文件中最多只能有一条 package 语句。

包的名字有层次关系，各层之间以点分隔。包层次必须与 Java 开发系统的文件系统结构相同。通常，包名中全部用小写字母，这与类名以大写字母开头，且各个字的首字母亦大写的命名规则有所不同。

一个包可以包含若干个类文件，还可以包含若干个包。一个包要放在指定目录下，通常用 CLASSPATH 指定搜寻包的路径。包名本身对应一个目录，即用一个目录表示。由于 Java 使用文件系统来存储包和类，故类名就是文件名，包名就是文件夹名，即目录名；反之，目录名并不一定是包名。

如果文件中声明如下：

```
package java.awt.image;
```

那么在 Windows 系统下，此文件必须存放在 java\awt\image 目录下；如果在 UNIX 系统下，则文件必须放在 java/awt/image 目录下。此定义语句说明当前的编译单元是 java.awt.image 包的一部分，文件中的每一个类名前都有前缀 java.awt.image，因此不再会有重名问题。

5.6.2　import 语句

假设已定义如下的包：

```
package mypackage;
public class MyClass {
    //...
}
```

如果其他人想使用 MyClass 类，或 mypackage 包中的其他 public 类，则需要使用全名，如下所示：

```
mypackage.MyClass m = new mypackage.MyClass();
```

为了简化程序的书写，Java 提供了引入（import）语句。当要使用其他包中所提供的类时，先使用 import 语句引入所需要的类，程序中不需要再使用全名，可以简化为下面的形式：

```
import mypackage.*;
    //...
MyClass m = new MyClass();
```

import 语句只用来将其他包中的类引入到当前名字空间中，程序中不需要再引用同一个包或该包的任何元素，而当前包总是处于当前名字空间中。

从系统角度来看，包名也是类名的一部分。例如，如果 abc.FinanceDept 包中含有 Employee 类，则该类可称为 abc.FinanceDept.Employee。这也正是包的作用。如果使用了 import 语句，那么再使用类时，包名可省略，只用 Employee 来指明该类。

引入语句的格式如下：

```
import pkg1[.pkg2[.pkg3...]].(类名|*);
```

其中，格式语句中，如果指明具体的类名，则表示引入的是这个具体的类；要引入包中的所有类时，可以使用通配符“*”，如：

```
import java.lang.*;
```

引入整个包时，可以方便地访问包中的每一个类。这样做，语句写起来很方便，但会占用过多的内存空间，而且代码下载的时间将会延长。初学者完全可以引入整个包，但是建议在了解了包的基本内容后，实际用到哪个类，就引入哪个类，尽量不造成资源的浪费。

下面的语句引入包中的所有类：

```
import java.util.*;
```

而下面的语句引入包中的某一个类：

```
import java.util.ArrayList;
```

例 5-20 包的示例。

假设有一个包 a，在 a 中的一个文件内定义了两个类 Xx 和 Yy，其格式如下：

```
package a;
class Xx{
...
}
class Yy{
...
}
```

当在另外一个包 b 中的文件 Zz.java 中使用 a 中的类时，语句形式如下：

```
// Zz.java
package b;                //说明是在包 b 中
import a.*;               //引入 a 中的全部类
class Zz extends Xx {
    Yy y;                 //使用的是 a 中的 Yy 类
    ...
}
```

在 Zz.java 中，因为引入了包 a 中的所有类，所以使用起来就好像是在同一个包中一样（当然首先要满足访问权限，这里假定可以访问）。

实际上，程序中并不一定要有引入语句。当引用某个类的类与被引用的类存储在同一个物理目录下时，就可以直接使用被引用的类。

5.6.3 目录层次关系及 CLASSPATH 环境变量

包“存放”在包名构成的目录中。例如，前面提到的 Employee 类经编译后在 path\abc\FinanceDept 目录中生成一个 Employee.class 文件。这里，path 代表工作目录。

在文件系统的众多目录中，环境变量 CLASSPATH 将指示 javac 编译器如何查找所需要的对象。

编译源程序时，如果使用的类就在当前的包中，当然处理起来简单方便。如果遇到了当前包中没有定义的类，就会以环境变量 CLASSPATH 为相对查找路径，按照包名的结构来查找引用的外部类。因此，要指定搜寻包的路径，需要提前设置环境变量 CLASSPATH。第 1 章中已经讨论了如何设置环境变量，相关的类及工作目录已经加到 CLASSPATH 中，读者可以查阅。如果程序员想访问其他地方放置的包，则必须显式设置 CLASSPATH 变量。

如果在编译命令中使用-d 选项，则 Java 编译器可以创建包目录，并把生成的类文件放到该目录中。以 Windows 系统为例，如果在程序 Test.java 中已定义了包 p1，编译时采用如下方式：

```
D:\>javac -d destpath Test.java
```

则编译器会自动在 destpath 目录下建立一个子目录 p1，并将生成的.class 文件都放到 destpath\p1 下。

自定义 mypackage 包，并定义 Keyboard 类，见例 5-21。

例 5-21 包的定义。

源代码

```
package mypackage;
import java.io.*;
public class Keyboard{
    public static int getInteger()throws IOException{
        BufferedReader inputStream = new BufferedReader
            (new InputStreamReader(System.in));
```

```
        return(Integer.valueOf(inputStream.readLine().trim()).intValue());
    }   public static double getReal()throws IOException{
        BufferedReader inputStream = new BufferedReader
            (new InputStreamReader(System.in));
        return(Double.valueOf(inputStream.readLine().trim()).doubleValue());
    }
    public static String getString()throws IOException{
        BufferedReader inputStream = new BufferedReader
            (new InputStreamReader(System.in));
        return(inputStream.readLine());
    }
}
```

然后建立目录：

```
D:\cn\edu\avaj
```

用下面的命令进行编译：

```
javac -d D:\cn\edu\avaj Keyboard.java
```

编译完成后，系统在目录 D:\cn\edu\avaj 下建立了子目录，并将编译的结果 Keyboard.class 放在此目录下。因为这是一个新增加的包，所以还需要设置相应的环境变量。

使用这个包中的类的示例代码如下所示：

源代码

```
import java.io.*;
import mypackage.*;
public class KeyboardTest{
    public static void main(String args[]) throws IOException {
        System.out.println("Enter a string:");
        System.out.println("Your string is"+Keyboard.getString());
        System.out.println("Enter an integer number:");
        System.out.println("Your integer is " + Keyboard.getInteger());
        System.out.println("Enter an real:");
        System.out.println("Your real is " +  Keyboard.getReal());
    }
}
```

5.6.4 访问权限与数据隐藏

在前面程序 5-1 的 Date 类中，说明 day、month 和 year 是 private 的，这意味着只能在 Date 类中的方法内访问这些成员，而在类外的方法中不能直接访问它们，这就是访问权限（access control）。因此对于这样的 Date 说明，例 5-22 中的代码是非法的。

例 5-22 访问权限示例。

```
public class DateUser {
    public static void main(String args[]) {
        Date mydate = new Date();
        mydate.day = 21; //错误!
```

```
    }
}
```

不允许访问数据变量好像是不可思议的事情，其实这对使用 Date 类的程序是大有好处的。因为数据的各个项是不可随意访问的，所以读写它们的唯一途径就是使用方法。如果程序要求类成员间保持一致性，就可以通过类方法来管理。

如果没有这种限制，可以在 Date 类外对它的私有成员随意访问，则可以编写如例 5-23 所示的代码。

例 5-23 错误的访问示例。

```
Date d = new Date();
d.day = 32;
d.month = 2; d.day = 30;    //语法正确但语义错误
d.month = d.month + 1;      //没有进行月份的循环检查
```

上述赋值语句的结果使得日期对象中的域值成为非法的，或称为不一致的。这种情况的错误不一定能立即查出，但毫无疑问会引起程序的混乱，导致系统运行中断。

如果类的数据成员没有明确地提供给使用者访问，就是说它不是公有的，则类的使用者必须通过方法来访问成员变量。在这些方法中可以进行数据成员合法性检查，从而避免了非法数据的出现。考虑例 5-24 中 Date 类的访问代码。

例 5-24 合法性检查示例。

```
public void setDay(int targetDay) {
    if (targetDay > this.daysInMonth()) {
        System.err.println("invalid day " + targetDay);
    }
    else {
        this.day = targetDay;
    }
}
```

方法中检查要设置的 day 是否合法。如果不合法，则不修改 day 的值并输出一条报错信息，告知数据非法。实际上，Java 提供了很多有效的机制来处理这类错误。

这里假设 daysInMonth()是 Date 类中的一个方法。调用该方法能得到每月中允许的最大日期数，例如 6 月的最大日期数为 30。因为它是 Date 类中的一个成员方法，所以可以得到所需的 month 和 year 值。在本例中，daysInMonth()方法的 this 可以不写。

正确调用方法的规则，称为方法使用的先决条件。如例 5-23 中“对象中自变量的值必须满足：每个月的日期数要在合理范围内”。谨慎使用先决条件的测试，可使类的重用更容易，而且在重用时更可靠。

5.6.5 封装

除了保护对象的数据不受非法修改外，强制使用者通过方法来访问数据是确保方法调用后各数据仍合法的更简单的方法。例如在 Date 类的这个例子中，要计算当前日期的后一日，就必须通过 tomorrow()方法得到。

如果对数据的访问是完全放开的，那么类的每个使用者都可以修改 day 值，此时便需要时刻注意因 day 值的变化而引发的 day、month、year 值之间的不一致，否则，程序会变得混乱且不易控制。如果说对于大家非常熟悉的日期这种类型尚可勉强接受，那么对于其他复杂的数据类型，类的使用者可能会疏忽对数据的一致性检查，因此，还是让类的使用者通过方法来访问数据为好。这就是封装。封装是面向对象方法的一个重要原则。它有两个基本含义，一是指对象的全部属性数据和对数据的全部操作结合在一起，形成一个统一体，这个统一体就是对象本身。另一方面是指，尽可能地隐藏对象的内部细节，只保留有限的对外接口，对数据的操作都通过这些接口实现。

5.7 类 成 员

在类的定义中还可以定义一般称为类成员的一种特殊的成员，它包括类变量和类方法。它是不依赖于特定对象的内容。Java 运行时系统生成每个类的对象时，首先会为每个对象的实例变量分配内存，然后才可以访问对象的成员；而且不同对象的内存空间相互独立，也就是说对于不同对象的成员其内存地址是不同的。但是如果类中包含类成员，则系统只在类定义的时候，为类成员分配内存，以后生成该类的对象时，将不再为类成员分配内存，不同对象的类变量将共享同一块内存空间。图 5-10 表示了这种类成员的共享形式。

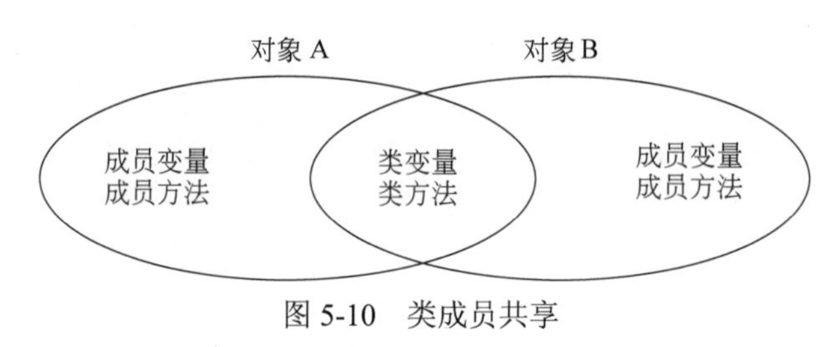

图 5-10 类成员共享

下面分别介绍这两种特殊的成员。

5.7.1 类变量

在程序设计中，有时需要让一个变量被类的多个对象所共享，以实现多个对象之间的通信，或用于记录已被创建的对象的个数等。例如，已经定义了一个 Point3D 类，用以描述三维空间中的点，现在要记录在某块空间上用 Point3D 类进行实例化的对象的个数。这时，就可以通过在类定义中使用一个特殊的成员变量来实现，而这样的变量有时也被称为静态变量，以区别于成员变量或实例变量。将一个变量定义为类变量的方法就是将这个变量标记上关键字 static。

这种类变量的作用可以通过程序 5-8 来说明。

程序 5-8

```
class Count{
```

```
    int serialNumber;
    static int counter =0;  //类变量的定义
    public Count(){
        counter++;
        serialNumber = counter;
    }
}
public class UseStatic{
    public static void main(String args[]){
        System.out.println("Count.counter is "+Count.counter);
                                                        //类变量的使用
        Count Tom = new Count();
        Count John = new Count();
        System.out.println("Tom's serialNumber is "+Tom.serialNumber);
        System.out.println("John's serialNumber is "+John.serialNumber);
        System.out.println("Now Count.counter is "+Count.counter);
                                                        //类变量的使用
    }
}
```

程序 5-8 的运行结果如图 5-11 所示。

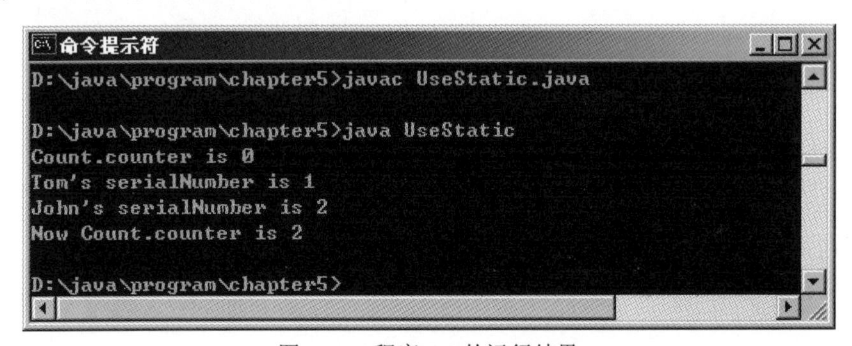

图 5-11　程序 5-8 的运行结果

在这个例子中，每一个被创建的对象得到一个唯一的 serialNumber，这个号码由初始值 1 开始递增。由于 counter 变量被定义为类变量，为所有对象所共享，因而当一个对象的构造方法将其递增 1 后，下一个将要被创建的对象所看到的 counter 值就是递增之后的值。

Java 语言中没有全局变量的概念，类变量从某种意义上来说相当于其他程序设计语言中的全局变量。类变量是唯一为类中所有对象共享的变量。如果一个类变量同时还被定义为 public 类型，那么其他类也同样可以使用这一变量，而且由于类变量的内存空间是在类的定义时就已经分配的，因此引用这一变量时甚至无须生成一个该类的对象，而是直接利用类名即可指向它。在程序 5-8 中可以看到，在没有对 Count 类进行实例化的情况下就在输出语句中直接引用其中的类变量 counter，这在 Java 中是允许的，也经常用到。

再看程序 5-9。

源代码

程序 5-9

```
class Circle {
    static double PI = 3.14159265;      //类变量的定义
    int radius;
    public double circumference() {
        return 2 * PI * radius;         //类变量的使用
    }
}

public class CircumferenceTester {
    public static void main(String args[]) {
        Circle c1 = new Circle();
        c1.radius = 50;
        Circle c2 = new Circle();
        c2.radius = 10;
        double circum1 = c1.circumference();
        double circum2 = c2.circumference();
        System.out.println("Circle 1 has circumference " + circum1);
        System.out.println("Circle 2 has circumference " + circum2);
    }
}
```

程序 5-9 的运行结果如图 5-12 所示。

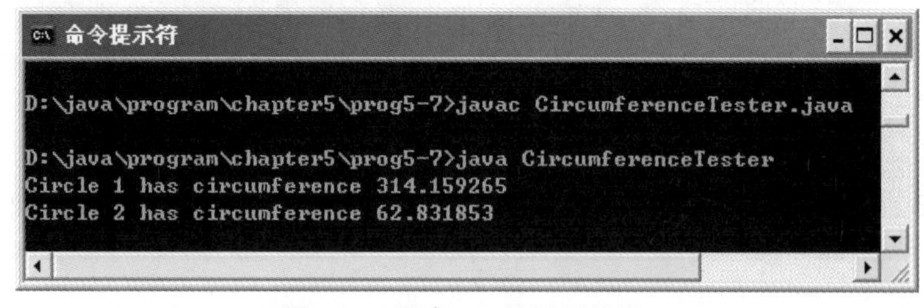

图 5-12　程序 5-9 的运行结果

在 circumference()中，PI 和 radius 的使用方式相同，都是直接调用。但它们的含义并不完全一致。PI 本身是类成员，因此可以直接使用；而 radius 是因为用在类方法的内部，所以也不需要加前缀。若要写得更明确些，实际上可以这样修改程序：

```
public double circumference() {
    return 2 * PI * this.radius;
}
```

如果没有 this 这个关键字，则 Java 假定就是调用的那个实例的半径值。

5.7.2　类方法

如果在创建类的实例前就需要调用类中的某个方法，那么将该方法标记 static 关键字即可实现。标记了 static 关键字的方法称为类方法（或称静态方法）。

类方法是不依赖于特定对象的行为。请看程序 5-10。

程序 5-10

```
class GeneralFunction{
    public static int addUp(int x, int y){
        return x+y;
    }
}
public class UseGeneral{
    public static void main(String args[]){
        int a = 9;
        int b = 10;
        int c = GeneralFunction.addUp(a, b);
        System.out.println("addUp() gives" + c);
    }
}
```

程序 5-10 的运行结果如图 5-13 所示。

图 5-13　程序 5-10 的运行结果

再分析例 5-25，将摄氏（centigrade）温度转换成华氏（fahrenheit）温度。

例 5-25　类方法示例。

```
public class Converter {
    //Convert a centigrade temperature to fahrenheit temperature.
    public static int centigradeToFahrenheit(int cent){
        return (cent * 9 / 5 + 32);
    }
}
```

调用类方法时，前缀使用的是类名，而不是对象实例名，如下所示：

```
Converter.centigradeToFahrenheit(28);
```

如果从当前类中的其他方法中调用，则不需要写类名，可以直接写方法名：

```
centigradeToFahrenheit(28);
```

使用静态方法时，有两个特别的限制必须注意。

（1）因静态方法可以在没有定义它所从属的类的对象的情况下加以调用，故不存在 this 值。因此，一个静态方法只能使用其内部定义的参数或静态变量，如果试图使用非静态变量将引起编译错误。看下面的例子。

例 5-26 不正确的引用。

```
public class Wrong{
    int x;
    public static void main(String args[]) {
        x = 9;
    }
}
```

在编译时会出现以下错误提示信息：

```
Wrong.Java:4: Can't make a static reference to nonstatic variable x in class
Wrong.
              x = 9;
              ^
```

（2）静态方法不能被重写。也就是说，在这个类的后代类中，不能有相同名称、相同参数的方法。例 5-27 由于试图重写父类中的 static 方法，因此会引起编译错误。

例 5-27 不正确的重写。

```
class Super{
    static void noOverload(){}
}
class Sub extends Super{
    void noOverload(){}
}
```

在编译时会出现以下错误提示信息：

```
Super.Java:5: Static methods can't be overridden. Method void noOverload()
is static in class Super.
```

5.8 final 关键字

Java 中有一个重要的关键字——final，它既可以用来修饰一个类，也可以用于修饰类中的成员变量或成员方法。顾名思义，用这个关键字进行修饰的类或类的成员都是不能改变的。如果一个方法被定义为 final，则不能被重写；如果一个类被定义为 final，则它不能有子类。

5.8.1 终极类

出于安全性和面向对象设计的考虑，有的时候一些类是不能被继承的。例如，Java.lang.String 类就是如此。这样做的目的是保证如果一个方法中有一个指向 String 类的引用，那么它肯定就是一个真正的 String 类型，而不是一个已被更改的 String 的子类。另外一种情况是某个类的结构和功能已经很完整，不需要生成它的子类，这时也应该在这个类的声明中以关键字 final 进行修饰。被标记为 final 的类将不能被继承，这样的类可以称为终极类（final class），其声明的格式如下：

```
final class 终极类名{
    ...
}
```

例 5-28 中定义了一个 final 类，然后试图派生它的子类，结果将导致错误。

例 5-28　终极类示例。

```
final public class FinalClass{
    int memberar;
    void memberMethod(){};
}

class SubFinalClass extends FinalClass{
    int submembervar;
    void subMemberMethod(){};
}
```

在编译时会出现以下错误提示信息：

```
SubFinalClass.Java:7: Can't subclass final classes: class FinalClass
class SubFinalClass extends FinalClass{
                                ^
```

5.8.2　终极方法

成员方法也可被标记为 final，从而成为终极方法（final method），被标记 final 的方法不能被重写。很显然，如此做的目的同样是出于安全考虑。这样调用 final 类型的方法时，可以确保被调用的是正确的、原始的方法，而不是已被更改的子类中的方法。另外，把方法标记为 final 有时也被用于优化。因为编译器编译此类方法生成的代码允许对该方法直接调用，而不再像对待一般成员方法那样使用通常的虚拟调用，即在执行时再决定究竟调用哪个方法，所以提高了编译运行效率。

终极方法的定义格式为

```
final 返回类型 终极方法名([参数列表]){
    ...
}
```

例 5-29 的程序片段因试图重写终极方法出现错误。

例 5-29　不正确地重写示例。

```
class FinalMethodClass{
    final void finalMethod (){
        ...                         //原程序代码
    }
}
class OverloadClass extends FinalMethodClass{
    void finalMethod(){             //错误!
        ...                         //子程序代码
    }
}
```

5.8.3 终极变量

如果一个变量被标记为 final，则会使它成为一个常量。试图改变终极变量的取值将引起编译错误，如例 5-30。

例 5-30 不正确地改变终极变量的值示例。

```
class Const{
    final float PI = 3.14f;
    final String language = "Java";
}

public class UseConst{
    public static void main(String args[]){
        Const myconst = new Const();
        myconst.PI=3.1415926f;
    }
}
```

在编译时会出现以下错误提示信息：

```
UseConst.Java:9: Can't assign a value to a final variable: PI
       myconst.PI=3.1415926f;
                ^
```

虽然 Java 类库已经对很多经常用到的常数进行了定义，但在实际应用中很可能会针对精度等方面进行必要的调整。这时，将程序中可能用到的一系列常量在一个类中定义，其他类通过引入该类来直接使用这些常量，就可以保证常量使用的统一，并为修改提供方便。

要说明的一点是：如果将一个引用类型的变量标记为 final，那么这个变量将不能再指向其他对象，但它所指对象的取值仍然是可以改变的。例 5-31 中展示了这个特点。

例 5-31 终极引用的示例。

```
class Car{
    int number=1234;
}
class FinalVariable{
    public static void main(String args[]){
        final Car mycar   = new Car();

        mycar.number = 8888;    //可以!
        mycar = new Car();      //错误!
    }
}
```

在编译时会出现以下错误提示信息：

```
FinalVariable.Java:9: Can't assign a value to a final variable: mycar
       mycar = new Car();      //错误!
       ^
```

在这里，改变变量 mycar 的成员变量 number 的值是可以的，但如果试图用 mycar 指向其他对象就会引起错误。

5.9 抽 象 类

在程序设计过程中，有时需要创建某个类代表一些基本行为，并为其定义一些方法，但是又无法或不宜在这个类中对这些行为加以具体实现，而希望在其子类中根据实际情况实现这些方法。例如，设计一个名为 Drawing 的类，它代表了不同绘图工具的绘图方法，但这些方法必须以与平台无关的方法实现。很显然，在使用一台机器的视频硬件的同时又要做到与平台无关是不太可能的。因此解决的方法是，在这个类中只定义应该存在什么方法，而具体实现这些方法的工作由依赖具体平台的子类完成。

像 Drawing 类这种定义了方法但没有定义具体实现的类通常称为抽象类（abstract class）。在 Java 中可以通过 abstract 关键字把一个类定义为抽象类，每一个未被定义具体实现的方法也应标记为 abstract，这样的方法可以称为抽象方法。

与一般的父类一样，在抽象类中可以包括被它的所有子类共享的公共行为，包括被它的所有子类共享的公共属性。在程序中不能用抽象类作为模板来创建对象，必须生成抽象类的一个非抽象的子类后才能创建实例。在用户生成实例时强迫用户生成更具体的实例，可以保证代码的安全性。

抽象类可以包含常规类能够包含的任何东西，因为子类可能需要继承这些方法。当然抽象类中也可以包括构造方法。

抽象类中还可以包含抽象方法，这种方法只有方法的声明，而没有方法的实现。这些方法将在抽象类的子类中被实现。

除了抽象方法，抽象类中当然也可以包含非抽象方法，反之，不能在非抽象的类中声明抽象方法。也就是说，只有抽象类才能具有抽象方法。

如果一个抽象类除了抽象方法外什么都没有，则使用接口更合适。

抽象类的定义格式如下：

```
public abstract class 类名{
      //定义体
}    //为使此类有用，它必须有子类
```

抽象方法的定义格式如下：

```
public abstract <返回类型> <方法名>(参数列表);
```

应用抽象类的定义，可以将前面提及的关于绘图的例子设计为例 5-32 的形式。

例 5-32 抽象类示例。

```
public abstract class Drawing{
    public abstract void drawDot(int x, int y);
    public void drawLine(int x1, int y1, int x2, int y2){
```

```
        ...//重复使用 drawDot()方法，通过连续画点的方式画出线条
    }
}
```

程序 5-11 更加具体地说明了抽象类的作用。

源代码

程序 5-11

```
abstract class ObjectStorage{
    int objectnum=0;
    Object storage[] = new Object[100];

    abstract void put(Object o);    //注意：没有大括号("{}")
    abstract Object get();
}

class Stack extends ObjectStorage{
    private int point=0;

    public void put(Object o){
        storage[point++]=o;
        objectnum++;
    }
    public Object get(){
        objectnum--;
        return storage[--point];
    }
}

class Queue extends ObjectStorage{
    private int top=0;
    private int bottom=0;

    public void put(Object o){
        storage[top++]=o;
        objectnum++;
    }
    public Object get(){
        objectnum--;
        return storage[bottom++];
    }
}
```

在这里，ObjectStorage 类定义的是一种较为模糊的存储结构，其中包括成员变量 objectnum 和 storage，分别用来记录存入的元素个数及其元素本身，两个成员方法 put()和 get()只用以说明对于这样的存储结构应该具有存入和取出两种基本操作，但是对于这两种操作的具体实现方法则要视具体的存储结构来确定，因此这两个方法被定义为抽象方法。相应地，ObjectStorage 类也就成为抽象类，不论是类还是方法都要用 abstract 关键字进行修饰。

抽象类的子类所继承的抽象方法同样还是抽象方法，因此必须提供其父类中所有抽象方法的实现代码，否则它还是抽象类。也就是说，在 ObjectStorage 的子类中，必须实现 put()和 get()方法才不是抽象类。在程序 5-11 中，子类 Stack 和 Queue 分别实现了栈和队列两种具体的存储结构，各自提供了 put()和 get()方法的实现代码，使这两个方法不再是抽象方法，其本身也就不再是抽象类。

这里有一点要明确，一个抽象类中可以包含非抽象方法和成员变量。更明确地说，包含抽象方法的类一定是抽象类，但抽象类中的方法不一定都是抽象方法。

抽象类不能创建对象，除非通过间接的方法来创建其子类的对象，但是可以定义一个抽象类的引用变量。也就是说，程序中形如 new ObjectStorage()的表示是错误的，但是下述表示：

```
ObjectStorage obst = new Stack();
```

则是允许的。

5.10 接　口

接口（interface）是抽象类功能的另一种实现方法，可将其想象为一个“纯”的抽象类。它允许创建者规定一个类的基本形式，包括方法名、自变量列表以及返回类型，但不规定方法主体。因此在接口中所有的方法都是抽象方法，都没有方法体。从这个角度上讲，可以把接口看作特殊的抽象类，接口与抽象类都是定义多个类的共同属性。

然而，接口还可以实现与抽象类不同的功能。这一点也正是 Java 与 C++的一个重要的不同之处。具体来说，Java 不支持多重继承的概念，一个类只能由唯一的一个类继承。但是，这并不意味着 Java 不能实现 C++中多重继承的功能。事实上，在 Java 中定义了接口的概念，Java 通过允许一个类实现（implements）多个接口从而实现了比多重继承更加强大的能力，并具有更加清晰的结构。

5.10.1 接口的定义

接口的定义形式为

```
[接口修饰符] interface 接口名称 [extends 父类名]{
    ...             //方法原型或静态常量

}
```

接口与一般类一样，本身也具有数据成员与方法，但数据成员一定要赋初值，且此值不能再更改，而方法必须是“抽象方法”。

在例 5-33 中，仿照 5.9 节的程序，使用接口的方式重新定义了一个存储字符的数据结构。

例 5-33 接口的定义示例。

```
interface CharStorage{
```

```
    void put(char c);
    char get();
}
```

这里用接口的方式仅仅说明了一种数据存储结构中存在存入（put）和取出（get）这样两种操作，并没有涉及具体实现。在应用时，还需根据具体的存储结构实现。

注意：在接口中定义的成员变量都默认为终极类变量，即系统将其自动增加 final 和 static 这两个关键字，并且对该变量必须设置初值。例 5-34 也是一个接口的例子。

例 5-34　保险业务示例。

```
public interface Insurable{
    public int getNumber();
    public int getCoverageAmount();
    public double calculatePremium();
    public Date getExpiryDate();
}
```

5.10.2　接口的实现

接口的实现与类的继承是相似的，不同之处是：实现接口的类不从该接口的定义中继承任何行为，在实现该接口的类的任何对象中都能够调用这个接口中定义的方法。在实现的过程中，这个类还可以同时实现其他接口。

要实现接口，可在一个类的声明中用 implements 关键字表示该类已经实现的接口，而且可以是多个接口。实现接口的类必须实现接口中的所有抽象方法。implements 语句的格式如下：

```
public class 类名 implements 接口名{
/* Bodies for the interface methods */
/* Own data and methods. */
}
```

源代码

如例 5-34 中定义的接口实现如下：

```
public class Car implements Insurable {
    public int getPolicyNumber() {      //保险单号
        //write code here
    }
    public double calculatePremium() { //计算保费
        //write code here
    }
    public Date getExpiryDate() {       //终止日期
        //write code here
    }
    public int getCoverageAmount() {    //投保金额
        //write code here
    }
}
```

接续例 5-33，当用栈结构存储数据时可以如下定义。

例 5-35 接口的实现。

```
class Stack implements CharStorage{
    private char mem[] = new char[10];
    private int point = 0;

    void put(char c){
        mem[point] = c;
        point++;
    }

    char get(){
        point--;
        return mem[point];
    }
}
```

Java 中可以通过在 implements 后面声明多个接口名来同时实现多个接口，也就是一个类可以实现多个接口。我们已经知道，接口实际上就是一个特殊的抽象类，同时实现多个接口就意味着有多重继承的能力。而由于在接口中的方法都是抽象方法，并不包含任何的具体代码，而对这些抽象方法的实现都在具体的类中完成，因此，即使不同的接口中有同名的方法，类的实例也不会混淆。这正是 Java 取消显式的多重继承机制，但保留多重继承的功能的原因。

例如，在 AWT 事件处理中就要经常用到接口。下面的语句可以实现所有鼠标事件响应的类。

```
public class MouseEventClass implements MouseListener,MouseMotionListener{
    ...                                    //所有方法的实现
}
```

如果查询 Java 的 API 文档就会发现，在 MouseListener 和 MouseMotionListener 两个接口中，分别定义了对鼠标进行各种操作时的响应。由于 MouseEventClass 类声明为同时实现这两个接口，因此在实现时，该类一定要实现这两个接口中的所有方法，否则必须用 abstract 声明为一个抽象类。

在实际应用中，并非接口里的所有方法都需要用到。这时有一个简单的方法，即用一对大括号来表示一个方法的空方法体。例如，在鼠标事件的接口（MouseListenere 和 MouseMotionListener）中共定义了 6 种事件，假设程序不要求对 MouseUp 事件进行任何响应，可以书写代码为：

```
public void MouseUp(Event e){}        //不进行任何响应
```

实现一个接口的类也必须实现此接口的父接口（"super" interfaces）。例如：

```
public interface DepreciatingInsurable extends Insurable {
    public double computeFairMarketValue();
```

```
}
public interface FixedInsurable extends Insurable {
    public int getEvaluationPeriod();
}
```

下面看一个接口应用实例。定义一个接口 Shape2D，可利用它来实现二维的几何图形类 Circle 和 Rectangle。对二维的几何图形而言，面积的计算很重要，因此可以把计算面积的方法声明在接口里。求面积的 pi 值是常量，可在接口的数据成员里声明。依据这两个概念，可以编写出如下的 Shape2D 接口，见程序 5-12。

程序 5-12

```
interface Shape2D{                       //定义 Shape2D 接口
    final double pi=3.14;                //数据成员一定要初始化
    public abstract double area(); //抽象方法，不需要定义处理方式
}
```

在接口的定义中，Java 允许省略定义数据成员的 final 关键字、方法的 public 及 abstract 关键字，因此上面的接口也可定义如下：

```
interface Shape2D{                       //定义 Shape2D 接口
    double pi=3.14;                      //数据成员一定要初始化
    double area();                       //抽象方法，不需要定义处理方式
}
```

下面定义 Circle 与 Rectangle 两个类实现 Shape2D 接口。

源代码

```
class Circle implements Shape2D{
    double radius;
    public Circle(double r){             //构造方法
        radius=r;
    }
    public double area(){
        return (pi * radius * radius);
    }
}

class Rectangle implements Shape2D{
    int width,height;
    public Rectangle(int w,int h){  //构造方法
        width=w;
        height=h;
    }
    public double area(){
        return (width * height);
    }
}
```

下面定义测试类，代码如下。

```
public class InterfaceTester {
    public static void main(String args[]){
        Rectangle rect=new Rectangle(5,6);
```

```
        System.out.println("Area of rect = " + rect.area());
        Circle cir=new Circle(2.0);
        System.out.println("Area of cir = " + cir.area());
    }
}
```

程序 5-12 的运行结果如图 5-14 所示。

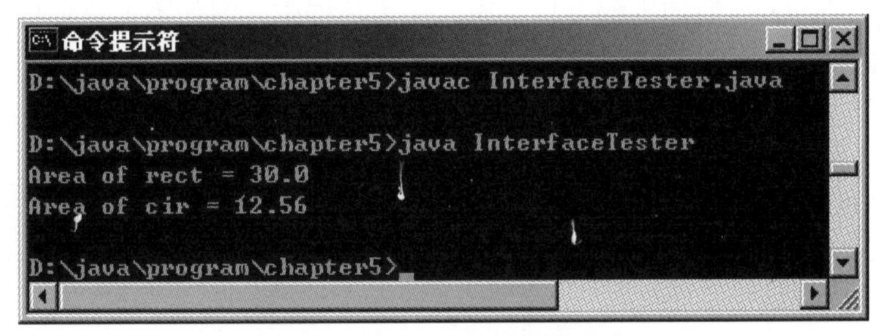

图 5-14　程序 5-12 的运行结果

不能直接由接口来创建对象，而必须由实现接口的类来创建。同抽象类一样，使用接口名称作为一个引用变量的类型也是允许的，即可以声明接口类型的变量（或数组），并用它来访问对象。该引用可以用来指向任何实现了该接口的类的实例。使用时将根据动态链接的原则，根据该变量所指向的具体实例进行操作。例如：

```
public class VariableTester {
    public static void main(String []args){
        Shape2D var1,var2;                          //接口类型的变量
        var1=new Rectangle(5,6);
        System.out.println("Area of var1 =" + var1.area());
                                                    //根据具体的类来调用方法
        var2=new Circle(2.0);
        System.out.println("Area of var2 = " + var2.area());
    }
}
```

5.11　内　部　类

5.11.1　内部类的概念

内部类（inner class）也称嵌套类，是 JDK1.1 版本区别于 JDK1.0 的一个非常重要的新特性。在 JDK 最早的版本中，只允许使用顶层类——Java 文件只能包含已被声明的包中的成员类。现在，JDK 1.1 以上版本都支持以一个类作为其他类的成员，既可以在语句块中局部定义也可以在表达式中匿名定义。

内部类具有如下几个属性。

- 类名只能在定义的范围内被使用，内部类的名称必须区别于外部类。
- 内部类可以使用外部类的类变量和实例变量，也可以使用外部类的局部变量。

- 内部类可以定义为 abstract 类型。
- 内部类也可以是一个接口（这时已很难说它是类还是接口了），这个接口必须由另一个内部类来实现。
- 内部类可以被定义为 private 或 protected 类型。当一个类中嵌套另一个类时，访问保护并不妨碍内部类使用外部类的成员。
- 被定义为 static 型的内部类将自动转化为顶层类，它们不能再使用局部范围中或其他内部类中的数据和变量。
- 内部类不能定义 static 型成员，而只有顶层类才能定义 static 型成员。如果内部类需要使用 static 型成员，这个成员必须在外部类中加以定义。

应用内部类的好处在于它是创建事件接收者的一个方便的方法。关于事件处理将在本书第 8 章介绍，建议读者在了解了相关知识后再来回顾程序 5-13 的代码段。

源代码

程序 5-13

```
import java.awt.*;
import java.awt.event.*;

public class TwoListenInner{
    private Frame f;
    private TextField tf;

    public static void main(String ars[]){
        TwoListenInner that = new TwoListenInner();
        that.go();
    }
    public void go(){
        f = new Frame("Two listeners example");
        f.add("North", new Label("Click and drag the mouse"));
        tf=new TextField (30);
        f.add("South", tf);
        f.addMouseMotionListener(new MouseMotionHandler());
        f.addMouseListener(new MouseEventHandler());
        f.setSize(300, 200);
        f.setVisible(true);
    }
    //MouseMotionHandler 为一个内部类
    public class MouseMotionHandler extends MouseMotionAdapter{
        public void mouseDragged (MouseEvent e){
            String s="Mouse dragging: X="+e.getX() +"Y="+e.getY();
            tf.setText(s);
        }
    }
    //MouseEventHandler 为一个内部类
    public class MouseEventHandler extends MouseAdapter{
        public void mouseEntered(MouseEvent e){
            String s = "The mouse entered";
            tf.setText(s);
```

```
        }
        public void mouseExited (MouseEvent e){
            String s = "The mouse has left the building";
            tf.setText(s);
        }
    }
}
```

程序 5-13 的运行结果如图 5-15 所示。

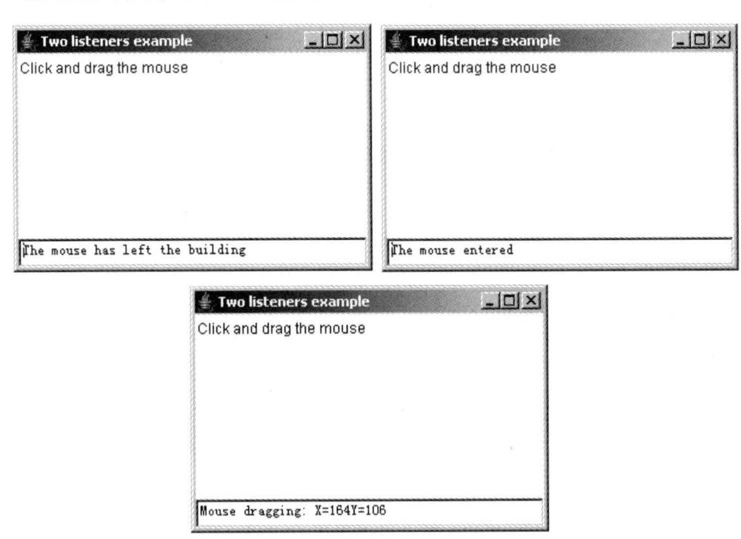

图 5-15　程序 5-13 的运行结果

对应于鼠标的不同操作，显示不同的界面。当鼠标指针进入界面中间部分时，显示上排右侧窗口；在中间部分按下鼠标并进行拖曳时，显示下排窗口，鼠标指针在其他的位置，显示上排左侧窗口。

这种实现方法的优点在于两个类（MouseMotionHandler 和 MouseEventHandler）都包含在 TwoListenInner.class 文件中，使整个程序相应减小，所生成的 TwoListenInner 类不大。如果上面代码重载为将 MouseMotionHandler 和 MouseEventHandler 另设成两个顶层类，那么将创建三个独立的类，整个程序会大很多。

5.11.2　匿名类

在定义一个内部类时，也可以将整个类的描述包含在一个表达式范围里，使用这种方法是在定义了一个匿名类的同时创建了一个对象。例如，可以使用匿名类重载 TwoListenInner 的部分代码，如程序 5-14 所示。

程序 5-14

```
public void go(){
    f = new Frame("Two listeners example");
    f.add("North", new Label("Click and drag the mouse"));
    tf = new TextField(30);
```

```
        f.add("South", tf);

        f.addMouseMotionListener(new MouseMotionAdapter(){
        public void mouseDragged(MouseEvent e){
            String s = "Mouse dragging: X=" +e.getX() +"Y="+ e.getY();
            tf.setText(s);
            }
        });   //<- 注意括号在这里的用法

        f.addMouseListener(new MouseEventHandler());
        f.setSize(300, 200);
        f.setVisible(true);
    }
```

从以上的使用中可以看出，尽管匿名类使代码变得更少，但是代码的可读性也随之下降。

5.11.3 内部类的工作方式

内部类可以访问其外部类，因此 JDK 1.1 编译器给内部类另外添加了一个 private 成员变量和一个构造方法对它进行初始化。此外，编译器还自动使外部类的范围适用于内部类，将“.”替换为“$”。这样编译器看到的改动后的源代码见程序 5-15。

源代码

程序 5-15

```
import java.awt.*;
import java.awt.event.*;

public class TwoListenInner{
    //不影响其他成员变量和方法

    public void go(){
    ...
    f.addMouseMotionListener(new
            TwoListenInner$MouseMotionHandler(this));
    ...
    }

    class TwoListenInner$MouseMotionHandler extends MouseMotionAdapter{
        private TwoListenInner this$0;

        //编译器自动生成结构
        TwoListenInner$MouseMotionHandler(TwoListenInner this$0);
        this.this$0 = this$0;
    }
    public void mouseDragged (MouseEvent e){
        String s="Mouse dragging: X="+e.getX() +"Y="+e.getY();
        this$0.tf.setText(s);
    }
}
```

5.12 包　装　类

Java 使用基本数据类型（如 int、double、char 和 boolean）及类和对象来表示数据。要管理的数据仅有两类，即基本数据类型值及对象引用。但当你想用处理对象一样的方式来处理基本数据类型的数据时，必须将基本数据类型值“包装”为一个对象。为此，Java 提供了包装类。

包装（wrapper）类表示一种特殊的基本数据类型。例如，Integer 类表示一个普通的整型量。其实，Integer 类在本书的前面已经出现过。由 Integer 类创建的对象只保存一个 int 型的值。包装类的构造方法接受一个基本数据类型的值，并保存它。例如：

```
Integer ageObj = new Integer(40);
```

执行这个说明后，ageObj 对象就将整数 40 视为一个对象。它可以用在程序中需要对象而不是需要基本数据类型值的地方。

对于 Java 中的每种基本数据类型，在 Java 类库中都有一个对应的包装类。所有的包装类都定义在 java.lang 包中。表 5-1 列出了每种基本数据类型对应的包装类。

表 5-1　java.lang 包中的包装类

基本数据类型	包装类	基本数据类型	包装类
byte	Byte	double	Double
short	Short	char	Character
int	Integer	boolean	Boolean
long	Long	void	Void
float	Float		

注意：对应于 void 类型的包装类是 Void。但和其他的包装类不一样的是，Void 类不能被实例化。它只表示 void 引用的概念。

包装类提供了几个方法，可以对相应的基本数据类型的值进行操作。例如，Integer 类中含有返回存储在对象中的 int 型值的方法，还有将所存储的值转为其他的基本数据类型的方法。下面列出 Integer 类中的几个方法。其他的包装类有类似的方法。

- Integer(int value)：构造方法，创建新的 Integer 对象，用来保存 value 的值。
- byte byteValue()、double doubleValue()、float floatValue()、int intValue()、long longValue()：按对应的基本数据类型返回 Integer 对象的值。
- static int parseInt(String str)：按 int 类型返回存储在指定字符串 str 中的值。
- static String toBinaryString(int num)、static String toHexString(int num)、static String toOctalString(int num)：将指定的整型值在对应的进制下以字符串形式返回。

包装类中还有一些静态方法，调用时不依赖任何的实例对象。例如，Integer 类有一个静态方法 parseInt，它将保存在字符串中的值转为对应的 int 型值。如果字符串对象 str

中的值是"987"，则下行代码将字符串转为整型量 987，并将它保存在 int 型变量 num 中：

```
num = Integer.parseInt(str);
```

Java 的包装类中常常含有常量，这非常有用。例如，Integer 类有两个常量 MIN_VALUE 和 MAX_VALUE，它们分别保存 int 型中的最小值及最大值。其他的包装类中也有对应于相应类型的类似常量。

自动将基本数据类型转为对应的包装类的过程称为自动装箱（autoboxing）。例如，下面的代码将 int 型值赋给 Integer 对象引用：

```
Integer obj1;
int num1 = 69;
obj1 = num1;                        //自动创建 Integer 对象
```

逆向的转换称为拆箱（unboxing），需要时也是自动完成的。例如：

```
Integer obj2 = new Integer(69);
int num2;
num2 = obj2;                        //自动解析出 int 型
```

通常，基本数据类型与对象之间的赋值不相容。自动装箱仅能用在基本数据类型与对应的包装类之间。任何其他情况，如将基本数据类型赋给对象引用变量，或是相反的过程，都会导致编译错误。

习　　题

5.1　详细说明类是如何定义的，并解释类的特性及其要素。

5.2　给出 3 个类的定义：

```
class parentclass {}
class subclass1 extends parentclass {}
class subclass2 extends parentclass {}
```

并分别定义 3 个对象：

```
parentclass a = new parentclass();
subclass1 b = new subclass1();
subclass2 c = new subclass2();
```

若执行下面的语句：

```
a = b;
b = a;
b = (subclass1)c;
```

会有什么结果？分别从下面的选项中选择正确的答案。

（1）编译时出错。

（2）编译时正确，但执行时出错。

（3）执行时完全正确。

5.3 什么是抽象类？它如何定义？下面的哪些定义是正确的？

（1）

```
class alarmclock {
    abstract void alarm();
}
```

（2）

```
abstract alarmclock {
    abstract void alarm();
}
```

（3）

```
class abstract alarmclock {
    abstract void alarm();
}
```

（4）

```
abstract class alarmclock {
    abstract void alarm();
}
```

（5）

```
abstract class alarmclock {
    abstract void alarm(){
        System.out.println("alarm!")
    };
}
```

5.4 什么叫方法重载？什么叫方法重写？它们之间的区别是什么？

5.5 什么是 null 引用？

5.6 关键字 this 和关键字 super 在成员方法中的特殊作用是什么？

5.7 仿照书中的例子，构造一个类，并使其具有多个相互调用的构造方法；然后构造它的子类，在构造方法中利用关键字 super 来调用父类的构造方法。

5.8 什么是静态方法和静态变量，它们同普通的成员方法和成员变量之间有何区别？

5.9 什么是抽象类？什么是抽象方法？它们有什么特点和用处？

5.10 什么是终极类、终极方法和终极变量？定义终极类型的目的是什么？

5.11 什么是接口？接口的作用是什么？它与抽象类有何区别？

5.12 什么是 Java 包？以一个你熟悉的包为例，列出其中常用的类及接口。

5.13 new 操作符能完成哪些功能？

5.14 什么是变量声明？

5.15 Java 中访问控制权限分为几种？它们所对应的表示关键字分别是什么？意义如何？

5.16 为什么有时会用到-deprecation 参数？利用此参数进行编译所罗列出的方法应做何处理？

5.17 什么叫内部类？采用内部类的好处是什么？

5.18 重新设计习题 4.11 中的题目。设计一个媒体类，其中包含书、CD 及磁带 3 个子类。按照类的设计模式，完成它们的添加、删除及查找功能。

5.19 从第 2 章习题中定义的几个类中挑选一个作为例子，完成类的定义。

第 6 章　Java 语言中的异常

思政材料

异常是程序执行期间发生的不正常的情况或事件，它们的出现会中断程序的执行。有些异常表示代码中的错误。修改这些错误，可以避免异常。实际上，代码本身不能表示是否会发生异常，异常是程序员必须处理的。

从另一方面说，程序员可以在特定条件下有意让异常发生。事实上，写 Java 类库代码的程序员就是这样做的。因此，除了要学习自己写异常处理的代码外，还需要了解 Java 类库中已有的异常，从而决定自己的程序将如何处理它们。

异常处理要考虑的问题包括：如何处理异常？把异常交给谁去处理？程序又该如何从异常中恢复？这是所有程序设计语言都要解决的问题。

6.1 异　常

Java 语言把程序运行中可能遇到的错误分为两类，一类是非致命性的，通过某种修正后程序还能继续执行。这类错误称为异常（exception），也称为例外。例如打开一个文件时，发现文件不存在。又例如除零溢出、数组越界等。这一类的错误可以借助程序员的干涉恢复正常。另一类是致命性的，即程序遇到了非常严重的不正常状态，不能简单地恢复执行，这就是错误，例如程序运行过程中内存耗尽，不需要处理。

设计健壮的程序是程序员首要的目标。设计程序时，必须考虑到可能发生的异常事件并做出相应的处理。

6.1.1 引出异常

首先看下面这个使用伪语言描述的例子：

```
openTheFile;
determine its size;
allocate that much memory;
read-file
closeTheFile;
```

它的功能是：打开一个文件，读取其中内容，读完关闭文件。根据文件的大小分配适当的内存空间。在这段程序中，没有进行任何条件判断。

如果要使程序健壮，就必须在每一步增加条件判断，如例 6-1 所示。

例 6-1　增加条件判断。

源代码

```
openFiles;
if (theFilesOpen){
```

```
        determine the length of the file;
        if (gotTheFileLength){
            allocate that much memory;
            if (gotEnoughMemory){
                read the file into memory;
                if (readFailed)  errorCode=-1;
                else errorCode = -2;
            }
            else  errorCode=-3;
        }
        else errorCode=-4 ;
    }
    else errorCode=-5;
```

例 6-1 中增加了许多判断语句，目的是保证在前一步正确的情况下再执行下一条语句。虽然程序的健壮性增强了，但结构臃肿，大量的错误处理代码混杂在程序中，可读性差，目标程序也会增大许多。最重要的是，出错返回信息量太少，无法更确切地了解错误状况或原因。特别是当出现上述语句未包含的情况时，将束手无策。

下面简单扩展前面使用过的程序 1-1 的 HelloWorldApp.java 程序，循环打印一些信息。代码见程序 6-1。

程序 6-1

```
public class HelloWorld {
    public static void main (String args[]) {
        int i = 0;

        String greetings [] = {
            "Hello world!",
            "No, I mean it!",
            "HELLO WORLD!!"
        };

        while (i < 4) {
            System.out.println (greetings[i]);
            i++;
        }
    }
}
```

程序执行到第 4 次循环时，会发生异常，程序 6-1 的运行结果如图 6-1 所示。

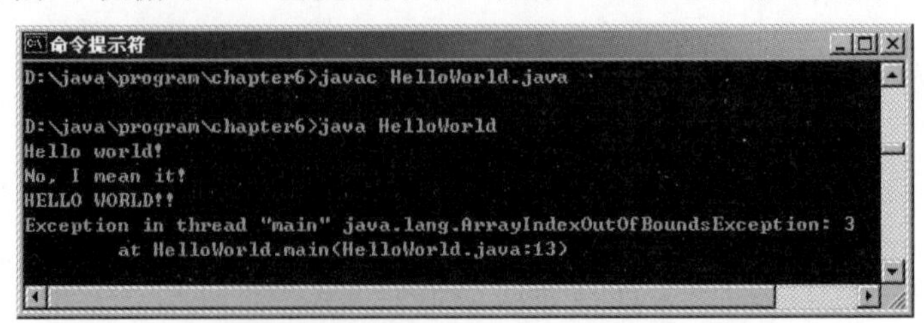

图 6-1　程序 6-1 的运行结果

程序输出了运行结果，之后又输出所发生异常的类型及越界的下标值，并告知发生异常的代码所在的行数。

为了解决异常问题，Java 提供了异常处理机制，预定义了 Exception 类。在 Exception 类中定义了程序产生异常的条件。一方面，在编写程序时，不需要像例 6-1 那样书写判断语句，从而大大简化了代码的编写。另一方面，有些常见的异常也可以统一处理，提高了效率，代码重用率高。同时还允许程序员自己编写特殊的异常处理程序，以满足更独特的需要。当程序中遇到异常发生时，通常并不是简单地结束程序，而是转去执行某段特殊代码处理这个异常，设法恢复程序继续执行。程序员就可以在这段特殊的代码中加入自己的控制。由于程序遇到错误时，往往不能从中恢复，因此最好的办法是让程序中断执行。

6.1.2 异常的概念

在一个方法的运行过程中，如果发生了异常，则称程序产生了一个异常事件，相应地生成异常对象。该对象可能由正在运行的方法生成，也可能由 JVM 生成。这个对象中包含了该异常必要的详细信息，包括所发生的异常事件的类型及异常发生时程序的运行状态。生成的异常对象传递给 Java 运行时系统，运行时系统寻找相应的代码处理这一异常。我们把生成异常对象并把它提交给运行时系统的这一过程称为抛出（throw）异常。

抛出的异常是发送给程序其他部分的信号，表示某些意外的事情发生了。根据异常类的类型，以及异常对象通过其方法告知的信息，代码可以对其进行适当的响应处理。

Java 运行时系统从生成对象的代码块开始回溯，沿方法的调用栈逐层回溯，寻找相应的处理代码，直到找到包含相应异常处理的方法为止，并把异常对象交给该方法处理。这一过程称为捕获（catch）。发现并响应异常就是处理（handle）异常。

简言之，发现错误的代码可以“抛出”一个异常，程序员可以“捕获”该异常，如果可能则恢复程序的执行。

可以用异常处理方式重写例 6-1。

例 6-2 用异常处理替代条件判断。

```
try{
    openTheFile;
    determine its size;
    allocate that much memory;
    read-File;
    closeTheFile;
}
catch(fileopenFailed)            { //文件打开失败的处理代码}
catch(sizeDetermineFailed)       { //不能获得文件大小的处理代码}
catch(memoryAllocateFailed)      { //内存分配失败的处理代码}
catch(readFailed)                { //读文件失败的处理代码}
catch(fileCloseFailed)           { //关闭文件失败的处理代码}
finally                          { //需要统一处理的代码}
```

异常机制的优点很明显。第一，程序员可以把异常处理代码从常规代码中分离出来，增加可读性，方便修改。第二，程序员可以按异常类型和差别进行分组，即从预定义的Exception类中派生自己的子类，对无法预测的异常也可以进行捕获和处理，克服了传统方法中错误信息有限的问题。第三，异常的处理借助于调用堆栈按先近后远的原则进行。

6.1.3 异常分类

Java语言在所有的预定义包中都定义了异常类和错误类。Exception类是所有异常类的父类，Error类是所有错误类的父类，这两个类同时又是Throwable类的子类。虽然异常属于不同的类，不过所有这些类都是标准类 Throwable 的后代。Throwable 类在 Java 类库中，不需要import语句就可以使用。异常分为以下3组。

- 受检异常，必须被处理。
- 运行时异常，无须处理。
- 错误，无须处理。

1. 受检异常

受检异常（checked exception）是程序执行期间发生的严重事件的后果。例如，程序从磁盘读入数据，而系统找不到含有数据的文件，就会发生受检异常。这个异常所属类的类名是 FileNotFoundException。发生的原因可能是用户给程序提供了一个错误的文件名。写得好的程序应该提前预见到这个事件，并要求使用者再次输入文件名，以便能恢复正常。这个异常类的名字，与Java类库中所有异常类的名字一样，是用来描述异常原因的。一般的做法是使用类名描述异常。例如，可能会说发生了一个FileNotFoundException异常。受检异常的所有类都是Exception类的子类。

Java类库中的下列类表示受检异常：ClassNotFoundException、FileNotFoundException、IOException、NoSuchMethodException 及 WriteAbortedException。

2. 运行时异常

运行时异常（runtime exception）通常是程序中逻辑错误的结果。例如，数组下标越界导致ArrayIndexOutOfBounds类的异常。被0除导致ArithmeticException异常。虽然可以添加代码处理运行时异常，但一般只需要修改程序中的错误。运行时异常的所有类都是RuntimeException类的子类，它是Exception类的后代。

Java类库中的下列类表示运行时异常：ArithmeticException、ArrayIndexOutOfBoundsException、ClassCastException、EmptyStackException、IllegalArgumentException、IllegalStateException、IndexOutOfBoundsException 、 NoSuchElementException 、 NullPointerException 和 UnsupportedOperationException。

3. 错误

错误（error）是标准类Error或其后代类的一个对象，这样的类统称为错误类（error class）。注意，Error是Throwable的后代。通常，错误是指发生了不正确的情况，如内存溢出。如果程序用到的内存超出了限度，则必须修改程序以使内存的使用更有效率，改变配置让 Java 能访问更多的内存，或是为计算机配置更多的内存。这些情况都非常严重，一般程序很难处理。因此，即使可以处理错误，一般也不需要处理。

部分异常及错误类的层次关系如图 6-2 所示。

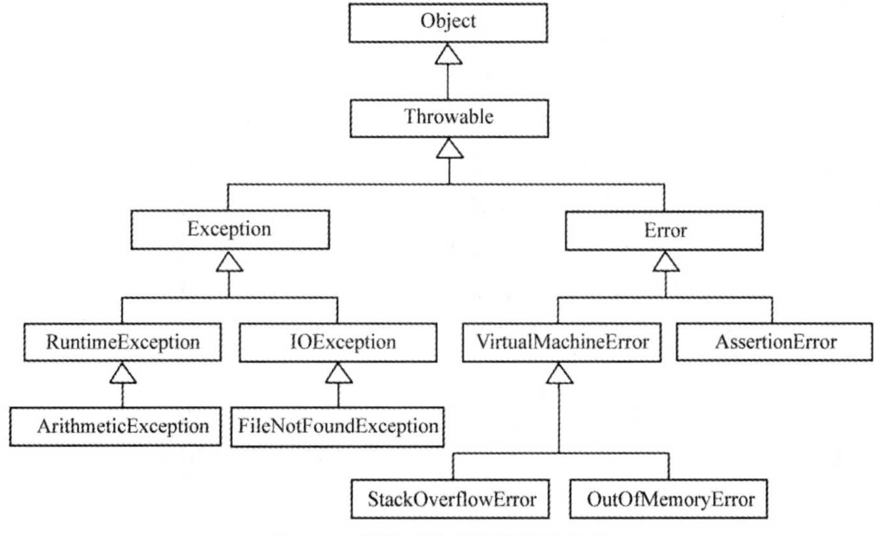

图 6-2　异常及错误类的层次关系

从图 6-2 中可知，运行时异常，例如 ArithmeticException，是 RuntimeException 的后代。受检异常，例如 IOException，是 Exception 的后代，但不是 RuntimeException 的后代。断言错误是 AssertionError 类的一个对象，Error 是 AssertionError 的父类。使用递归实现程序时，常会遇到栈溢出错误。这个错误属于 StackOverflowError 类。StackOverflowError 和 OutOfMemoryError 都派生于抽象类 VirtualMachineError，Error 也是 VirtualMachineError 的父类。

总之，受检异常类、运行时异常类和错误类共同称为异常类（exception class），它们都是 Throwable 类的后代。运行时异常的所有类都派生于 RuntimeException，而它又派生于 Exception。受检异常是派生于 Exception 的类的对象，但它不是 RuntimeException 的后代。运行时异常和错误称为未检异常（unchecked exception）。

很多异常类都在包 java.lang 中，因此不需要引入；但有些异常类在另外的包中，就必须要引入。例如，当在程序中使用 IOException 类时，必须使用引入语句：

```
import java.io.IOException;
```

6.2　异 常 处 理

虽然有异常处理机制，但程序中一定发生的事件不应该用异常机制处理。异常处理用于使系统从故障中恢复。通常，在下列情况下使用异常机制：

- 当方法因为自身无法控制的原因而不能完成其任务时；

- 文件不存在，网络连接无法建立时；
- 处理在方法、类库、类中抛出的异常，如 FileInputStream.read 产生 IOException；
- 在大的项目中采用统一的方式处理异常时；
- 编写文字处理器一类的程序时；
- 不经常发生但却可能发生的故障。

当发生异常时，程序通常会中断执行，并输出一条信息。

对所发生的异常进行的处理就是异常处理。异常处理的重要性在于，程序不但能发现异常，还要捕获异常。程序员要编写代码处理它们，然后继续程序的执行。

Java 语言提供的异常处理机制，有助于找到抛出的是什么异常，然后试着恢复。当可能发生受检异常时，必须处理它。对于可能引发受检异常的方法有两种选择：在方法内处理异常，或是告诉方法的调用者处理。

方法调用及异常处理的传播方式如图 6-3 所示。

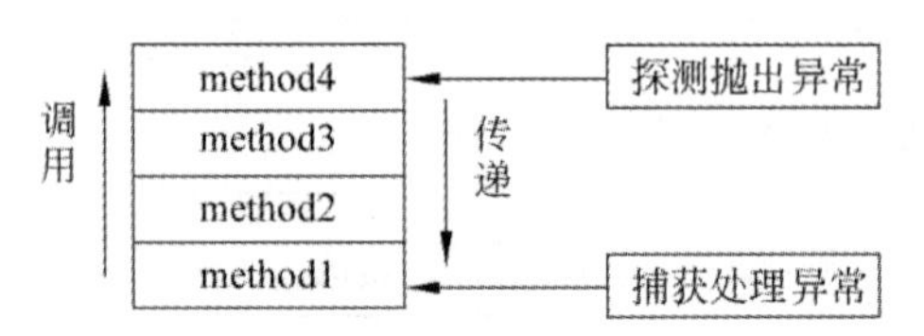

图 6-3　方法调用及异常处理传播方式

6.2.1　try-catch 块

要处理异常，必须先标出可能引起异常的 Java 语句，还必须决定要找哪个异常。

处理异常的代码含有两段。第一段 try 块含有可能抛出异常的语句；第二段含有一个或多个 catch 块，每个 catch 块含有处理或捕获某种类型异常的代码。因为有输入操作而可能要处理 IOException 异常的代码段如下：

```
try
{
    //<其他的代码>
    anObject.readString(...); //可能抛出一个 IOException
    //<更多其他的代码>
}
catch (IOException e)
{
    //< 响应异常的代码，可能含有下面这行：>
    System.out.println(e.getMessage());
}
```

不管有没有 try 块，块中输入操作的运行都是一样的。如果没有发生异常，则 try 块内的语句全部执行，然后执行 catch 块后的语句。如果在 try 块内发生了 IOException，则执行立即转到 catch 块。此时已经捕获了异常。

catch 块的语法类似于一个方法定义。标识符 e 称为 catch 块参数；它表示 catch 块将处理的 IOException 的对象。虽然 catch 块不是方法定义，但在 try 块内抛出一个异常，类似于调用一个 catch 块，其中参数 e 表示一个实际的异常。实际上，参数是 C 类型的 catch 块，可以捕获 C 类或其任何后代类的异常。

作为一个对象，每个异常都有访问方法 getMessage()，它返回抛出异常时创建的描述字符串。通过显示这个字符串，可以告诉程序员所发生异常的性质。

catch 块执行完毕，继续执行它后面的语句。但是如果问题很严重，则 catch 块可以调用 exit()方法中止程序，如下所示：

```
System.exit(0);
```

赋给 System.exit 的参数 0，表示虽然遇到了一个严重问题，但程序是正常结束的。

单一一个 try 块中的语句，可能会抛出不同类型异常中的任意一个。在这样的 try 块后的 catch 块需要能捕获多个类的异常。为此，可以在 try 块后写多个 catch 块。当抛出一个异常时，为了能使所写的 catch 块真正捕获到相应的异常，catch 块出现的次序很重要。根据 catch 块的出现次序，程序的执行流程进入到其参数与异常的类型相匹配的第一个 catch 块。

例如，下列 catch 块的次序不好，因为用于 FileNotFoundException 的 catch 块永远不会执行：

```
catch (IOException e)
{
    ...
}
catch (FileNotFoundException e)
{
    ...
}
```

按照这个次序，任何 I/O 异常都将被第一个 catch 块所捕获。因为 FileNotFoundException 派生于 IOException，所以 FileNotFoundException 异常是 IOException 异常的一种，将与第一个 catch 块的参数相匹配。幸运的是，编译程序可能会对这样的次序给出警告信息。

正确的次序是，将多个具体异常放在其祖先类的前面，如下所示：

```
catch (FileNotFoundException e)
{
    ...
}
catch (IOException e) // Handle all other IOExceptions
{
    ...
}
```

因为受检异常和运行时异常的类都以 Exception 类为祖先，故避免在 catch 块中使用 Exception 类，而是尽可能地捕获具体的异常，且先捕获最具体的。

try-catch 块的语法格式如下：

```
try {
    //此处为抛出具体异常的代码
} catch (ExceptionType1 e) {
    //抛出 ExceptionType1 异常时要执行的代码，可能含有下面这行：
    System.out.println(e.getMessage());
} catch (ExceptionType2 e) {
    //抛出 ExceptionType2 异常时要执行的代码，可能含有下面这行：
    System.out.println(e.getMessage());
...
} catch (ExceptionTypek e) {
    //抛出 ExceptionTypek 异常时要执行的代码，可能含有下面这行：
    System.out.println(e.getMessage());
}finally {
    //必须执行的代码
}
```

其中，ExceptionType1，ExceptionType2，…，ExceptionTypek 是产生的异常类型。根据发生异常所属的类，找到对应的 catch 语句，然后执行其后的语句序列。

虽然在 try 块或 catch 块中再嵌套 try-catch 块是合法的，但应该尽可能地避免写嵌套的 try-catch 块。

不论是否捕获到异常，总要执行 finally 后面的语句。通常，为了统一处理程序出口，可将需公共处理的内容放到 finally 后的代码段中，见例 6-3。

例 6-3 finally 语句示例。

```
try {
    startFaucet();
    waterlawn();
} finally {
    stopFaucet();
}
```

stopFaucet()方法总能被执行。try 后大括号中的代码称为保护代码。如果在保护代码内执行了 System.exit()方法，将不执行 finally 后面的语句，这是不执行 finally 后面语句的唯一一种可能。

6.2.2 再讨论前面的示例

程序 6-2 改写了程序 6-1。在程序中，捕获所发生的异常，将越界的下标重新置回 0，然后让程序继续执行。当然，经过这样的修改以后，程序将无限制地执行下去，进入死循环。

源代码

程序 6-2

```
public class HelloWorld {
    public static void main (String args[]) {
        int i = 0;
        String greetings [] = {
            "Hello world!",
```

```
            "No, I mena it!",
            "HELLO WORLD!!"
        };

        while (i < 4) {
            try {
                System.out.println (greetings[i]);
            } catch (ArrayIndexOutOfBoundsException e) {
                System.out.println("Resetting Index Value");
                i = -1;
            } catch (Exception e) {
                System.out.println(e.toString());
            } finally {
                System.out.println("This is always printed");
            }
            i++;
        } //while 循环结束
    }     //主函数 main()结束
}
```

循环执行时，屏幕上显示的信息如图 6-4 所示。

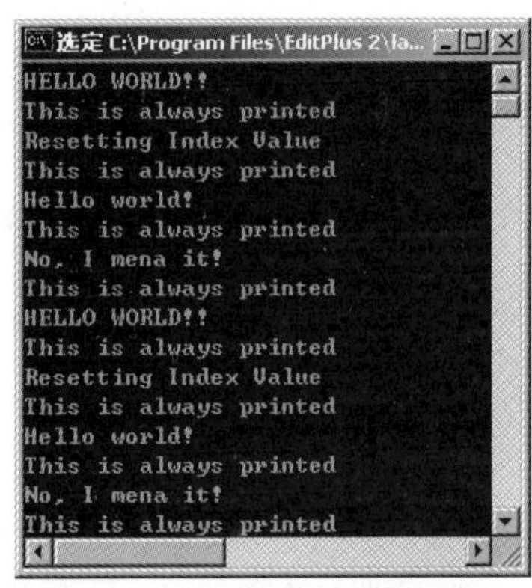

图 6-4 程序 6-2 的运行结果

6.2.3 公共异常

为了方便程序员处理异常，Java 预定义了一些常见异常，最常用到的有如下几个。

1. ArithmeticException

整数除法中，如果除数为 0，则发生该类异常，下面表达式将引发 ArithmeticException 异常：

```
int i = 12 / 0;
```

2. NullPointerException

如果一个对象还没有实例化，那么访问该对象或调用它的方法将导致 NullPointerException 异常。例如：

```
image im [] = new image [4];
System.out.println(im[0].toString());
```

第一行创建了有 4 个元素的数组 im，每个元素是 image 类型，系统为其进行初始化，每个元素中的值为 null，表明它还没有指向任何实例。第二行要访问 im[0]，由于访问的是还没有进行实例化的空引用，因此导致 NullPointerException 异常。

3. NegativeArraySizeException

按常规，数组的元素个数应该是一个大于或等于 0 的整数。创建数组时，如果元素个数是个负数，则会引发 NegativeArraySizeException 异常。

4．ArrayIndexOutOfBoundsException

Java 把数组视为对象，并用 length 变量记录数组的大小。访问数组元素时，运行时环境根据 length 值检查下标大小。若数组下标越界，则导致 ArrayIndexOutOfBoundsException 异常。

5．SecurityException

该类异常一般在浏览器内抛出。若 Applet 试图进行下述操作，则由 SecurityManager 类抛出此异常。

- 访问本地文件。
- 打开一个套接口，而不是返回到提供 Applet 的主机。
- 在运行时环境中运行另一个程序。

除此之外，还有下列常见异常。

6．ArrayStoreException

程序试图访问数组中错误的数据类型。

7．FileNotFoundException

试图访问一个并不存在的文件。

8．IOException

该异常是指通常的 I/O 错误。

6.3 抛出异常

为了鼓励编写健壮的代码，Java 要求，如果一个方法确实引发了一个异常，当然，Error 或 RuntimeException 两类不正常的情况除外，那么在方法中必须写明相应的处理代码。

程序员处理异常有两种方法。一种是使用 try{}、catch(){}块，捕获到所发生的异常类，并进行相应的处理。当然，catch 块可以为空，表示对发生的异常不进行处理。另一种方法是，程序员不在当前方法内处理异常，而是把异常抛出到调用方法中。在不能使用合理的方式解决不正常或意外事件的情形下，才抛出异常。

方法内执行 throw 语句时会抛出一个异常。一般的形式是

```
throw 异常对象;
```

不是使用一条单独的语句创建异常对象，而是在 throw 语句中创建对象，如下面这个例子：

```
throw new IOException();
```

以上语句创建类 IOException 的一个新对象并抛出它。抛出异常时也应该尽可能地具体。

相应地，在说明方法时，要使用如下格式：

访问权限修饰符 返回值类型 方法名（参数列表） throws 异常列表

紧接在关键字 throws 后面的是该方法内可能发生且不进行处理的所有异常列表。各异常之间以逗号分隔。例如：

```
public void troubleSome() throws IOException
```

通常，如果方法引发了异常，而它自己又不处理，就要由其调用者进行处理。

是否抛出异常，需要根据下列情况确定。

- 如果可以通过合理的方式解决不常见的情况，则可能会使用判定语句而不是抛出一个异常。
- 如果针对不正常情况的几种解决办法都可行，且想让方法的调用者选择，则应该抛出一个受检异常。
- 如果其他程序员因为没能正确使用编写的方法而使得代码出错了，则可以抛出一个运行时异常。但是，如果仅为了不让其他程序去处理它，则不应该抛出一个运行时异常。

如果方法内含有一个抛出异常的 throw 语句，则在方法头需要添加一个 throws 子句，而不是在方法体内捕获异常。通常，抛出异常及捕获异常应该在不同的方法内。在方法头中用 Java 保留字 throws 声明这个方法可能抛出的异常。在方法体中用保留字 throw 实际抛出一个异常。这两个保留字不要弄混。

6.4　创建自己的异常

除了使用系统预定义的异常外，用户还可以创建自己的异常。

例如：

```
public class MyException extends Exception {...}
```

注意：用户自定义的所有异常类都必须是 Exception 类的子类。

在程序中发现异常情况时，程序员可以抛出（throw）一个异常实例，将其放到异常队列中去，并激活 Java 的异常处理机制，例如：

```
throw new MyException();
```

程序 6-3　定义自己的异常。

```
class MyException extends Exception {
    private int detail;
```

```
    MyException (int a) {
        detail = a;
    }

    public String toString() {
        return "MyException[ "+ detail + " ] ";
    }
}

class ExceptionDemo {
    static void compute (int a )throws MyException {
        System.out.println("Called compute (" + a + ".");
        if (a>10) throw new MyException (a);
        System.out.println("Normal exit");
    }

    public static void main(String args[]) {
        try {
            compute(1);
            compute(20);
        }catch (MyException e) {
            System.out.println("Exception caught" + e);
        }
    }
}
```

程序 6-3 的运行结果如图 6-5 所示。

图 6-5　程序 6-3 的运行结果

考虑客户端/服务器程序。在客户端代码中，可以尝试与服务器连接，并期望服务器在 5s 内做出响应。如果服务器没有响应，客户端代码就抛出一个异常，用户可以把这个异常定义为 ServerTimedOutException。

例 6-4　异常示例。

```
public void connectMe(String servename) throws ServerTimedOutException {
    int sucess;
    int portToConnect = 80;
    success = open(serveName, portToConnect);
    if (success == -1) {
        throw new ServerTimedOutException();
```

```
    }
}
```

使用 try 语句可捕获该异常：

```
public void findServer(){
    ...
    try {
    connectMe(defaultServer);
    } catch(ServerTimedOutException e) {
        g.drawString("Server timed out, trying alternate", 5, 5);
        try {
            connectMe(alternateServer);
        }catch(ServerTimedOutException e1){
            g.drawString("No server currently available", 5, 5);
        }
    }
    ...
}
```

习　题

6.1 什么是异常？解释“抛出”和“捕获”的含义。

6.2 Java 是如何处理异常的？

6.3 catch 及 try 语句的作用是什么？语法格式如何？

6.4 在什么情况下执行 try 语句中 finally 后面的代码段？什么情况下不执行？试举例说明。

6.5 尝试说出 Java 中常见的几个异常。它们表示什么意思？在什么情况下引起这些异常？

6.6 请看下面的定义：

```
String s = null
(1) if ((s != null) & (s.length() > 0))
(2) if ((s != null) && (s.length() > 0))
(3) if ((s == null) | (s.length() == 0))
(4) if ((s == null) || (s.length() == 0))
```

在上面 4 个语句中，哪个会引起异常？引起的是哪种类型的异常？

6.7 查阅 API 文档，找出数组操作可能引起的异常。

6.8 对程序 5-13 的代码增加异常处理。

第 7 章　Java 语言的高级特性

本章介绍 Java 语言中的一些高级特性，包括泛型、迭代器和克隆。

7.1　泛　　型

在设计类和接口时，需要说明相关的数据类型。Java 语言允许在类或接口的定义中，用一个占位符替代实际类的类型。这个技术称为泛型（generic）。通过使用泛型，可以定义一个类，其对象的数据类型由类的使用者在以后确定。

7.1.1　泛型数据类型

例如，需要定义一个类，其实例保存不同的数据集合。例如，保存整型数、字符串等。为此，必须分别定义保存整型数的类及保存字符串的类，可能还有其他的类。显然，会有很多代码是冗余的。现在，可以使用泛型技术，定义时，不需要指明具体的数据类型，而是使用泛型数据类型替代实际的数据类型，从而定义一个泛型类（generic class）。当使用这个类创建实例时，再根据实际情况选择具体的数据类型。

泛型能让类或接口的设计人员，在类或接口的定义中写一个占位符，而不是写实际类的类型。占位符称为泛型数据类型，也可以简称为泛型或类型参数。这样定义的类或接口，适用性更广。

为了在定义接口或类时建立泛型，可以在定义首行的接口名或类名的后面，写一个尖括号括起的标识符——例如 T。标识符 T 可以是任何的标识符，但通常是单个大写字母。它表示接口或类定义中的一个引用类型。

7.1.2　接口中的泛型

下面以一个示例说明如何使用泛型。

数学中，有序对是一对值 a 和 b，表示为(a, b)，其中(a, b)中的值是有序的，意思是说，如果 a 不等于 b，则(a, b)就不等于(b, a)。例如，二维空间中的一个点由它的 x 坐标和 y 坐标表示，坐标可表示为有序对(x, y)。有序对中的两个数据为同一类型，但这个类型可以是任意的，例如整型、字符串型，甚至对象。

假定，有相同类类型的对象对。可以定义一个接口描述有序对的行为，在其定义中使用泛型。例如，例 7-1 的 Pairable 接口就说明了这样的数对。Pairable 对象含有同一泛型 T 的两个对象。

例 7-1　接口示例。

```
public interface Pairable<T>
{
    public T getFirst();         //得到有序对的第一个值
    public T getSecond();        //得到有序对的第二个值
    public void changeOrder();   //交换两个值的次序
} //end Pairable
```

实现这个接口的类的开头是如下的语句：

```
public class OrderedPair<T> implements Pairable<T>
```

这个例子中，在 implements 子句中传给接口的数据类型是为类声明的泛型 T。通常，可以将实际类的名字传给 implements 子句中出现的接口。

7.1.3　泛型类

实现 Pairable 接口的 OrderedPair 类在例 7-2 中定义。对象对中对象的次序是有关系的。符号<T>接在类头的标识符 OrderedPair 之后。在定义中，T 表示两个私有数据域的数据类型、构造方法的两个参数的数据类型以及 getFirst 和 getSecond 方法的返回类型，以及 changeOrder 方法中局部变量 temp 的数据类型。

例 7-2　OrderedPair 类。

```
//有相同数据类型的对象对的类
public class OrderedPair<T> implements Pairable<T>
{
    private T first, second;

    public OrderedPair(T firstItem, T secondItem)//注：构造方法名后没有<T>
    {
        first = firstItem;
        second = secondItem;
    } //end constructor

    //返回对象对中的第一个值
    public T getFirst()
    {
        return first;
    } //end getFirst

    //返回对象对中的第二个值
    public T getSecond()
    {
        return second;
    } //end getSecond

    //返回表示对象对的一个字符串
    public String toString()
```

```
    {
        return "(" + first + ", " + second + ")";
    } //end toString

    //交换对象对中的两个对象
    public void changeOrder()
    {
        T temp = first;
        first = second;
        second = temp;
    } //end changeOrder
} //end OrderedPair
```

在OrderedPair<T>类的定义中，T是泛型类型参数，<T>跟在类头的标识符OrderedPair之后，但在构造方法名的后面不用写<T>。T可以是数据域、方法参数及局部变量的数据类型，也可以是方法的返回类型。

例如，创建String对象的有序对，可以写如下的语句：

```
OrderedPair<String> fruit = new OrderedPair<>("apple", "banana");
```

现在，OrderedPair定义中作为数据类型出现的T，都将使用String替代。

在Java 7之前，前面这条Java语句都需要写两遍数据类型String，如下所示：

```
OrderedPair<String> fruit = new OrderedPair<String>("apple", "banana");
```

新版本中，简化了这个形式。例如可以将下列语句放在使用fruit对象的程序中：

```
System.out.println(fruit);
fruit.changeOrder();
System.out.println(fruit);
String firstFruit = fruit.getFirst();
System.out.println(firstFruit + " has length " + firstFruit.length());
```

以上语句得到如下输出：

```
(apple, banana)
(banana, apple)
banana has length 6
```

有序对fruit有OrderedPair类的changeOrder和getFirst方法。另外，getFirst返回的对象是String对象，使用length方法可以显示它的长度。需要注意的是，不能将非字符串的对象对赋给fruit对象，例如下面的语句是错误的：

```
fruit = new OrderedPair<Integer>(1, 2);     //错误！类型不兼容
```

虽然不能将OrderedPair<Integer>转为OrderedPair<String>，但是可以创建Integer对象的有序对，如下所示：

```
OrderedPair<Integer> intPair = new OrderedPair<>(1, 2);
System.out.println(intPair);
```

```
    intPair.changeOrder();
    System.out.println(intPair);
```

这几行语句的输出结果如下：

```
    (1, 2)
```

7

义类型参数，但在这个类的方法中需要使用泛型

数 同实用功能的静态方法的类。Java 类库中的 Math

类 generic method）的步骤如下。

在方法头部返回类型的前面。

一般类中使用是一样的，即，或作为返回类型、方

法体内变量的数据类型。

显示有泛型类型项的数组的内容。main()方法调用

di 组，然后再传给它一个字符数组。见程序 7-1。

源代码

```
                 playArray(T[] anArray)

                 Array)

                 rrayEntry);
                  ');

                 ring args[])

                 "apple", "banana", "carrot", "dandelion"};
                 ngArray contains ");
                 ay);

                 rray = {'a', 'b', 'c', 'd'};
                 acterArray contains ");
        displayArray(characterArray);
    } //end main
} //end Example
```

执行程序 7-1，得到的输出如下：

```
stringArray contains apple banana carrot dandelion
characterArray contains a b c d
```

7.2 迭 代 器

迭代器（iterator）是一个能遍历数据集合的对象。在遍历过程中，可以查看数据项、修改数据项、添加数据项及删除数据项。Java 类库中含有多个接口，定义了用于迭代器的方法。下面介绍其中的两个接口 Iterator 和 Iterable，它们来自不同的包，Iterator 属于 java.util 包，而 Iterable 属于 java.lang 包。

7.2.1 迭代器的基本概念

可以将迭代器看作程序组件，它为用户提供了相关的方法，调用这些方法，就可以控制迭代过程。在迭代过程中，可以从第一项开始，一项项地遍历一个数据集合。在一次完整的迭代过程中，每个数据项都被访问一次。另外，还可以在遍历时添加、删除或是简单修改数据集合中的项。

前面已经学习了使用循环访问数组中的每一项的语法，实际上，使用迭代器也可以做到这一点。例如，如果 nameList 是字符串组成的表，则可以写下列的 for 循环显示整个字符串表：

```
int listSize = nameList.getLength();
for (int position = 1; position <= listSize; position++)
    System.out.println(nameList.getEntry(position));
```

Java 类库中的包 java.util 包含两个标准接口，分别是 Iterator 和 ListIterator，我们只介绍前一个。

7.2.2 Iterator 接口

Java 的 java.util.Iterator 接口中使用泛型表示迭代时要处理的项的数据类型。接口中说明了 3 个方法，分别是 hasNext、next 和 remove。hasNext 方法查看迭代器是否有下一项返回。如果有，则 next 返回指向它的引用。remove 方法可以删除调用 next 时最后返回的项，如果不允许迭代器删除，则只需要抛出 UnsupportedOperationException 异常。

如果集合中仍有元素可以迭代，则 hasNext()返回 true。如果 hasNext 返回 true，则 next()方法将迭代器的游标移过下一个元素，并返回指向该元素的引用。如果没有元素了，则抛出 NoSuchElementException 异常。

remove()方法从迭代器指向的集合中删除迭代器返回的最后一个元素，这是一个可选操作。每次调用 next 时只能调用一次本方法。如果进行迭代时调用其他方法修改了该迭代器所指向的集合，则迭代器的行为不确定。

源代码

Java 的 java.util.Iterator 接口的说明如下。

```
package java.util;
public interface Iterator<T>
{
```

```
    /** Detects whether this iterator has completed its traversal
        and gone beyond the last entry in the collection of data.
        @return True if the iterator has another entry to return. */
    public boolean hasNext();  //如果迭代器还没到最后，则返回 true

    /** Retrieves the next entry in the collection and
        advances this iterator by one position.
        @return A reference to the next entry in the iteration,
            if one exists.
        @throws NoSuchElementException if the iterator had reached the
            end already, that is, if hasNext() is false. */
    public T next();           //如果迭代器还没到最后，则返回指向下一项的引用
                               //否则抛出 NoSuchElementException 异常

    /** Removes from the collection of data the last entry that
        next() returned. A subsequent call to next() will behave
        as it would have before the removal.
        Precondition: next() has been called, and remove() has not
        been called since then. The collection has not been altered
        during the iteration except by calls to this method.
        @throws IllegalStateException if next() has not been called, or
            if remove() was called already after the last call to next().
        @throws UnsupportedOperationException if the iterator does
            not permit a remove operation. */
    public void remove();      //可选的方法
} //end Iterator
```

Iterator 接口中提到的所有异常，都是运行时异常，故不需要在任何方法的头部写 throws 子句。另外，当调用这些方法时也不必写 try 和 catch 块。但是，必须从 java.util 包引入 NoSuchElementException。其他的异常在 java.lang 中，因此对它们不需要使用 import 语句。

迭代器中使用游标表示其中的位置。假定，数据集合中含有元素 Apple、Banana、Cherry 和 Durian，则游标可能的位置如图 7-1 所示。

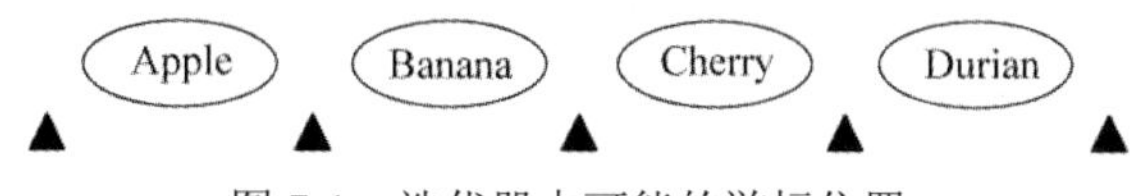

图 7-1　迭代器中可能的游标位置

可以看出，若集合中有 4 个元素，则游标的可能位置有 5 个，分别是第一个元素之前、最后一个元素之后及两个相邻元素之间。

初始时，游标在最前面的一个位置。每执行一次 next()方法，游标移至下一项。当到达最后一个位置时，调用 hasNext()会返回 false。

例 7-3　迭代器方法与游标位置。

假定，迭代器游标的当前位置在 Apple 和 Banana 之间，如图 7-2(a)所示。则执行 next()方法后，游标位置在 Banana 和 Cherry 之间，且 next()方法的返回值是 Banana，如图 7-2(b)所示。

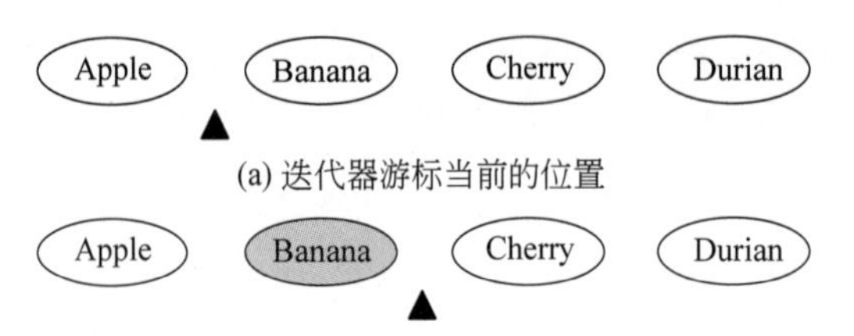

(b) 执行next()方法后的游标位置及方法返回值

图 7-2　迭代器方法与游标位置

重复调用 next 可以在集合中进行遍历。迭代过程中，迭代器返回一项又一项。一旦 next 到达集合中的最后一项，后面再调用它都会引发 NoSuchElementException 异常。

remove 方法删除 next 刚返回的项。例如，在例 7-3 中，如果在 next()方法之后调用 remove()，则将从集合中删除 Banana，不过，游标位置不变，仍在 Cherry 之前。

7.2.3　Iterable 接口

让一个类实现标准接口 java.lang.Iterable，也可以得到迭代器。Iterable 接口仅声明了一个 iterator 方法，它返回一个符合 Iterator 接口的迭代器。java.lang.Iterable 接口如下所示。

```
package java.lang;
public interface Iterable<T>
{
   /** @return An iterator for a collection of objects of type T. */
   Iterator<T> iterator();
} //end Iterable
```

7.2.4　使用迭代器示例

例 7-4　假定，ListInterface 接口派生于 Iterable 接口，且 MyList 类实现了 ListInterface。下列语句创建了一个名字线性表，其中的项是简单的字符串：

```
ListInterface<String> nameList = new MyList<>();
nameList.add("Apple ");
nameList.add("Banana ");
nameList.add("Cherry ");
```

此时，nameList 中含有字符串

```
Apple
Banana
Cherry
```

要得到 nameList 的迭代器，可以调用 nameList 的 iterator()方法，如下所示。

```
Iterator<String> nameIterator = nameList.iterator();
```

迭代器 nameIterator 定位于线性表的第一项之前。可以调用下列方法：

```
nameIterator.hasNext()       //返回 true，因为下一项存在
nameIterator.next()          //返回字符串 Apple 且迭代器前进
nameIterator.next()          //返回字符串 Banana 且迭代器前进
nameIterator.next()          //返回字符串 Cherry 且迭代器前进
nameIterator.hasNext()       //返回 false，因为迭代器已到表尾的后面
nameIterator.next()          //引发异常 NoSuchElementException
```

图 7-3 说明了执行上述语句序列时的情形。

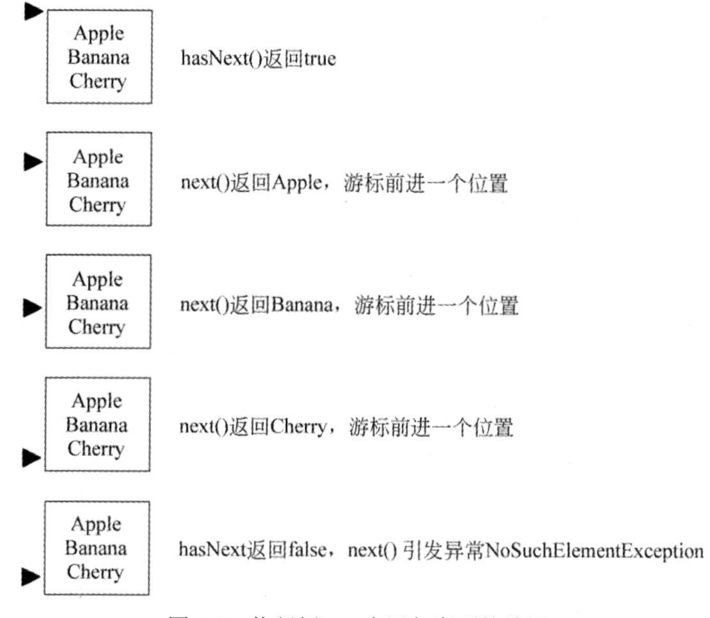

图 7-3　执行例 7-4 中语句序列的结果

例 7-5　显示线性表中的所有项。

可以使用迭代器显示线性表中的所有项，下列语句显示线性表 nameList 中的字符串，一行列出一个字符串：

```
Iterator<String> nameIterator = nameList.iterator();
while(nameIterator.hasNext())
    System.out.println(nameIterator.next());
```

先调用 nameList 的 iterator 方法，创建迭代器对象。得到的迭代器定位于线性表第一项之前，因此，nameIterator.next()将返回第一项，且迭代器前进。如果 hasNext 返回 true，则 next 返回线性表中的下一项且迭代器前进，因此能获取线性表中的每一项并显示出来。

例 7-6　删除线性表中的项。

Iterator 接口提供了从数据集中删除项的操作。删除的这个项是最后一次调用方法 next()时返回的项，因此在调用 remove()之前必须先调用 next()。

如果 nameList 含有字符串 Apple、Banana 和 Cherry，且 nameIterator 由例 7-4 定义，则可以执行下列语句：

```
nameIterator.next()       //返回字符串 Apple 且迭代器前进
```

```
nameIterator.next()      //返回字符串 Banana 且迭代器前进
nameIterator.remove()    //从线性表中删除 Banana
nameIterator.next()      //返回字符串 Chris 且迭代器前进
```

图 7-4 说明了执行上述语句序列时的情形。

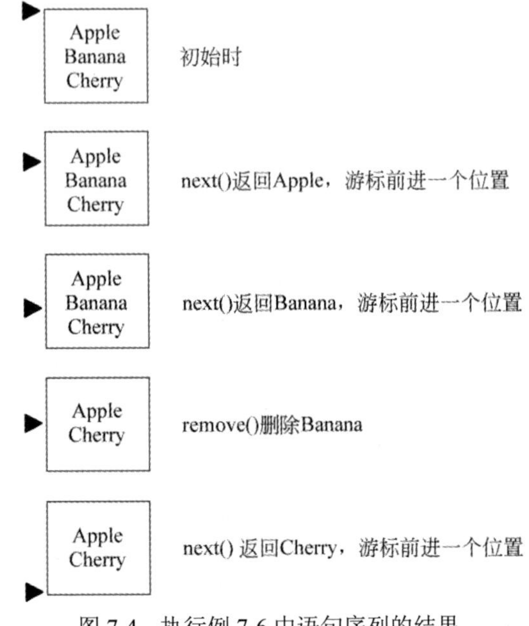

图 7-4　执行例 7-6 中语句序列的结果

注意：调用 remove()之前要先调用 next()。否则，有两种情况会引发 IllegalStateException 异常。例如，已有 nameList 对象，则执行以下语句序列

```
Iterator<String> nameIterator = namelist.iterator();
nameIterator.hasNext();
nameIterator.remove();
```

时，会引发 IllegalStateException，因为在调用 remove()之前没有调用 next()。类似地，换成如下的语句序列：

```
nameIterator.next();
nameIterator.remove();
nameIterator.remove();
```

则第二个 remove 语句会引发 IllegalStateException，因为从最近一次调用 next()后，remove()已被调用过了。

例 7-7　多个迭代器。

假设一个名字列表中，名字之间无序，且有重复的值，现在想统计每个名字出现的次数。此时，可以使用两个迭代器分别进行处理。一个迭代器用来跟踪各个名字，另一个迭代器用来统计当前这个名字在列表中出现的次数。

定义两个迭代器，让nameIterator遍历名字列表。当它指示一个名字时，countingIterator

遍历整个线性表，统计这个名字出现的次数。有下列嵌套的循环，假定 nameList 是名字列表：

源代码

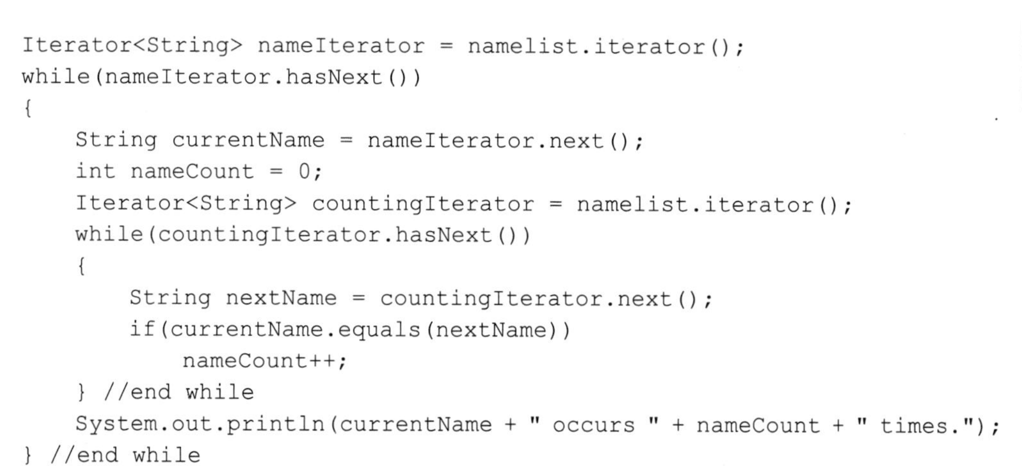

```
Iterator<String> nameIterator = namelist.iterator();
while(nameIterator.hasNext())
{
    String currentName = nameIterator.next();
    int nameCount = 0;
    Iterator<String> countingIterator = namelist.iterator();
    while(countingIterator.hasNext())
    {
        String nextName = countingIterator.next();
        if(currentName.equals(nextName))
            nameCount++;
    } //end while
    System.out.println(currentName + " occurs " + nameCount + " times.");
} //end while
```

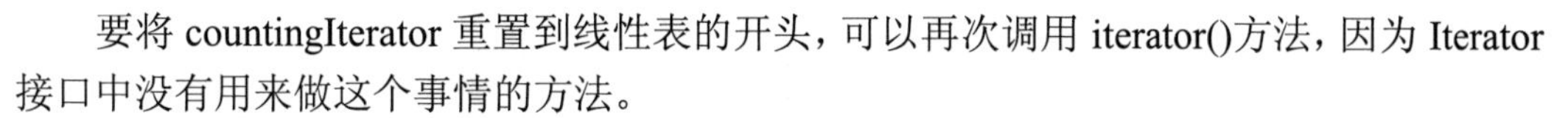

要将 countingIterator 重置到线性表的开头，可以再次调用 iterator()方法，因为 Iterator 接口中没有用来做这个事情的方法。

若 nameList 中含有 Banana、Cherry、Apple、Banana、Cherry、Banana、Cherry、Durian，则这些语句得到下列输出：

```
Banana occurs 1 times.
Cherry occurs 1 times.
Apple occurs 1 times.
Banana occurs 2 times.
Cherry occurs 2 times.
Banana occurs 3 times.
Cherry occurs 3 times.
Durian occurs 1 times.
```

因为名字有重复，因此进行了无意义的重复计算，列出的结果中也有重复。可以使用删除操作，当然这会破坏原来的名字列表，但好处是不必进行重复计算。

```
if (currentName.equals(nextName))
{
    nameCount++;
    if (nameCount > 1)
        countingIterator.remove();
} //end if
```

当 nameCount 大于 1 时，nextName 一定是 countingIterator 迭代器从线性表中获取的超过一次的名字，因此删除那个项，这样 nameIterator 就不会再遇到它。可以通过调用 countingIterator.remove()达到这个目的。然后，countingIterator 迭代器继续处理下一项。

7.2.5 Iterable 和 for-each 循环

实现了接口 Iterable 的类可以使用 for-each 循环，遍历这种类的实例的对象。这是一种便利。例如，假定 nameList 是刚刚创建的线性表类的实例，且类实现了 Iterable 接口。现在给这个空线性表添加 4 个字符串如下：

```
nameList.add("apricot");
nameList.add("blackberry");
nameList.add("carambola");
nameList.add("cumquat");
```

则下列语句

```
for (String name : nameList)
    System.out.print(name + " ");
System.out.println();
```

会得到下列输出：

```
apricot blackberry carambola cumquat
```

7.3 克　　隆

如果类中的数据成员是私有的，一般会在类内提供公有的访问方法。其他的类可以使用这些方法改变类的对象。但有时，类的设计人员并不希望让这些对象被随意改变。

有赋值方法的类的对象称为可变对象，没有赋值方法的类的对象称为不可变对象。

在 Java 中，可以复制对象，称为克隆。通常仅克隆可变对象。

Object 类含有一个保护方法 clone()，它返回对象的复制。方法有如下的方法头：

```
protected Object clone() throws CloneNotSupportedException
```

因为 clone()是保护的，且 Object 是所有其他类的父类，所以任何方法的实现中都可以含有调用：

```
super.clone()
```

但类的用户不能调用 clone()，除非类重写了它且将它声明为公有的。对对象进行复制可能很费时间，故是不是真需要含有 clone()方法，是需要认真考虑的。实际上，并不是所有的类都有一个公有的 clone()方法。大多数类包括只读的类，都没有这个方法。

如果想让一个类含有一个公有的 clone()方法，则这个类必须实现 Java 接口 Cloneable 声明，这个接口位于 Java 类库的 java.lang 包中。这种类有如下的头部：

```
public class MyClass implements Cloneable
{ ...
}
```

Cloneable 接口很简单，如下所示：

```
public interface Cloneable
```

```
{
} //end Cloneable
```

接口中没有声明方法，只专门用来表示实现 Cloneable 的类有 clone()方法。如果在类定义中忘记写 implements Cloneable，然后，使用类的实例又调用了 clone()，就会出现 CloneNotSupportedException 异常。这个结果可能会让人疑惑，特别是在确实实现了 clone()的情况下。

空的 Cloneable 接口不是一个典型的接口。实现它的类表示，它提供了一个公有的 clone()方法。因为 Java 语言提供了 clone()方法的默认实现，故将它放在 Object 类中，而没有放在 Cloneable 接口中。但因为不想让每个类都自动拥有一个公有的 clone()方法，所以 clone()是一个保护方法。

若有如下的 Name 类的定义：

```
public class Name
{
    private String first;                  //first name
    private String last;                   //last name

    public Name()
    {
    } //end default constructor

    public Name(String firstName, String lastName)
    {
        first = firstName;
        last = lastName;
    } //end constructor

    public void setName(String firstName, String lastName)
    {
        setFirst(firstName);
        setLast(lastName);
    } //end setName

    public String getName()
    {
        return toString();
    } //end getName

    public void setFirst(String firstName)
    {
        first = firstName;
    } //end setFirst

    public String getFirst()
    {
        return first;
```

```
    } //end getFirst

    public void setLast(String lastName)
    {
        last = lastName;
    } //end setLast

    public String getLast()
    {
        return last;
    } //end getLast

    public void giveLastNameTo(Name aName)
    {
        aName.setLast(last);
    } //end giveLastNameTo

    public String toString()
    {
        return first + " " + last;
    } //end toString
} //end Name
```

要克隆一个 Name 对象，需要在 Name 类中添加 clone()方法。开始之前，应该在类的首行添加 implements Cloneable，如下所示：

```
public class Name implements Cloneable
```

Name 类内的公有方法 clone()必须执行 super.clone()，调用其父类的 clone()方法。因为 Name 的父类是 Object，因此 super.clone()调用 Object 的保护方法 clone()。Object 的 clone()方法可能会抛出一个异常，所以必须将每个调用包含在一个 try 块中，并写 catch 块处理异常。方法最后的动作应该是返回被克隆的对象。

Name 的 clone()方法如下：

```
public Object clone()
{
    Name theCopy = null;
    try
    {
        theCopy = (Name)super.clone(); //Object 能抛出一个异常
    } catch (CloneNotSupportedException e){
        System.err.println("Name cannot clone: " + e.toString());
    }
    return theCopy;
} //end clone
```

super.clone()返回 Object 的一个实例，故将这个实例转型为 Name。毕竟，我们正在创建一个 Name 对象作为克隆。return 语句按需将 theCopy 隐式转型为 Object。

Object 的 clone()方法能抛出的异常是 CloneNotSupportedException。因为已经为 Name 类写了 clone()方法，所以这个异常永远不会发生。即使这样，当调用 Object 的 clone()方法时，仍必须使用 try 和 catch 块。在 catch 块中不是写 println 语句，而是写更简单的语句：

```
throw new Error(e.toString());
```

当数据域是一个对象时，可以用以下两种办法进行复制。

- 可以复制指向对象的引用，并与克隆共享对象，如图 7-5(a)所示。这个复制称为浅拷贝（shallow copy）；克隆是浅克隆（shallow clone）。
- 可以复制对象本身，如图 7-5(b)所示。这个复制称为深拷贝（deep copy）；克隆是深克隆（deep clone）。

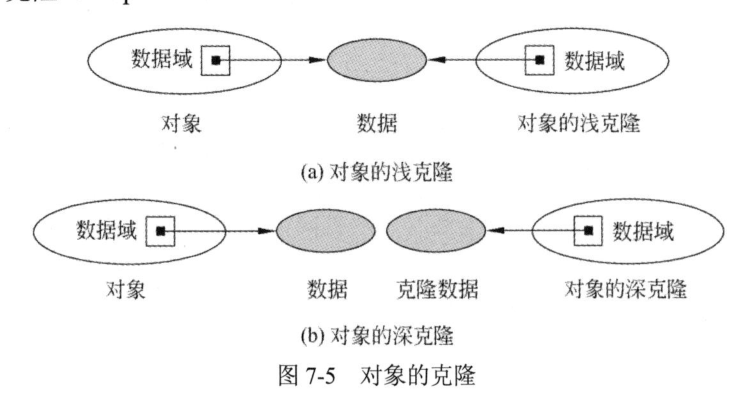

图 7-5　对象的克隆

Object 的 clone()方法返回一个浅克隆。Name 的克隆是浅的。Name 类是 String 的实例。它的数据域为 first 和 last。每个域都含有一个指向字符串的引用。当 clone()调用 super.clone()时，复制的正是这些引用。

例 7-8　有下列语句

```
Name april = new Name("April", "Jones");
Name twin = (Name)april.clone();
```

在上述语句中，克隆 twin 是浅克隆，没有复制姓与名中的字符串，其含义如图 7-6 所示。

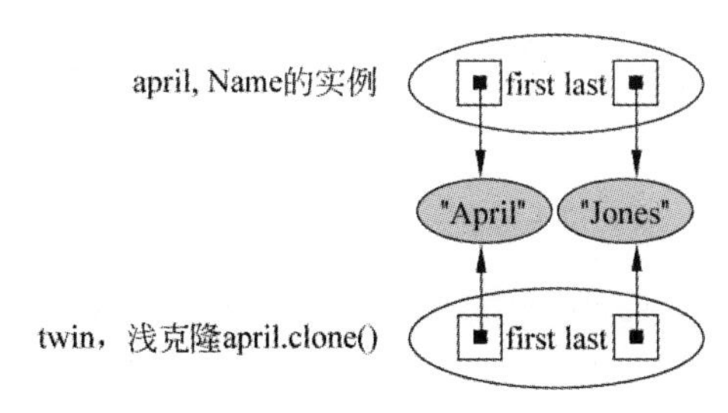

图 7-6　Name 及其浅克隆的示例

浅克隆对于 Name 类来说已经够用了。因为 String 的实例不可变，且没有人能改变字符串，所以让 Name 的实例和其克隆共享相同的字符串不会有问题，与 Java 提供的许多类一样，String 没有 clone()方法。如果要改变克隆的姓，可写语句：

```
twin.setLast("Smith");
```

则 twin 的姓将是 Smith，但 april 仍是 Jones，即 setLast 改变的是 twin 的数据域 last，故它指向另一个字符串 Smith。但它不改变 april 的数据域 last，故 april 的 last 仍指向 Jones，如图 7-7 所示。

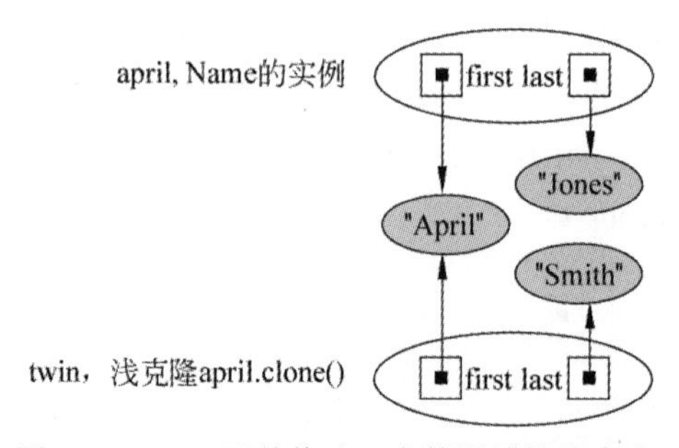

图 7-7　Name 及其修改一个数据域的浅克隆

当一个类使用可变对象作为数据域时，浅克隆是不合适的。克隆对象时，不能简单地复制它们的引用。

现在，若有如下的 Student 类的定义：

```
public class Student implements Cloneable
{
    private Name fullName;
    private String id;              //Identification number

    public Student()
    {
        fullName = new Name();
        id = "";
    } //end default constructor

    public Student(Name studentName, String studentId)
    {
        fullName = studentName;
        id = studentId;
    } //end constructor

    public void setStudent(Name studentName, String studentId)
    {
        setName(studentName);       //或 fullName = studentName;
        setId(studentId);           //或 id = studentId;
    } //end setStudent

    public void setName(Name studentName)
    {
```

```
        fullName = studentName;
    } //end setName

    public Name getName()
    {
        return fullName;
    } //end getName

    public void setId(String studentId)
    {
        id = studentId;
    } //end setId

    public String getId()
    {
        return id;
    } //end getId

    public String toString()
    {
        return id + " " + fullName.toString();
    } //end toString
} //end Student
```

因为 Name 类有 set()方法，故数据域 fullName 是可变对象。我们已经在 Name 类中添加了一个 clone()方法，所以必须在 Student 类的 clone()方法的定义中克隆 fullName。String 是只读类，id 不可变，克隆它没必要。为 Student 类定义一个 clone()方法如下：

源代码

```
public Object clone()
{
    Student theCopy = null;
    try
    {
        theCopy = (Student)super.clone();//Object can throw an exception
    }
    catch (CloneNotSupportedException e)
    {
        throw new Error(e.toString());
    }
    theCopy.fullName = (Name)fullName.clone();
    return theCopy;
} //end clone
```

在调用 super.clone()后，调用 Name 的公有方法 clone()，克隆可变数据域 fullName。后一个调用不需要写在 try 块内。

例 7-9 深克隆与浅克隆示例。

若已有 Student 的实例 s，执行 s.clone()，则表示 fullName 的 Name 对象被复制了，而表示 first 及 last 的字符串及 ID 号都没有被复制。结果如图 7-8 所示。

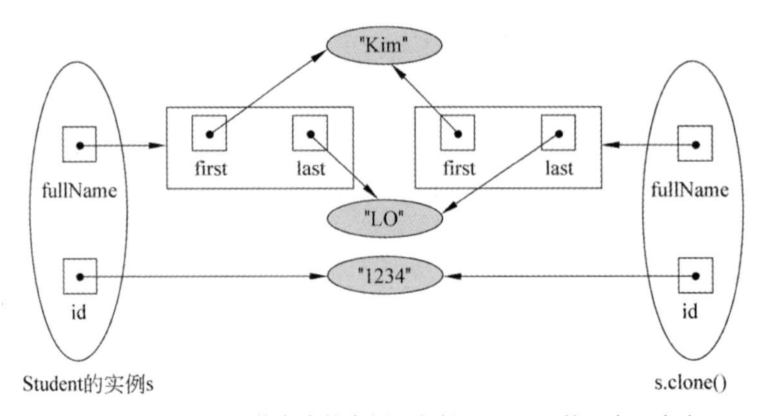

图 7-8　Student 及其克隆的实例，包括 fullName 的一个深克隆

如果没有克隆数据域 fullName，即未写语句：

```
theCopy.fullName = (Name)fullName.clone();
```

则进行的是浅克隆，学生的全名会被原实例及其克隆一起共享。图 7-9 说明了这种情况。

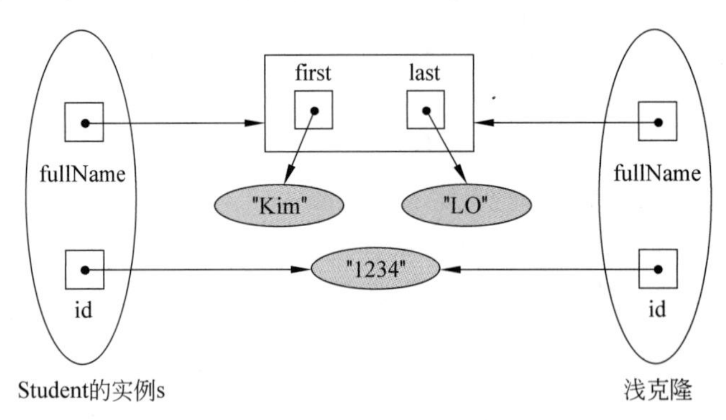

图 7-9　Student 及其浅克隆的实例

总结一下，在每个公有 clone()方法内，一般执行下列任务。

- 写 super.clone()调用父类的 clone()方法。
- 将对 clone()的这个调用包含在 try 块中，并且编写一个 catch 块处理可能的异常 CloneNotSupportedException。如果 super.clone()调用一个公有 clone()方法，则可以跳过这一步。
- 可能的话，克隆 super.clone()返回的对象的可变数据域。
- 返回克隆。

现在定义 Student 类的一个子类 CollegeStudent，如下所示：

源代码

```
public class CollegeStudent extends Student implements Cloneable
{
    private int    year;                 //Year of graduation
    private String degree;               //Degree sought

    public CollegeStudent()
```

```
    {
        super();                            //Must be first
        year = 0;
        degree = "";
        //也可以使用下列语句替换
        //this(studentName, studentId, 0, "");
    } //end default constructor

    public CollegeStudent(Name studentName, String studentId,
                          int graduationYear, String degreeSought)
    {
        super(studentName, studentId); //Must be first
        year = graduationYear;
        degree = degreeSought;
    } //end constructor

    public void setStudent(Name studentName, String studentId,
                           int graduationYear, String degreeSought)
    {
        setName(studentName);          //NOT fullName = studentName;
        setId(studentId);              //NOT id = studentId;
        //或 setStudent(studentName, studentId);

        year = graduationYear;
        degree = degreeSought;
    } //end setStudent

/* < 其他方法的代码，例如 setYear, getYear, setDegree 和 getDegree >
  . . . */

    public String toString()
    {
        return super.toString() + ", " + degree + ", " + year;
    } //end toString
} //end CollegeStudent
```

现在为 CollegeStudent 类添加 clone()方法。CollegeStudent 对象的数据域是基本数据类型的值和不可变对象，故它们不需要被克隆。为 CollegeStudent 添加的 clone()的定义如下：

```
public Object clone()
{
    CollegeStudent theCopy = (CollegeStudent)super.clone();
    return theCopy;
} //end clone
```

该方法必须调用 Student 类的 clone()方法，调用 super.clone()即可。注意，因为 Student 的 clone()方法不抛出异常，所以调用它时不需要 try 块。如果 CollegeStudent 定义了需要克隆的域，则应该在 return 语句之前克隆它们。

习　　题

7.1　什么是泛型？为什么要使用泛型？

7.2　如何借助于泛型定义一个线性表？（注：线性表是由相同类型的对象组成的一个线性结构。）

7.3　像 String 或 Name 这样的类必须定义哪些方法，才能让 OrderedPair 的 toString()方法正常工作？

7.4　考虑 OrderedPair 类。假定没有使用泛型，而是忽略<T>，将私有域、方法参数及局部变量的数据类型声明为 Object 而不是 T。这些修改对类的使用有什么影响？

7.5　能使用 OrderedPair 类，让两个不同及不相关的数据类型的对象配对吗？请解释原因。

7.6　使用 Name 类，写语句，将两名学生组成实验搭档。

7.7　定义泛型方法 swap()，交换给定数组中两个指定位置的对象。

7.8　若集合中含有 4 个元素，则游标的可能位置有几个？分别位于什么位置？使用一个图表示。

7.9　假定有例 7-4 所示的 nameList，其中含有名字 Jamie、Joey 和 Rachel。下列 Java 语句会得到什么输出？

源代码

```
Iterator<String> nameIterator = namelist.iterator();
nameIterator.next();
nameIterator.next();
nameIterator.remove();
System.out.println(nameIterator.hasNext());
System.out.println(nameIterator.next());
```

7.10　假设 nameList 中至少含有 3 个字符串，且 nameIterator 如习题 7.9 中所定义，试写出 Java 语句，显示 nameList 的第 3 项。

7.11　假定 nameList 和 nameIterator 如习题 7.9 和习题 7.10 所给出，试写出语句，显示线性表中的偶数项。即显示第 2 项、第 4 项等。

7.12　假定 nameList 和 nameIterator 如习题 7.9 和习题 7.10 所给出，试写出语句，删除线性表中的所有项。

7.13　试解释什么是克隆、浅克隆及深克隆？

7.14　参照 7.3 节中给出的 Student 类的定义，假定 x 是 Student 类的一个实例，而 y 是它的克隆；即

```
Student y = (Student)x.clone();
```

如果执行下列语句改变 x 的姓：

```
Name xName = x.getName();
xName.setLast("Smith");
```

那么 y 的姓会改变吗？试解释原因。

7.15 在习题 7.14 的基础上，继续回答：如果没在 Student 类的 clone()方法内克隆 fullName，修改 x 的姓也会改变 y 的姓吗？试解释原因。

第 8 章　Java 的图形用户界面设计

图形用户界面（graphical user interface，GUI）是大多数程序不可缺少的部分，Java 的图形用户界面由各种组件（component）构成，在 java.awt 包和 javax.swing 包中定义了多种用于创建图形用户界面的组件类。

8.1　AWT 与 Swing

早期的 JDK 版本中提供了 Java 抽象窗口工具集（abstract window toolkit，AWT），目的是为程序员创建图形用户界面提供支持，但是 AWT 功能有限，因此在后来的 JDK 版本中，又提供了功能更强的 Swing。Swing 属于 Java Foundation Classes（JFC）的一部分，JFC 包含了一组帮助程序员创建图形用户界面的功能。

AWT 组件在 java.awt 包中定义，主要的类与继承关系如图 8-1 所示。Swing 组件在 javax.swing 包中定义，主要的类与继承关系如图 8-2 所示。

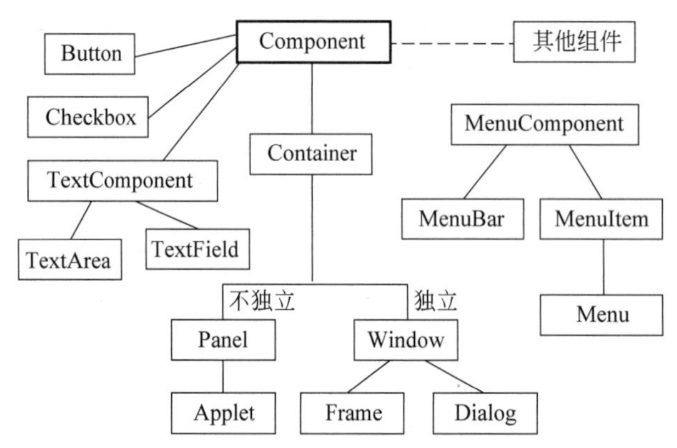

图 8-1　AWT 中主要的类与继承关系

从图 8-1 和图 8-2 可以看到，AWT 和 Swing 包含了部分对应的组件，例如标签和按钮，在 java.awt 包中分别用 Label 和 Button 表示；而在 javax.swing 包中，则用 JLabel 和 JButton 表示，多数 Swing 组件以字母 J 开头。

Swing 组件与 AWT 组件最大的不同是 Swing 组件在实现时不包含任何本地(native)代码,因此 Swing 组件不受硬件平台的限制,而具有更多的功能。不包含本地代码的 Swing 组件被称为“轻量级”（lightweight）组件，包含本地代码的 AWT 组件被称为“重量级”（heavyweight）组件。当“重量级”组件与“轻量级”组件一同使用时，如果组件区域有重叠，则“重量级”组件总是显示在上面，因此这两种组件通常不应一起使用。在 Java 2 平台上推荐使用 Swing 组件。

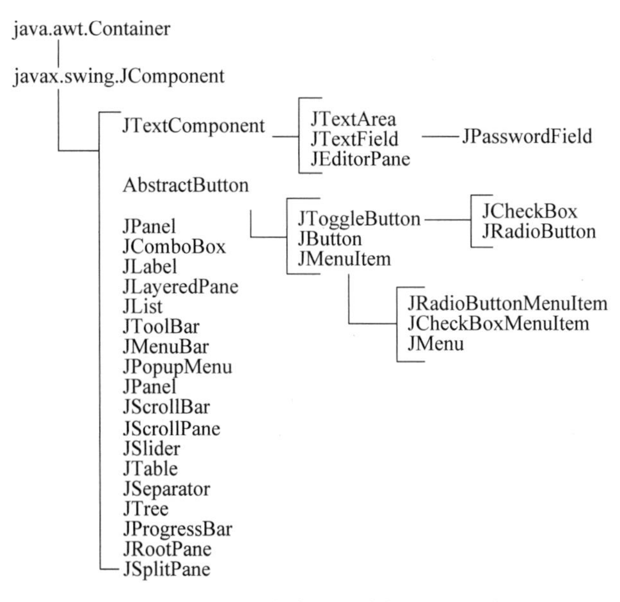

图 8-2 Swing 中主要的类与继承关系

Swing 组件比 AWT 组件拥有更多的功能。例如：Swing 中的按钮和标签不仅可以显示文本信息，还可以显示图标，或同时显示文本和图标；大多数 Swing 组件都可以添加和修改边框（border）；Swing 组件的形状是任意的，而不仅局限于长方形。

Swing 组件的另一个特点是具有状态（state）。例如 JSlider 使用单独的模型（model）保存其状态。JSlider 的状态包括取值范围和当前值，可使用 BoundedRangeModel 保存它的状态。

8.2 容　器

Java 的图形用户界面由组件构成，例如按钮（button）、文本输入框（textfield）、标签（label）等都是组件，其中有一类特殊的组件称为容器（container），例如框架（frame）、面板（panel）等。容器是组件的容器，各种组件（包括某些容器）可以通过 add()方法添加到容器中。

8.2.1 顶层容器

显示在屏幕上的所有组件都必须包含在某个容器中，而有些容器是可以嵌套的。在这个嵌套层次的最外层，必须是一个顶层（top level）容器。Swing 中提供了 4 种顶层容器，分别为 JFrame、JApplet、JDialog 和 JWindow。JFrame 是一个带有标题行和控制按钮（最小化、恢复/最大化、关闭）的独立窗口，创建应用程序时需要使用 JFrame。创建小应用程序时使用 JApplet，它被包含在浏览器窗口中。创建对话框时使用 JDialog。JWindow 是一个不带标题行和控制按钮的窗口，通常很少使用。

8.2.2 使用 JFrame 创建应用程序

程序 8-1 是一个使用 JFrame 创建应用程序的例子，该程序运行之后，将在屏幕上显示一个窗口，如图 8-3 所示，窗口中有一个按钮。

源代码

程序 8-1

```
import java.awt.*;
import javax.swing.*;

public class JFrameDemo {
    public static void main(String s[]) {
        JFrame frame = new JFrame("JFrameDemo"); //创建一个 JFrame 实例
        JButton button = new JButton("Press me");//创建一个 JButton 实例

        //将 JButton 放到 JFrame 的中央
        frame.getContentPane().add(button, BorderLayout.CENTER);

        frame.pack();                               //将 JFrame 设置为适当大小
        frame.setVisible(true);                     //显示 JFrame
    }
}
```

图 8-3　程序 8-1 的运行结果

程序的开始部分引入了需要用到的两个包：

```
import java.awt.*;
import javax.swing.*;
```

创建窗口用到的 JFrame 和 JButton 是在 javax.swing 包中定义的，而 BorderLayout 则在 java.awt 包中定义，因此分别引入了这两个包。在主程序部分首先创建了一个 JFrame 和一个 JButton。JFrame 构造方法的参数指明了窗口的标题，而 JButton 构造方法的参数则指明了按钮上显示的文字：

```
JFrame frame = new JFrame("JFrameDemo");
JButton button = new JButton("Press me");
```

然后，将 JButton 放到 JFrame 的中央：

```
frame.getContentPane().add(button, BorderLayout.CENTER);
```

并为 JFrame 设置适当的大小，最后将其显示到屏幕上。

8.2.3 内容窗格

每个顶层容器（JFrame、JApplet、JDialog 及 JWindow）都有一个内容窗格（content pane），实际上，顶层容器中除菜单之外的组件都放在这个内容窗格中。将组件放入内容窗格，可以使用两种方法，一种是通过顶层容器的 getContentPane()方法获得其默认的内容窗格（注意：getContentPane()方法的返回类型为 java.awt.Container，仍然是容器），然后将组件添加到内容窗格中。例如：

```
Container contentPane = frame.getContentPane();
contentPane.add(button, BorderLayout.CENTER);
```

上面两条语句也可合并为一条：

```
frame.getContentPane().add(button, BorderLayout.CENTER);
```

另一种方法是创建新的内容窗格取代顶层容器默认的内容窗格。通常的做法是，创建一个 JPanel 的实例（它是 java.awt.Container 的子类），然后将组件添加到 JPanel 实例中，再通过顶层容器的 setContentPane()方法将 JPanel 实例设置为新的内容窗格。例如：

```
JPanel contentPane = new JPanel();
contentPane.setLayout(new BorderLayout());
contentPane.add(button, BorderLayout.CENTER);
frame.setContentPane(contentPane);
```

注意：顶层容器默认内容窗格的布局管理器是 BorderLayout，而 JPanel 默认的布局管理器是 FlowLayout，因此可能需要为 JPanel 实例设置一个 BorderLayout 布局管理器。

程序 8-2 采用了上面的第二种方法，其运行结果与程序 8-1 完全相同。

程序 8-2

源代码

```
import java.awt.*;
import javax.swing.*;

public class JFrameDemo2 {
    public static void main(String s[]) {
        JFrame frame = new JFrame("JFrameDemo2");  //创建一个 JFrame 实例
        JButton button = new JButton("Press me");  //创建一个 JButton 实例
        JPanel contentPane = new JPanel();         //创建一个 JPanel 实例

        //为 JPanel 设置 BorderLayout 布局管理器
        contentPane.setLayout(new BorderLayout());

        //将 JButton 放到 JPanel 的中央
        contentPane.add(button, BorderLayout.CENTER);

        //为 JFrame 设置新的内容窗格
        frame.setContentPane(contentPane);
```

```
        frame.pack();                          //将 JFrame 设置到适当的大小
        frame.setVisible(true);                //显示 JFrame
    }
}
```

注意：向顶层容器的内容窗格添加组件时，可以直接调用顶层容器的 add()方法，这与调用内容窗格的 add()方法是等价的。

8.2.4　面板

面板（JPanel）是一种用途广泛的容器，但是与顶层容器不同的是，面板不能独立存在，必须被添加到其他容器内部。面板可以嵌套，由此可以设计出复杂的图形用户界面。

程序 8-3 创建一个黄色面板，通过 add()方法在面板中添加了一个按钮，然后将该面板添加到一个 JFrame 实例中，JFrame 实例的背景被设置为蓝绿色。

源代码

程序 8-3

```
import java.awt.*;
import javax.swing.*;
public class FrameWithPanel {
    public static void main(String args[]) {
        JFrame frame = new JFrame("Frame with Panel");
        Container contentPane = frame.getContentPane();
        contentPane.setBackground(Color.CYAN);//将 JFrame 实例的背景设置为
                                              //蓝绿色

        JPanel panel = new JPanel();          //创建一个 JPanel 实例
        panel.setBackground(Color.yellow); //将 JPanel 实例的背景设置为黄色

        JButton button = new JButton("Press me");
        panel.add(button);                    //将 JButton 实例添加到 JPanel 中

        //将 JPanel 实例添加到 JFrame 的南侧
        contentPane.add(panel, BorderLayout.SOUTH);
        frame.setSize(300,200);
        frame.setVisible(true);
    }
}
```

程序 8-3 的运行结果如图 8-4 所示。

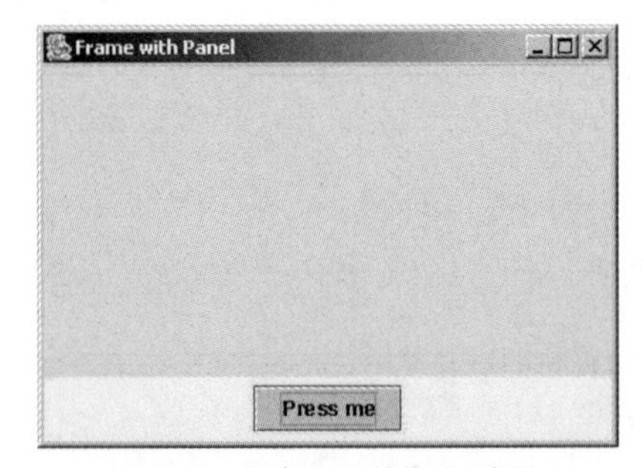

图 8-4　程序 8-3 的运行结果

8.3 布　　局

容器中包含了组件。组件的布局，包括各组件的位置和大小，通常由布局管理器（layout manager）负责安排。每个容器——例如 JPanel 或者顶层容器的内容窗格——都有一个默认的布局管理器，Java 程序的开发者可以通过容器的 setLayout()方法改变容器的布局管理器。

Java 平台提供了多种布局管理器，例如 java.awt.FlowLayout、java.awt.BorderLayout、java.awt.GridLayout、java.awt.GridBagLayout、java.awt.CardLayout、javax.swing.BoxLayout 和 javax.swing.SpringLayout 等，后面将对其中较常用的布局管理器进行介绍。

8.3.1 一个简单的示例

源代码

程序 8-4

```
import java.awt.*;
import javax.swing.*;

public class ExGui {
    private JFrame frame;
    private JButton b1;
    private JButton b2;

    public static void main(String args[]){
        ExGui that = new ExGui();                    //创建一个 ExGui 实例
        that.go();
    }

    public void go(){
        frame = new JFrame("GUI example");           //创建一个 JFrame 实例
        Container contentPane = frame.getContentPane();     //获取内容窗格

        //为内容窗格设置 FlowLayout 布局管理器
        contentPane.setLayout(new FlowLayout());

        b1 = new JButton("Press me");                //创建 JButton 实例
        b2 = new JButton("Don't press Me");

        contentPane.add(b1);                         //添加按钮
        contentPane.add(b2);

        frame.pack();
        frame.setVisible(true);
    }
}
```

下面详细解释这个简单程序中的主要语句和方法。

1．main()方法

在这个例子中，main()方法有两个作用。首先，它创建了一个 ExGui 类的实例，在这个实例创建之前，并没有实际可用的 b1 和 b2 数据项。其次，当 ExGui 实例创建好以后，main()又调用了该实例的 go()方法，在这个方法中，程序的实际功能得以实现。

2．new JFrame("GUI example")

这条语句的功能是创建一个 JFrame 类的实例。JFrame 是一个顶层窗口，它带有标题框（标题由构造方法中的 String 型参数“GUI example”指定），并且可以改变大小。需要注意的是，在刚刚创建时，JFrame 的大小为 0，并且不可见。

3．frame.getContentPane()

这条语句获取 JFrame 实例默认的内容窗格，此后可以修改它的布局管理器，并添加组件。

4．contentPane.setLayout(new FlowLayout())

这条语句创建一个 FlowLayout 型的布局管理器，并通过调用 setLayout()方法将该布局管理器指定给前面已经获得的 JFrame 实例的默认内容窗格。通常情况下，内容窗格的默认布局管理器是 BorderLayout，它负责安排内容窗格中组件的布局，但是在这个例子里，默认的 BorderLayout 型布局管理器并不能满足程序设计的要求，因此创建了这个 FlowLayout 型布局管理器。FlowLayout 布局管理器是 AWT 中最简单的布局管理器，它像在白纸上写字那样一行接一行地在容器中放置组件。默认情况下，如果某行上的组件没有占满整行，则 FlowLayout 布局管理器会将组件居中放置在该行中间。

5．new JButton("Press Me")

这条语句的功能是创建一个 javax.swing.JButton 类的实例，该实例是窗口中的标准按钮，按钮上的标签由构造方法中 String 型参数 Press Me 指定。

6．contentPane.add(b1)

这条语句将按钮组件 b1 添加到内容窗格中，从这一刻起，按钮 b1 的大小和位置便由内容窗格的 FlowLayout 型布局管理器来控制。

7．frame.pack()

这条语句通知框架 frame 设定一个适当的大小，以便能够以“紧缩”的形式包容各个组件。为了做到这一点，frame 需要通知布局管理器，由布局管理器安排每个组件的大小和位置。

8．frame.setVisible(true)

这条语句的功能是使框架 frame 以及它所包含的组件对用户可见，在此之前，框架和组件虽然已经创建好了，但是并没有显示出来。只有调用了 setVisible(true)方法后，它们才变为可见。

程序 8-4 的运行结果如图 8-5 所示。

图 8-5　程序 8-4 的运行结果

8.3.2　FlowLayout 布局管理器

在程序 8-4 中，用到了 FlowLayout 布局管理器。FlowLayout 在 java.awt 包中定义，这个布局管理器对容器中的组件进行布局的方式是将组件逐个放置在容器中的一行上，一行放满后就另起一行。

FlowLayout 有 3 种构造方法：

- public FlowLayout()。
- public FlowLayout(int align)。
- public FlowLayout(int align, int hgap, int vgap)。

默认情况下，FlowLayout 将组件居中放置在容器的某一行上。如果不想采用这种居中对齐的方式，还可以利用 FlowLayout 的构造方法中的 align 选项，将组件的对齐方式设定为左对齐或者右对齐。align 的取值有 FlowLayout.LEFT、FlowLayout.RIGHT 和 FlowLayout.CENTER 这 3 种形式，可分别将组件对齐方式设定为左对齐、右对齐和居中。例如：

```
new  FlowLayout(FlowLayout.LEFT)
```

这条语句创建了一个使用左对齐方式的 FlowLayout 的实例。

此外，FlowLayout 的构造方法中还有一对可选项 hgap 和 vgap，使用这对可选项可以设定组件的水平间距和垂直间距。

与其他布局管理器不同的是，FlowLayout 布局管理器不强行设定组件的大小，而是允许组件拥有各自希望的尺寸。

注意：每个组件都有一个 getPreferredSize()方法，容器的布局管理器会调用这一方法取得每个组件希望的大小。

下面是几个使用 setLayout()方法实现 FlowLayout 的例子：

```
setLayout(new  FlowLayout(FlowLayout.RIGHT,20,40));
setLayout(new  FlowLayout(FlowLayout.LEFT));
setLayout(new  FlowLayout());
```

程序 8-5 使用 FlowLayout 管理 JFrame 中的若干个按钮。

源代码

程序 8-5

```
import java.awt.*;
import javax.swing.*;

public class FlowLayoutDemo {
    private JFrame frame;
    private JButton button1,button2,button3;

    public static void main(String args[]) {
        FlowLayoutDemo that = new FlowLayoutDemo ();
        that.go();
    }

    public void go() {
        frame = new JFrame("Flow Layout");
        Container contentPane = frame.getContentPane();

        //为内容窗格设置 FlowLayout 布局管理器
        contentPane.setLayout(new FlowLayout());

        button1 = new JButton("Ok");
        button2 = new JButton("Open");
        button3 = new JButton("Close");

        contentPane.add(button1);
        contentPane.add(button2);
        contentPane.add(button3);

        frame.setSize(200,100);
        frame.setVisible(true);
    }
}
```

程序 8-5 的运行结果如图 8-6(a)所示。如果改变 Frame 的大小，Frame 中组件的布局也会随之改变，如图 8-6(b)、图 8-6(c)所示。

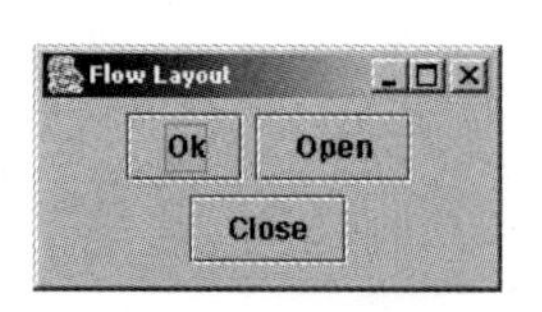

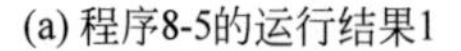

(a) 程序8-5的运行结果1

(b) 程序8-5的运行结果2

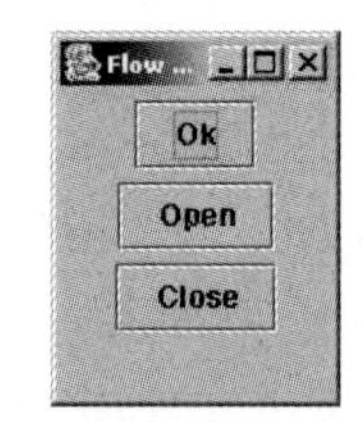

(c) 程序8-5的运行结果3

图 8-6　程序 8-5 的运行结果

8.3.3　BorderLayout 布局管理器

BorderLayout 是顶层容器中内容窗格的默认布局管理器，它提供了一种较为复杂的组件布局管理方案，每个由 BorderLayout 管理的容器被划分成北（North）、南（South）、西（West）、东（East）、中（Center）共 5 个区域，分别代表容器的上、下、左、右和中部，分别用常量 BorderLayout.NORTH、BorderLayout.SOUTH、BorderLayout.WEST、BorderLayout.EAST 和 BorderLayout.CENTER 表示，在容器的每个区域，可以加入一个组件。

BorderLayout 在 java.awt 包中定义，BorderLayout 布局管理器有两种构造方法：

- public BorderLayout()。
- public BorderLayout(int hgap, int vgap)。

前者构造一个各部分间距为 0 的 BorderLayout 实例，后者构造一个各部分间距为指定间距的 BorderLayout 实例。

在 BorderLayout 布局管理器的管理下，组件必须通过 add()方法加入容器中的指定区域。例如，下面的语句将一个按钮添加到框架的南部：

```
frame = new  JFrame("Frame Title");
button = new  JButton("Press Me");
frame.getContentPane().add(button, BorderLayout.SOUTH);
```

最后一行语句也可以写成：

```
frame.getContentPane().add(button, "South");
```

注意：区域的名称和字母的大小写一定要书写正确。

如果在 add()方法中没有指定将组件放到哪个区域，那么就会被默认地放置在 Center 区域。例如：

```
frame.getContentPane().add(button);
```

按钮将被放在框架的中部。

在容器的每个区域，只能加入一个组件。如果试图向某个区域中加入多个组件，那么只有最后一个组件是有效的。例如：

```
frame. getContentPane().add(new  JButton("buttonA"), BorderLayout.SOUTH);
frame. getContentPane().add(new  JButton("buttonB"), BorderLayout.SOUTH);
frame. getContentPane().add(new  JButton("buttonC"), BorderLayout.SOUTH);
```

最后只有 buttonC 在 South 区域显示。

如果确实希望在某个区域显示多个组件，可以首先在该区域放置一个内部容器——JPanel 组件，然后将所需的多个组件放到 JPanel 中，通过内部容器的嵌套构造复杂的布局。

在 East、South、West 和 North 这 4 个边界区域中，如果某个区域没有使用，那么它的大小将变为零，此时 Center 区域将会扩展并占据这个未用区域的位置。如果 4 个边界区域均没有使用，则 Center 区域将会占据整个窗口。

程序 8-6 使用了 BorderLayout 布局管理器，并说明了这种布局管理器的使用方法和特点。

源代码

程序 8-6

```
import java.awt.*;
import javax.swing.*;

public class BorderLayoutDemo {
    private JFrame frame;
    private JButton be,bw,bn,bs,bc;

    public static void main(String args[]) {
        BorderLayoutDemo that = new BorderLayoutDemo();
        that.go();
    }

    void go() {
        frame = new JFrame("Border Layout");
        be = new JButton("East");
        bs = new JButton("South");
        bw = new JButton("West");
        bn = new JButton("North");
        bc = new JButton("Center");

        frame.getContentPane().add(be,BorderLayout.EAST);//添加按钮到东部
        frame.getContentPane().add(bs,BorderLayout.SOUTH);//添加按钮到南部
        frame.getContentPane().add(bw,BorderLayout.WEST);//添加按钮到西部
        frame.getContentPane().add(bn,BorderLayout.NORTH);//添加按钮到北部
        frame.getContentPane().add(bc,BorderLayout.CENTER);//添加按钮到中部

        frame.setSize(350,200);
        frame.setVisible(true);
    }
}
```

程序 8-6 的运行结果如图 8-7 所示。当窗口大小改变时，窗口中按钮的相对位置并不会发生变化，但按钮的大小会改变。

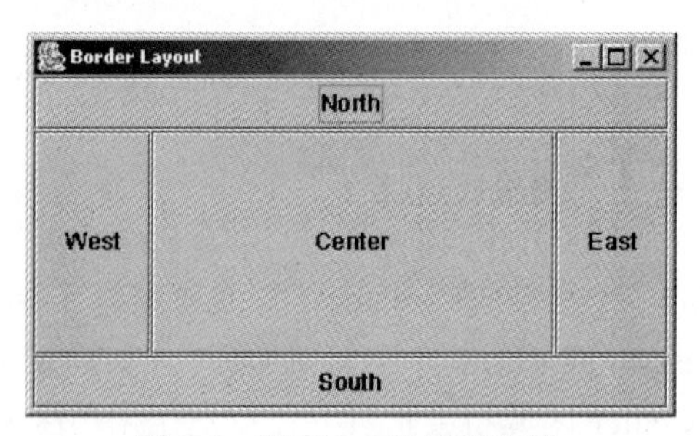

图 8-7　程序 8-6 的运行结果

8.3.4　GridLayout 布局管理器

GridLayout 是一种网格式的布局管理器，它将容器空间划分成若干行乘若干列的网

格，并将组件依次放入其中，每个组件占据一格。

GridLayout 定义在 java.awt 包中，有 3 种构造方法，分别是：

- public GridLayout()。
- public GridLayout(int rows, int cols)。
- public GridLayout(int rows, int cols, int hgap, int vgap)。

第 1 种不带参数的构造方法创建一个只有一行的网格，网格的列数根据实际需要而定。第 2 种和第 3 种构造方法中的 rows 和 cols 两个参数分别指定网格的行数和列数，例如使用 new GridLayout(3, 2)可以创建一个 3 行 2 列的布局管理器。rows 和 cols 中的一个值可以为 0，但是不能两个都是 0。如果 rows 为 0，那么网格的行数将根据实际需要而定；如果 cols 为 0，那么网格的列数将根据实际需要而定。第 3 种构造方法中的 hgap 和 vgap 分别表示网格间的水平间距和垂直间距。

程序 8-7 是一个使用 GridLayout 布局管理器的示例，程序 8-7 的运行结果如图 8-8 所示。

程序 8-7

源代码

```
import java.awt.*;
import javax.swing.*;

public class GridLayoutDemo {
    private JFrame frame;
    private JButton b1,b2,b3,b4,b5,b6;

    public static void main(String args[]) {
        GridLayoutDemo that = new GridLayoutDemo();
        that.go();
    }

    void go() {
        frame = new JFrame("Grid  example");
        Container contentPane = frame.getContentPane();

        //为内容窗格设置 3 行 2 列的 GridLayout 布局管理器
        contentPane.setLayout(new GridLayout(3,2));

        b1 = new JButton("grid_1");
        b2 = new JButton("grid_2");
        b3 = new JButton("grid_3");
        b4 = new JButton("grid_4");
        b5 = new JButton("grid_5");
        b6 = new JButton("grid_6");

        //添加按钮
        contentPane.add(b1);
        contentPane.add(b2);
        contentPane.add(b3);
        contentPane.add(b4);
```

```
        contentPane.add(b5);
        contentPane.add(b6);

        frame.pack();
        frame.setVisible(true);
    }
}
```

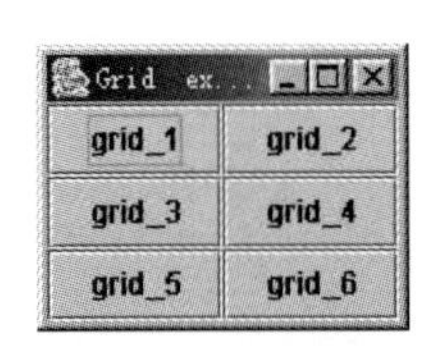

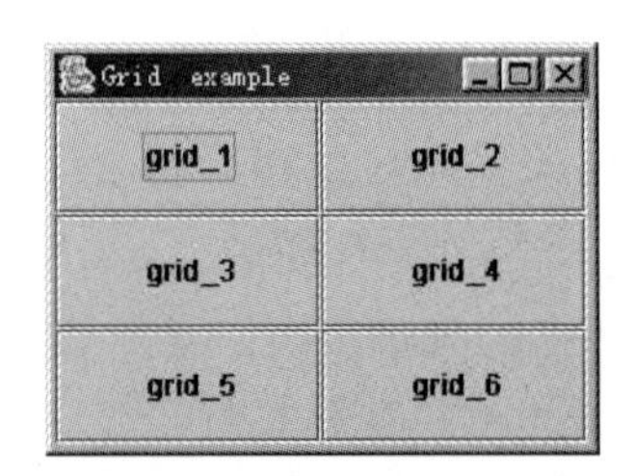

图 8-8　程序 8-7 的运行结果

从图 8-8 可以看出，网格每列的宽度都是相同的，这个宽度大致等于容器的宽度除以网格的列数；网格每行的高度也是相同的，其值大致等于容器的高度除以网格的行数。组件被放入容器的次序决定了它所占据的位置。每行网格从左至右依次填充，一行用完之后转入下一行。与 BorderLayout 布局管理器类似，当容器的大小改变时，GridLayout 所管理的组件的相对位置不会发生变化，但组件的大小会随之改变。

8.3.5　CardLayout 布局管理器

CardLayout 也是在 java.awt 包中定义的布局管理器，它是一种卡片式布局管理器，将容器中的组件处理为一系列卡片，每一时刻只显示出其中的一张。

CardLayout 有两种构造方法，分别是：

- public CardLayout()。
- public CardLayout(int hgap, int vgap)。

第一种不带参数，创建一个新的卡片式布局管理器，间距为 0。第二种创建的卡片式布局管理器带有指定的水平间距和垂直间距，水平间距是指卡片与窗口左、右边界的距离，垂直间距是指卡片与窗口上、下边界的距离。

程序 8-8 是一个简单的使用 CardLayout 的实例。在这个例子中，首先为 JFrame 实例的内容窗格指定了一个 CardLayout 类型的布局管理器，然后向其中加入了 5 张卡片，每张卡片都是一个 JPanel 类的实例，并且具有不同的背景色。每当在程序窗口单击鼠标，下一张卡片就会显示出来。

源代码

程序 8-8

```
import java.awt.*;
import java.awt.event.*;
import javax.swing.*;

public class CardLayoutDemo extends MouseAdapter {
    JPanel p1,p2,p3,p4,p5;
```

```
JLabel l1,l2,l3,l4,l5;

//声明一个 CardLayout 对象
CardLayout myCard;
JFrame frame;
Container contentPane;

public static void main (String args[]) {
    CardLayoutDemo that = new CardLayoutDemo();
    that.go();
}

public void go() {
    frame = new JFrame ("Card Test");
    contentPane = frame.getContentPane();
    myCard = new CardLayout();

    //设置 CardLayout 布局管理器
    contentPane.setLayout(myCard);

    p1 = new JPanel();
    p2 = new JPanel();
    p3 = new JPanel();
    p4 = new JPanel();
    p5 = new JPanel();

    //为每个 JPanel 创建一个标签并设定不同的背景颜色，以便于区分
    l1 = new JLabel("This is the first JPanel");
    p1.add(l1);
    p1.setBackground(Color.yellow);

    l2 = new JLabel("This is the second JPanel");
    p2.add(l2);
    p2.setBackground(Color.green);

    l3 = new JLabel("This is the third JPanel");
    p3.add(l3);
    p3.setBackground(Color.magenta);

    l4 = new JLabel("This is the fourth JPanel");
    p4.add(l4);
    p4.setBackground(Color.white);

    l5 = new JLabel("This is the fifth JPanel");
    p5.add(l5);
    p5.setBackground(Color.cyan);

    //设定鼠标事件的监听程序
    p1.addMouseListener(this);
    p2.addMouseListener(this);
```

```
        p3.addMouseListener(this);
        p4.addMouseListener(this);
        p5.addMouseListener(this);

        //将每个 JPanel 作为一张卡片加入 frame 的内容窗格
        contentPane.add(p1, "First");  //"First"是 p1 的名字
        contentPane.add(p2, "Second"); //"Second"是 p2 的名字
        contentPane.add(p3, "Third");  //"Third"是 p3 的名字
        contentPane.add(p4, "Fourth"); //"Fourth"是 p4 的名字
        contentPane.add(p5, "Fifth");  //"Fifth"是 p5 的名字

        //显示第一张卡片
        myCard.show(contentPane, "First"); //显示名为 First 的卡片
        frame.setSize(300, 200);
        frame.setVisible(true);
    }

        //处理鼠标事件，每当单击鼠标时，即显示下一张卡片
        //如果已经显示到最后一张，则重新显示第一张
    public void mouseClicked(MouseEvent e) {
        myCard.next(contentPane);
    }
}
```

程序 8-8 的运行结果如图 8-9 所示。

如果是这样设置的布局管理器：myCard = new CardLayout(10,20);，则每张卡片的外围会有一圈空白，左右都是 10 像素，上下均为 20 像素。变化窗口大小时，空白的大小不变化。

注意：在 javax.swing 包中定义了 JTabbedPane 类,它的使用效果与 CardLayout 类似,但更为简单。

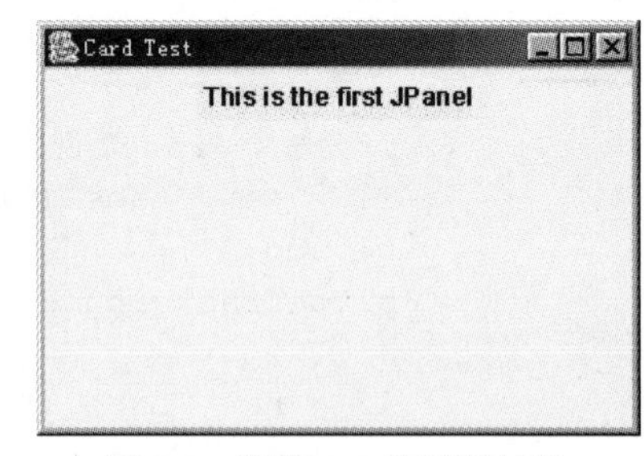

图 8-9　程序 8-8 的运行结果

8.3.6　BoxLayout 布局管理器

BoxLayout 是在 javax.swing 包中定义的布局管理器，它将容器中的组件按水平方向排成一行或按垂直方向排成一列。当组件排成一行时，每个组件可以有不同的宽度；当组件排成一列时，每个组件可以有不同的高度。

BoxLayout 构造方法的格式为

```
BoxLayout(Container target,int axis)
```

其中，Container 型参数 target 指明是为哪个容器设置此 BoxLayout 布局管理器，int 型参数 axis 指明组件的排列方向，通常使用的是常量 BoxLayout.X_AXIS 或 BoxLayout.Y_ AXIS，分别表示按水平方向排列或按垂直方向排列。

程序 8-9 是一个使用 BoxLayout 的例子，其中使用了两个 JPanel 容器，它们的布局

管理器分别为垂直和水平方向的 BoxLayout。JPanel 容器中加入了若干标签和按钮，并被添加到 frame 内容窗格的中部和南部，程序 8-9 运行结果如图 8-10 所示。当容器的大小改变时，组件的相对位置不会发生变化。

源代码

程序 8-9

```
import java.awt.*;
import javax.swing.*;

public class BoxLayoutDemo {
    private JFrame frame;
    private JPanel pv,ph;

    public static void main(String args[]) {
        BoxLayoutDemo that = new BoxLayoutDemo();
        that.go();
    }

    void go() {
        frame = new JFrame("Box Layout example");
        Container contentPane = frame.getContentPane();

        pv = new JPanel();
        //将 pv 的布局管理器设置为垂直方向的 BoxLayout
        pv.setLayout(new BoxLayout(pv,BoxLayout.Y_AXIS));

        //为 pv 添加标签 label
        pv.add(new JLabel("  Monday"));
        pv.add(new JLabel("  Tuesday"));
        pv.add(new JLabel("  Wednesday"));
        pv.add(new JLabel("  Thursday"));
        pv.add(new JLabel("  Friday"));
        pv.add(new JLabel("  Saturday"));
        pv.add(new JLabel("  Sunday"));

        //将 pv 添加到内容窗格的中部
        contentPane.add(pv, BorderLayout.CENTER);

        ph = new JPanel();
        //将 ph 的布局管理器设置为水平方向的 BoxLayout
        ph.setLayout(new BoxLayout(ph, BoxLayout.X_AXIS));

        //为 ph 添加按钮
        ph.add(new JButton("Yes"));
        ph.add(new JButton("No"));
        ph.add(new JButton("Cancel"));

        //将 ph 添加到内容窗格的南部
        contentPane.add(ph,BorderLayout.SOUTH);
```

```
            frame.pack();
            frame.setVisible(true);
        }
    }
```

图 8-10　程序 8-9 的运行结果

在 javax.swing 包中定义了一个专门使用 BoxLayout 的特殊容器——Box 类，Box 类中提供了创建 Box 实例的静态方法：

- public static Box createHorizontalBox()。
- public static Box createVerticalBox()。

前者使用水平方向的 BoxLayout，后者使用垂直方向的 BoxLayout。使用 Box 容器，程序 8-9 可改写为程序 8-10 的形式，运行结果相同。

源代码

程序 8-10

```
import java.awt.*;
import javax.swing.*;

public class BoxDemo {
    private JFrame frame;
    private Box bv,bh;

    public static void main(String args[]) {
        BoxDemo that = new BoxDemo();
        that.go();
    }

    void go() {
        frame = new JFrame("Box Layout example");
        Container contentPane = frame.getContentPane();

        //创建使用垂直方向 BoxLayout 的 Box 实例
        bv = Box.createVerticalBox();

        bv.add(new JLabel("  Monday"));
        bv.add(new JLabel("  Tuesday"));
        bv.add(new JLabel("  Wednesday"));
        bv.add(new JLabel("  Thursday"));
        bv.add(new JLabel("  Friday"));
        bv.add(new JLabel("  Saturday"));
        bv.add(new JLabel("  Sunday"));
```

```
        contentPane.add(bv, BorderLayout.CENTER);

        //创建使用水平方向 BoxLayout 的 Box 实例
        bh = Box.createHorizontalBox();
        bh.add(new JButton("Yes"));
        bh.add(new JButton("No"));
        bh.add(new JButton("Cancel"));

        contentPane.add(bh,BorderLayout.SOUTH);

        frame.pack();
        frame.setVisible(true);
    }
}
```

除了创建 Box 实例的静态方法之外，Box 类中还提供了一些创建不可见（invisible）组件的方法。例如：

- public static Component createHorizontalGlue()。
- public static Component createVerticalGlue()。
- public static Component createHorizontalStrut(int width)。
- public static Component createVerticalStrut(int height)。
- public static Component createRigidArea(Dimension d)。

这些不可见组件可以增加可见组件之间的距离，程序 8-11 演示了 Glue、Strut 及 RigidArea 的效果，如图 8-11 所示。

程序 8-11

源代码

```
import java.awt.*;
import javax.swing.*;

public class GlueAndStrut {
    private JFrame frame;
     private Box b1,b2,b3,b4;

    public static void main(String args[]) {
        GlueAndStrut that = new GlueAndStrut();
        that.go();
    }

    void go() {
        frame = new JFrame("Glue And Strut example");
        Container contentPane = frame.getContentPane();
        contentPane.setLayout(new GridLayout(4, 1));

        b1 = Box.createHorizontalBox();
        b1.add(new JLabel("Box 1:  "));
        b1.add(new JButton("Yes"));
```

```
        b1.add(new JButton("No"));
        b1.add(new JButton("Cancel"));

        b2 = Box.createHorizontalBox();
        b2.add(new JLabel("Box 2:  "));
        b2.add(new JButton("Yes"));
        b2.add(new JButton("No"));
        b2.add(Box.createHorizontalGlue());
        b2.add(new JButton("Cancel"));

        b3 = Box.createHorizontalBox();
        b3.add(new JLabel("Box 3:  "));
        b3.add(new JButton("Yes"));
        b3.add(new JButton("No"));
        b3.add(Box.createHorizontalStrut(20));
        b3.add(new JButton("Cancel"));

        b4 = Box.createHorizontalBox();
        b4.add(new JLabel("Box 4:  "));
        b4.add(new JButton("Yes"));
        b4.add(new JButton("No"));
        b4.add(Box.createRigidArea(new Dimension(50, 90)));
        b4.add(new JButton("Cancel"));

        contentPane.add(b1);
        contentPane.add(b2);
        contentPane.add(b3);
        contentPane.add(b4);

        frame.setSize(300, 200);
        frame.setVisible(true);
    }
}
```

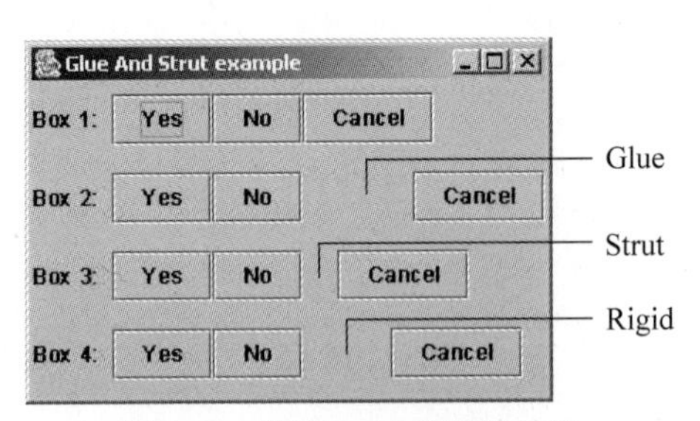

图 8-11　程序 8-11 的运行结果

如图 8-11 所示，Box 1 是没有添加不可见组件时的形式，Box 2、Box 3 和 Box 4 是分别添加了不可见组件 Glue、Strut 和 Rigid 之后的形式，可以看出，Glue 将填满所有剩余水平（或垂直）空间，Strut 和 Rigid 则具有指定的宽度（或高度）。

8.3.7 其他布局管理器

除了前面介绍的 FlowLayout、BorderLayout、GridLayout、CardLayout 和 BoxLayout 等 5 种布局管理器之外，java.awt 中还定义了 GridBagLayout 布局管理器。这种布局管理器以网格为基础，允许组件使用最适当的大小，既可以占多行，也可以占多列，各组件可以有不同的高度和宽度。javax.swing 中还定义了 SpringLayout 等布局管理器，可以进行更灵活的设置。

Java 2 平台提供的布局管理器已经可以满足大多数情况下的需要，在特殊场合，也可以不使用布局管理器，而通过数值指定组件的位置和大小。这时，首先需要调用容器的 setLayout(null)将布局管理器设置为空，然后调用组件的 setBounds()方法设置组件的位置和大小，setBounds()方法的格式为

```
setBounds(int x,int y,int width,int height)
```

其中，前两个 int 型参数设置组件的位置，后两个 int 型参数设置组件的宽度和高度。程序 8-12 是一个不使用布局管理器的例子，该程序的运行结果如图 8-12 所示。当改变窗口大小时，组件的位置和大小都不改变。

程序 8-12

源代码

```
import java.awt.*;
import javax.swing.*;

public class NullLayoutDemo {
    private JFrame frame;
    private JButton b1, b2, b3;

    public static void main(String args[]) {
        NullLayoutDemo that = new NullLayoutDemo();
        that.go();
    }

    void go() {
        frame = new JFrame("Null Layout example");
        Container contentPane = frame.getContentPane();

        //设置布局管理器为 null
        contentPane.setLayout(null);

        //添加按钮
        b1 = new JButton("Yes");
        contentPane.add(b1);
        b2 = new JButton("No");
        contentPane.add(b2);
        b3 = new JButton("Cancel");
        contentPane.add(b3);
```

```
        //设置按钮的位置和大小
        b1.setBounds(30, 15, 75, 20);
        b2.setBounds(60, 60, 75, 50);
        b3.setBounds(160, 20, 75, 30);

        frame.setSize(300, 200 );
        frame.setVisible(true);
    }
}
```

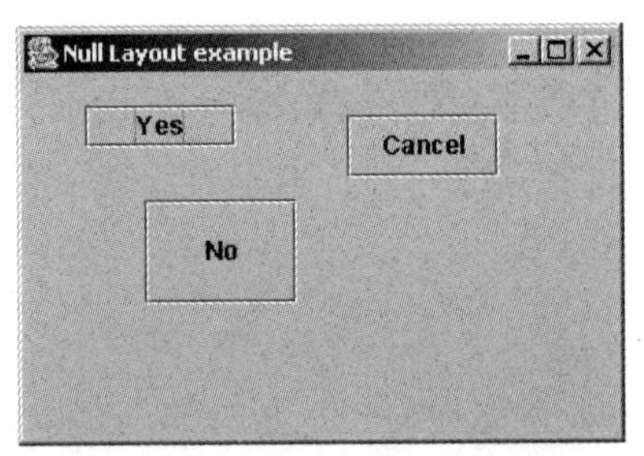

图 8-12　程序 8-12 的运行结果

8.4　事 件 处 理

8.4.1　事件处理模型

在 Java 应用程序或者 Applet 运行时，如果用户进行某个操作，例如单击鼠标或者输入字符，程序应当做出适当响应。用户在程序界面所进行的操作称为用户事件（Event）。Java 中定义了很多事件类，用于描述不同的用户行为，例如代表鼠标事件的 MouseEvent 类和代表键盘事件的 KeyEvent 类等。

每当用户在组件上进行某种操作，事件处理系统便会生成一个事件类对象。例如，用户用鼠标单击按钮，事件处理系统便会生成一个代表此事件的 ActionEvent 事件类对象。用户的操作不同，事件类对象也会不同。

每类事件对应一个监听程序接口，它规定了接收并处理该类事件的方法的规范。例如对应 ActionEvent 事件，有 ActionListener 接口：

```
public interface ActionListener extends EventListener {
    public void actionPerformed(ActionEvent e);
}
```

该接口中只定义了一个方法，即 actionPerformed()。当出现 ActionEvent 事件时，该方法将会被调用。

为了接收并处理某类用户事件，组件必须注册相应的事件处理程序。这种事件处理程序称为事件的监听程序（Listener），也称为侦听程序。它是实现了对应监听程序接口的一个类。例如，为了处理按钮上的 ActionEvent 事件，需要定义一个实现 ActionListener 接口的监听程序类。

每个组件都有若干个形如 addXxxListener(XxxListener)的方法，通过这类方法，可以为组件注册事件监听程序。例如，在 JButton 类中有如下方法：

```
public void addActionListener(ActionListener l)
```

该方法可为 JButton 组件注册 ActionEvent 事件监听程序，方法的参数应该是一个实现了 ActionListener 接口的类的实例。

程序 8-13 是一个 ActionEvent 事件处理的例子，在这个程序中用到一个带单个按钮的框架，按钮组件注册了一个 ButtonHandler 对象作为 ActionEvent 事件的监听程序，而 ButtonHandler 类实现了 ActionListener 接口，在该类的 actionPerformed()方法中给出了 ActionEvent 事件是如何处理的。当用户单击按钮时，产生 ActionEvent 事件，该方法将会被调用。

程序 8-13

源代码

```
import java.awt.*;
import javax.swing.*;

public class ActionEventDemo {
    public static void main(String args[]) {
        JFrame frame = new JFrame ("ActionEvent Demo");
        JButton b = new JButton("Press me");

        //注册事件监听程序
        b.addActionListener(new ButtonHandler());

        frame.getContentPane().add(b,BorderLayout.CENTER);
        frame.pack();
        frame.setVisible(true);
    }
}

//下面是 ButtonHandler 类的定义：
import java.awt.event.*;

public class ButtonHandler implements ActionListener {

    //出现 ActionEvent 事件时，下面方法将被调用
    public void actionPerformed(ActionEvent e) {
        System.out.println("Action occurred");
    }
}
```

在这个简单的例子中，每当用户单击按钮，都会在屏幕上显示出字符串"Action occurred"。

注意：ActionListener 接口和 ActionEvent 类均在 java.awt.event 包中定义，因此在程序的开始需要引入该包。

事件的监听程序可以如程序 8-13 所示在一个单独的类中定义，也可以在组件类中定义，见程序 8-14。

程序 8-14

```
import java.awt.*;
import javax.swing.*;

public class ActionEventDemo2 {
    public static void main(String args[]) {
        JFrame frame = new JFrame ("ActionEvent Demo2");

        //创建自定义组件 MyButton 的实例
        MyButton b = new MyButton("Close");

        frame.getContentPane().add(b,BorderLayout.CENTER);
        frame.pack();
        frame.setVisible(true);
    }
}

//下面是 MyButton 类的定义
import javax.swing.*;
import java.awt.event.*;

public class MyButton extends JButton implements ActionListener {
    public MyButton(String text) {
        super(text);

        //注册事件的监听程序
        addActionListener(this);
    }

    //出现 ActionEvent 事件时，将结束程序的运行
    public void actionPerformed(ActionEvent e) {
        System.exit(0);
    }
}
```

在程序 8-14 中，自定义的 MyButton 组件继承 JButton，同时实现了 ActionListener 接口，因此 MyButton 组件对象也可作事件监听程序。在 MyButton 的构造方法中，通过 addActionListener(this)将自身注册为自己的监听程序。当用户单击按钮时，调用 System.exit(0)，将结束程序的运行。

8.4.2 事件的种类

前面已经介绍了图形用户界面中事件处理的一般机制，其中只涉及 ActionEvent 一种事件类。实际上，在 java.awt.event 包和 javax.swing.event 包中还定义了很多其他事件类，例如 ItemEvent、MouseEvent 和 KeyEvent 等，并且第三方内容也可加入其中。

Java 中的每种事件类都有一个对应的接口，接口中声明了一个或多个抽象的事件处理方法，凡是需要接收并处理事件类对象的类，都需要实现相应的接口。表 8-1 中列出了一些常用事件类型、与之相应的接口以及接口中声明的方法。这些方法的名称均表明了在何种情况下方法会被调用，便于记忆。

表 8-1　常用事件类型及接口

事件类别	接口名称	方　法
Mouse Motion	MouseMotionListener	mouseDragged(MouseEvent) mouseMoved(MouseEvent)
Mouse Button	MouseListener	mousePressed(MouseEvent) mouseReleased(MouseEvent) mouseEntered(MouseEvent) mouseExited(MouseEvent) mouseClicked(MouseEvent)
Key	KeyListener	keyPressed(KeyEvent) keyReleased(KeyEvent) keyTyped(KeyEvent)
Focus	FocusListener	focusGained(FocusEvent) focusLost(FocusEvent)
Component	ComponentListener	componentMoved(ComponentEvent) componentHidden(ComponentEvent) componentResized(ComponentEvent) componentShown(ComponentEvent)
Action	ActionListener	actionPerformed(ActionEvent)
Item	ItemListener	itemStateChanged(ItemEvent)
Adjustement	AdjustmentListener	adjustmentValueChanged(AdjustmentEvent)
Window	WindowListener	windowClosing(WindowEvent) windowOpened(WindowEvent) windowIconified(WindowEvent) windowDeiconified(WindowEvent) windowClosed(WindowEvent) windowActivated(WindowEvent) windowDeactivated(WindowEvent)
Container	ContainerListener	componentAdded(ContainerEvent) componentRemoved(ContainerEvent)
Text	Textlistener	textValueChanged(TextEvent)
Ancestor	AncestorListener	ancestorAdded(AncestorEvent event) ancestorMoved(AncestorEvent event) ancestorRemoved(AncestorEvent event)
Care	CaretListener	caretUpdate(CaretEvent)
Change	ChangeListener	stateChanged(ChangeEvent)

（续表）

事件类别	接口名称	方　　法
Document	DocumentListener	changedUpdate(DocumentEvent) insertUpdate(DocumentEvent) removeUpdate(DocumentEvent)
UndoableEdit	UndoableEditListener	undoableEditHappened(UndoableEditEvent)
ListSelection	ListSelectionListener	valueChanged(ListSelectionEvent)
TableModel	TableModelListener	tableChanged(TableModelEvent)
TreeExpansion	TreeExpansionListener	treeCollapsed(TreeExpansionEvent) treeExpanded(TreeExpansionEvent)
TreeWillExpand	TreeWillExpandListener	treeWillCollapse(TreeExpansionEvent) treeWillExpand(TreeExpansionEvent)
TreeModel	TreeModelListener	treeNodesChanged(TreeModelEvent) treeNodesInserted(TreeModelEvent) treeNodesRemoved(TreeModelEvent) treeNodesStructureChanged(TreeModelEvent)
TreeSelection	TreeSelectionListener	valueChanged(TreeSelectionEvent)

8.4.3　一个较复杂的示例

现在考虑一个比较复杂的例子。在这个例子里，程序将检测鼠标的拖动（即按住鼠标键并同时移动鼠标指针的操作）以及鼠标指针进入和离开窗口的情况。

因拖动鼠标指针而引发的 MouseEvent 事件类对象可以由实现了 MouseMotionListener 接口的类处理。MouseMotionListener 接口中声明了 mouseDragged()和 mouseMoved()两个抽象方法，分别用于处理鼠标的拖动和移动，尽管我们只对鼠标的拖动感兴趣，但是在实现 MouseMotionListener 接口的类里，必须同时实现上述两个方法——当然，mouseMoved()方法的内容可以为空。

为了处理其他鼠标事件，例如鼠标指针进入程序窗口或离开程序窗口，还必须实现 MouseListener 接口。该接口声明了 mouseEntered()、mouseExited()、mousePressed()、mouseReleased()和 mouseClicked()共 5 个抽象方法。

当鼠标指针进出程序窗口或鼠标指针被拖动的事件发生后，信息将显示在窗口底部的文本框内。程序 8-15 是这个程序的源代码。

程序 8-15

源代码

```
import java.awt.*;
import java.awt.event.*;
import javax.swing.*;

//TwoListener 类同时实现 MouseMotionListener 和 MouseListener 两个接口
public class TwoListener implements MouseMotionListener,MouseListener {
    private JFrame frame;
    private JTextField tf;
```

```
    public static void main(String args[]) {
        TwoListener two = new TwoListener();
        two.go();
    }

    public void go() {
        frame = new JFrame("Two listeners example");
        Container contentPane = frame.getContentPane();
        contentPane.add(new Label ("Click and drag the mouse"),
                                    BorderLayout.NORTH);
        tf = new JTextField(30);
        contentPane.add(tf,BorderLayout.SOUTH);

        //注册监听程序
        frame.addMouseMotionListener(this);
        frame.addMouseListener(this);

        frame.setSize(300,300);
        frame.setVisible(true);
    }

    //实现 MouseMotionListener 接口中的方法
    public void mouseDragged (MouseEvent e) {
        String s = "Mouse dragging: X = "+ e.getX() + "Y = " + e.getY();
        tf.setText(s);
    }

    public void mouseMoved (MouseEvent e) {}

    //实现 MouseListener 接口中的方法
    public void mouseClicked (MouseEvent e) {}

    public void mouseEntered (MouseEvent e) {
        String s = "The mouse entered";
        tf.setText(s);
    }

    public void mouseExited (MouseEvent e) {
        String s = "The mouse has left the building";
        tf.setText(s);
    }

    public void mousePressed (MouseEvent e) {}
    public void mouseReleased (MouseEvent e) {}
}
```

关于程序 8-15 的说明如下。

1．声明实现多个接口

在 TwoListener 的类定义中，声明同时实现了两个接口，接口名称之间用逗号分隔，如下所示：

```
implements MouseMotionListener, MouseListener
```

在 javax.swing.event 包中提供了一个 MouseInputListener 接口，同时实现 MouseMotionListener 和 MouseListener 两个接口，如下所示：

```
public interface MouseInputListener extends MouseListener,
MouseMotionListener
```

因此，TwoListener 类的声明也可写成以下形式：

```
public class TwoListener implements MouseInputListener
```

但是需要增加一条 import 语句，如下所示：

```
import javax.swing.event
```

2．监听多类事件

通过使用下面的方法可以同时监听多类事件：

- f. addMouseListener(this)。
- f. addMouseMotionListener(this)。

3．获取事件的细节

当事件处理方法，例如 mouseDragged()被调用时，可得到一个参数，这个参数是一个事件类对象，其中包含与事件有关的重要信息。例如，MouseEvent 对象中就包含了鼠标事件发生时的坐标信息，可以通过 getX()和 getY()方法获得具体数据。若想了解每类事件可获取信息的详细情况，可以查阅 java.awt.event 包和 javax.swing.event 包中各类事件的文档。

8.4.4 多监听程序

事件监听模式允许为一个组件注册多个监听程序。如果想编写一个程序并希望它能对单个事件作出多个响应，那么通常的做法是在该事件的处理程序中编写需要的所有响应。然而在某些情况下，需要在同一程序的不同部分对同一事件进行响应。事件监听模型允许根据需要多次调用 addListener()方法为某个组件的同一事件注册多个不同的监听程序，当事件发生时，所有相关的监听程序都会被调用。

注意：当事件发生时，单个事件的多个监听程序的调用顺序不确定。事实上，如果在某个程序中，各个监听程序的调用顺序很重要，那么它们之间就是相关的。在这种情况下，就不能再为同一事件注册多个监听程序，而是只注册唯一一个监听程序，再在该监听程序中调用所需的其他方法。

8.4.5 事件适配器

为了进行事件处理，需要创建实现 Listener 接口的类，而在某些 Listener 接口中，声明了很多抽象方法，为了实现这些接口，需要一一实现这些方法。例如在 MouseListener 接口中，声明了下述抽象方法：

- mouseClicked(MouseEvent)。
- mousePressed(MouseEvent)。
- mouseReleased(MouseEvent)。
- mouseEntered(MouseEvent)。
- mouseExited(MouseEvent)。

在实现 MouseListener 接口的类中，必须同时实现这 5 个方法。然而，在某些情况下，我们关心的只是接口中的个别方法，例如：

源代码

```
public class MouseClickHandler implements MouseListener{
    //我们只关心对单击鼠标事件的处理，因此改写 mouseClicked()方法
    public  void  mouseClicked(MouseEvent  e) {
        //进行有关的处理
    }

    //但是对其他方法，仍然需要给出实现
    public void mousePressed(MouseEvent e) {}
    public void mouseReleased(MouseEvent e) {}
    public void mouseEntered(MouseEvent e) {}
    public void mouseExited(MouseEvent e) {}
}
```

为了编程方便，Java 为一些声明了多个方法的 Listener 接口提供了相对应的适配器（Adapter）类（见表 8-2），在适配器类中实现了相应接口中的全部方法，只是方法的内容为空。例如，MouseListener 接口的形式如下：

源代码

```
public interface MouseListener extends EventListener {
    public void mouseClicked(MouseEvent e);
    public void mousePressed(MouseEvent e);
    public void mouseReleased(MouseEvent e);
    public void mouseEntered(MouseEvent e);
    public void mouseExited(MouseEvent e);
}
```

与其对应的适配器为 MouseAdapter，形式如下：

源代码

```
public abstract class MouseAdapter implements MouseListener {
    public void mouseClicked(MouseEvent e) {}
    public void mousePressed(MouseEvent e) {}
    public void mouseReleased(MouseEvent e) {}
    public void mouseEntered(MouseEvent e) {}
```

```
    public void mouseExited(MouseEvent e) {}
}
```

表 8-2　接口及适配器

接口名称	适配器名称	接口名称	适配器名称
ComponentListener	ComponentAdapter	MouseListener	MouseAdapter
ContainerListener	ContainerAdapter	MouseMotionListener	MouseMotionAdapter
FocusListener	FocusAdapter	MouseInputListener	MouseInputAdapter
KeyListener	KeyAdapter	WindowListener	WindowAdapter

这样，在创建新类时，就可以不实现接口，而是只继承某个适当的适配器，并且重写所关心的事件处理方法。程序 8-16 就是一个使用适配器的例子。

程序 8-16

源代码

```
import  java.awt.*;
import java.awt.event.*;
import  java.awt.event.*;

public class MouseClickHandler extends MouseAdapter {
    //只关心对单击鼠标事件的处理，因此在这里继承
    //MouseAdapter，以避免编写其他不需要的事件处理方法
    public void mouseClicked(MouseEvent e) {
        //进行有关的处理
    }
}
```

习　题

8.1　编写程序创建并显示一个标题为 My Frame、背景为红色的 Frame。

8.2　在习题 8.1 的 Frame 中增加一个背景为黄色的 Panel。

8.3　在习题 8.2 的 Panel 中加入 3 个按钮，按钮上分别显示“打开”“关闭”“返回”，并在一行内排开。

8.4　Java 中提供了几种布局管理器？请简述它们的区别。

8.5　BorderLayout 布局管理器是如何安排组件的？

8.6　如果想以上、中、下的位置安排 3 个按钮，可以使用哪些布局管理器？请编写程序实现之。

8.7　Frame 和 Panel 默认的布局管理器分别是什么类型？

8.8　将习题 8.2 中 Panel 的布局管理器设置为 GridLayout，然后向其中加入 3 个按钮。

8.9　将习题 8.2 中 Panel 的布局管理器设置为 BorderLayout，然后分别向其中的每个区域加入一个按钮。

8.10　什么是事件？事件是怎样产生的？

8.11　在 API 文档中查找 Event 类，解释其中 target、when、id、x、y 和 arg 分别表

示什么内容？

8.12 设计鼠标控制程序。程序运行时，如果在窗口中移动鼠标指针，窗口的底部将显示出鼠标指针的当前位置值。如果移动鼠标指针的同时按住 Ctrl 或 Shift 键，窗口底部还会显示出字母 C 或 S。按下键盘上的键时，程序窗口的底部显示出字母 D；当松开键盘上的键时，程序窗口的底部显示出字母 U。

8.13 委托事件处理模型是怎样对事件进行处理的？事件监听程序的作用是什么？

8.14 java.awt.event 中定义了哪些事件类？各类对应的接口是什么？各接口中都声明了哪些方法？

思政材料

第 9 章　Swing 组件

本章介绍 Swing 基本组件及其使用方法。

9.1　按　　钮

按钮是 Java 图形用户界面的基本组件之一，常用的按钮形式有 4 种（见图 9-1）：JButton、JToggleButton、JCheckBox 和 JRadioButton。这些按钮类均是 AbstractButton 的子类或间接子类，可以为按钮设置文本、图标，并注册事件监听程序。在 AbstractButton 中定义了各种按钮所共有的一些方法，例如 addActionListener()、setEnabled()、setText()、setIcon()等。各按钮类之间的继承关系如图 9-2 所示，从图中可以看到，菜单项 JMenuItem 也是 AbstractButton 的子类。

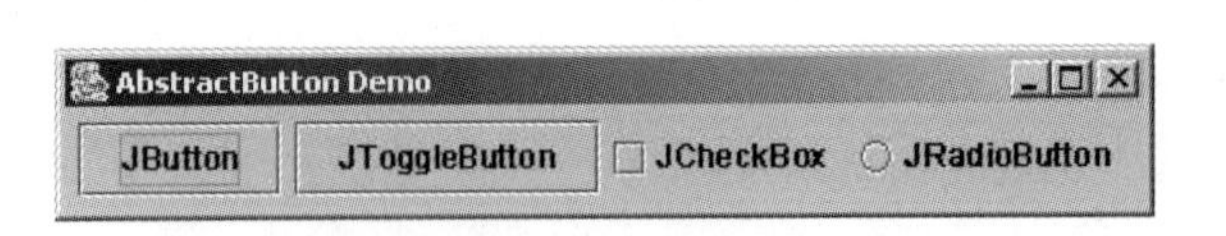

图 9-1　常用按钮

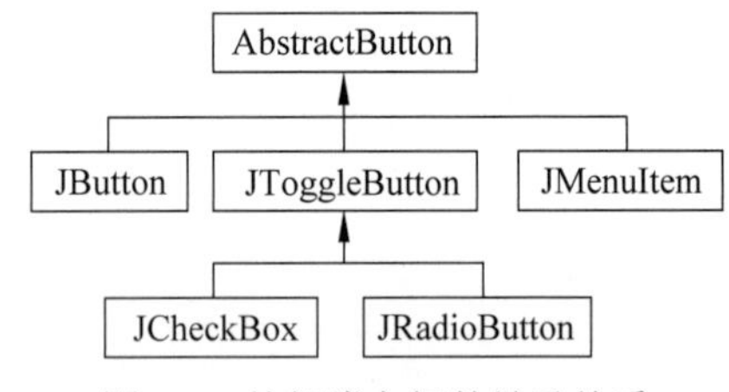

图 9-2　按钮类之间的继承关系

9.1.1　普通按钮

JButton 是最简单的按钮，其构造方法主要有以下几种形式。

- JButton()——创建一个既没有显示文本也没有图标的按钮。
- JButton(Icon icon)——创建一个没有显示文本但有图标的按钮。
- JButton(String text)——创建一个有显示文本但没有图标的按钮。
- JButton(String text, Icon icon)——创建一个既有显示文本又有图标的按钮。

例如下面这条命令，构造的是一个显示文本为“Sample”的按钮：

```
JButton  b = new JButton("Sample");
```

而下面的命令，则构造一个显示文本为“Sample”、带有钻石形状小图标的按钮：[Sample]。

```
JButton  b = new JButton("Sample",new ImageIcon("icon.gif"));
```

前面已经介绍了，当用户用鼠标单击按钮时，事件处理系统将向按钮发送一个 ActionEvent 事件类对象，如果程序需要对此做出反应，那么就需要使用 addActionListener()

为按钮注册事件监听程序并实现 ActionListener 接口。

程序 9-1 是一个使用 JButton 的例子。程序运行时，每当单击按钮，就会在屏幕上交替显示出两条不同信息。

程序 9-1

```
import java.awt.*;
import java.awt.event.*;
import javax.swing.*;

public class JButtonExample extends WindowAdapter
                            implements ActionListener {
      JFrame f;
      JButton  b;
      JTextField tf;
      int tag = 0;

      public static void main(String args[]) {
           JButtonExample be = new JButtonExample();
           be.go();
      }

      public void go() {
           f = new JFrame("JButton  Example");
           b = new JButton("Sample");
           b.addActionListener(this);
           f.getContentPane().add(b,"South");

           tf = new JTextField();
           f.getContentPane().add(tf,"Center");

           f.addWindowListener(this);
           f.setSize(300,150);
           f.setVisible(true);
      }

      //实现 ActionListener 接口中的 actionPerformed()方法
      public void actionPerformed(ActionEvent e) {
            String s1 = "You have pressed the Button!";
            String s2 = "You do another time!";

            //交替显示两条信息
            if (tag == 0) {
                 tf.setText(s1);
                 tag = 1;
            } else  {
            tf.setText(s2);
            tag = 0;
         }
      }
```

```
        //重写 WindowAdapter 类中的 windowClosing()方法
        public void windowClosing(WindowEvent e)  {
             //结束程序运行
             System.exit(0);
        }
}
```

程序 9-1 的运行结果如图 9-3(a)～图 9-3(c)所示。

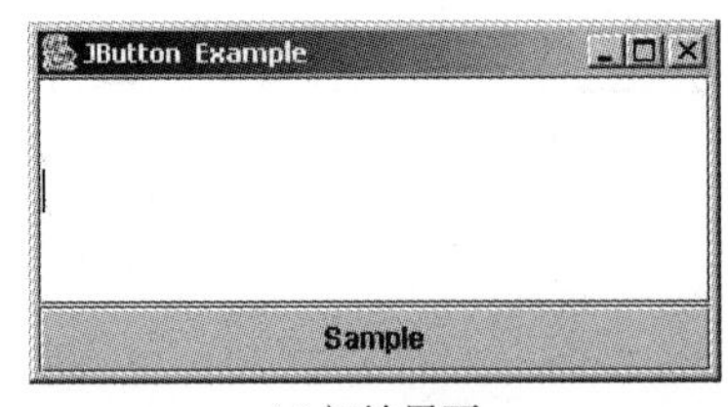

(a) 初始界面

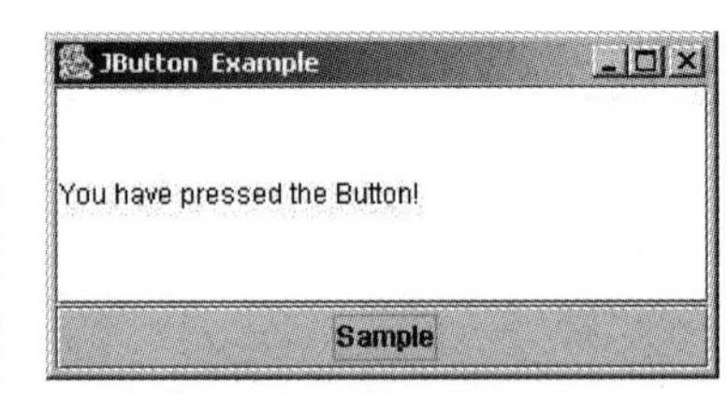

(b) 单击按钮后的界面

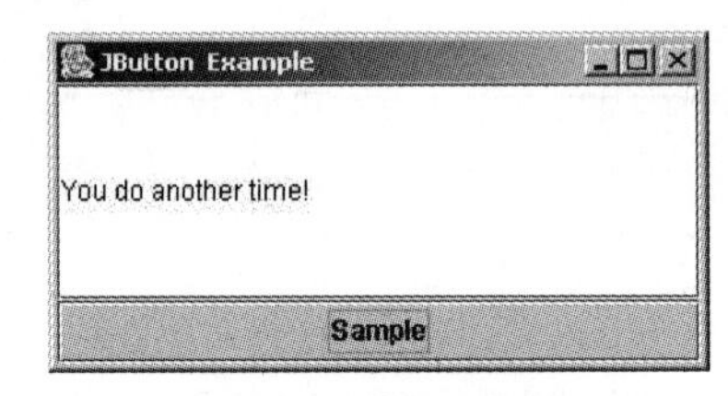

(c) 再次单击按钮后的界面

图 9-3　程序 9-1 的运行结果

在程序运行中，可以通过 setText()动态地改变按钮上的显示文本，通过 setEnabled()改变按钮的状态。

程序 9-2

```
import java.awt.*;
import java.awt.event.*;
import javax.swing.*;

public class JButtonExample2 extends WindowAdapter
                             implements ActionListener {
      JFrame f;
      JPanel p;
      JButton  b1,b2;
      JTextField tf;
      int tag = 0;

      public static void main(String args[]) {
           JButtonExample2 be = new JButtonExample2();
           be.go();
      }

      public void go() {
            f = new JFrame("JButton  Example2");
```

```
        b1 = new JButton("Sample");
        b1.setMnemonic(KeyEvent.VK_S);      //设置快捷键
        b1.setActionCommand("Sample");      //设置命令名
        b1.addActionListener(this);

        b2 = new JButton("Disable Sample");
        b2.setMnemonic(KeyEvent.VK_A);      //设置快捷键
        b2.setActionCommand("disable");     //设置命令名
        b2.addActionListener(this);

        p = new JPanel();
        p.add(b1);
        p.add(b2);

        f.getContentPane().add(p,"South");

        tf = new JTextField();
        f.getContentPane().add(tf,"Center");

        f.addWindowListener(this);
        f.setSize(300,150);
        f.setVisible(true);
}

//实现ActionListener接口中的actionPerformed()方法
public void actionPerformed(ActionEvent e) {
        String s1 = "You have pressed the Button!";
        String s2 = "You do another time!";

        //根据命令名进行判断
        if (e.getActionCommand() == "Sample") {
             if (tag == 0) {
                  tf.setText(s1);
                  tag = 1;
             } else {
                     tf.setText(s2);
                     tag = 0;
                    }
             }
        if (e.getActionCommand() == "disable") {
            b1.setEnabled(false);            //设置Sample按钮为不可用
            b2.setText("Enable Sample");     //修改显示文本
            b2.setActionCommand("enable"); //修改命令名
       }
       if (e.getActionCommand() == "enable") {
            b1.setEnabled(true);             //设置Sample按钮为可用
            b2.setText("Disable Sample");
            b2.setActionCommand("disable");
       }
```

```
        }

        //重载WindowAdapter类中的windowClosing()方法
        public void windowClosing(WindowEvent e) {
              //结束程序运行
              System.exit(0);
        }
}
```

程序9-2中创建了两个按钮对象（见图9-4），其中Sample按钮同程序9-1一样，在屏幕上交替显示两条信息，另外一个按钮则用于设置Sample按钮的状态，可将Sample按钮设置为可用（enabled）和不可用（disabled）。setMnemonic()方法可以为按钮设置快捷键。例如，

```
b1.setMnemonic(KeyEvent.VK_S);
```

图9-4　程序9-2的运行结果

这行语句为Sample按钮设置了一个快捷键“S”，在按钮上显示的Sample文本中，“S”字符下面会出现下画线作为标志。setActionCommand()方法为按钮设置一个命令名，从程序9-2中可以看到，两个按钮注册了相同的ActionEvent事件处理程序，因此当事件发生时，需要判断是在哪一个按钮上发生的，ActionEvent类中定义了getActionCommand()方法，可据此方法的返回值进行判断：

```
if (e.getActionCommand() == "disable"){
...
}
```

其中“disable”是初始时为第二个按钮设置的命令名。

9.1.2　切换按钮、复选框及单选按钮

本节介绍3种按钮，分别是切换按钮（JToggleButton）、复选框（JCheckBox）和单选按钮（JRadioButton）。

JToggleButton是具有两种状态的按钮，即选中状态和未选中状态，如图9-5所示。在图9-5中，第2个按钮被单击过一次，为选中状态，第1个按钮未被单击过，为未选中状态，而第3个按钮被单击过两次，又回到未选中状态。

JToggleButton的构造方法主要有以下几种格式。

- JToggleButton()——创建一个既没有显示文本也没有图标的切换按钮。

- JToggleButton(Icon icon)——创建一个没有显示文本但有图标的切换按钮。
- JToggleButton(Icon icon, boolean selected)——创建一个没有显示文本但有图标和指定初始状态的切换按钮。
- JToggleButton(String text)——创建一个有显示文本但没有图标的切换按钮。
- JToggleButton(String text, boolean selected)——创建一个有显示文本和指定初始状态但没有图标的切换按钮。
- JToggleButton(String text, Icon icon)——创建一个既有显示文本又有图标的切换按钮。
- JToggleButton(String text, Icon icon, boolean selected)——创建一个既有显示文本又有图标和指定初始状态的切换按钮。

构造方法中如果没有指定按钮的初始状态，则默认状态下处于未选中状态。

JCheckBox 和 JRadioButton 都是 JToggleButton 的子类，构造方法的格式与 JToggleButton 相同，它们也都具有选中和未选中两种状态，如图 9-6 所示。

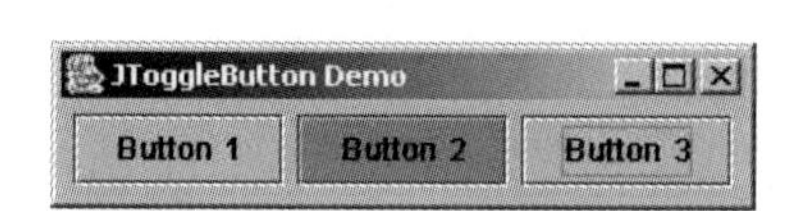

图 9-5　JToggleButton 的两种状态

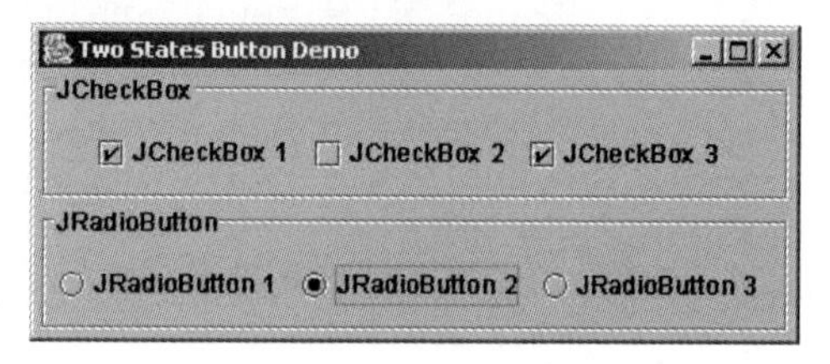

图 9-6　JCheckBox 与 JRadioButton

既然有两种状态，那么如何判断当前是在哪一种状态呢？在 JToggleButton 类中定义了一个 isSelected()方法，通过该方法可以获知按钮的当前状态：当返回值为真（true）时表示处于选中状态，而返回值为假（false）时则表示处于未选中状态。

程序 9-3

```
import java.awt.*;
import java.awt.event.*;
import javax.swing.*;
import javax.swing.border.*;


public class TwoStatesButtonDemo2 {
   JFrame frame = new JFrame("Two States Button Demo 2");

   JCheckBox cb1 = new JCheckBox("JCheckBox 1");
   JCheckBox cb2 = new JCheckBox("JCheckBox 2");
   JCheckBox cb3 = new JCheckBox("JCheckBox 3");

   JCheckBox cb4 = new JCheckBox("JCheckBox 4");
   JCheckBox cb5 = new JCheckBox("JCheckBox 5");
   JCheckBox cb6 = new JCheckBox("JCheckBox 6");

   JRadioButton rb1 = new JRadioButton("JRadioButton 1");
```

```
    JRadioButton rb2 = new JRadioButton("JRadioButton 2");
    JRadioButton rb3 = new JRadioButton("JRadioButton 3");

    JRadioButton rb4 = new JRadioButton("JRadioButton 4");
    JRadioButton rb5 = new JRadioButton("JRadioButton 5");
    JRadioButton rb6 = new JRadioButton("JRadioButton 6");

    JTextArea ta = new JTextArea();                    //用于显示结果的文本区

    public static void main(String args[]) {
         TwoStatesButtonDemo2 ts = new TwoStatesButtonDemo2();
         ts.go();
    }

    public void go() {
         JPanel p1 = new JPanel();
         JPanel p2 = new JPanel();
         JPanel p3 = new JPanel();
         JPanel p4 = new JPanel();
         JPanel p5 = new JPanel();
         JPanel pa = new JPanel();
         JPanel pb = new JPanel();

         p1.add(cb1);
         p1.add(cb2);
         p1.add(cb3);
         Border etched = BorderFactory.createEtchedBorder();
         Border border = BorderFactory.createTitledBorder(etched,
                        "JCheckBox");
         p1.setBorder(border);                         //设置边框

         p2.add(cb4);
         p2.add(cb5);
         p2.add(cb6);
           border = BorderFactory.createTitledBorder(etched,"JCheckBox
                                                        Group");
           p2.setBorder(border);                       //设置边框

           //创建 ButtonGroup 按钮组，并在组中添加按钮
           ButtonGroup group1 = new ButtonGroup();
           group1.add(cb4);
           group1.add(cb5);
           group1.add(cb6);

           p3.add(rb1);
           p3.add(rb2);
           p3.add(rb3);
           border = BorderFactory.createTitledBorder(etched,
                                                        "JRadioButton");
           p3.setBorder(border);                       //设置边框
```

```
        p4.add(rb4);
        p4.add(rb5);
        p4.add(rb6);
        border = BorderFactory.createTitledBorder(etched,
                                          "JRadioButton Group");
        p4.setBorder(border);                            //设置边框

        //创建 ButtonGroup 按钮组，并在组中添加按钮
        ButtonGroup group2 = new ButtonGroup();
        group2.add(rb4);
        group2.add(rb5);
        group2.add(rb6);

        JScrollPane jp = new JScrollPane(ta);
        p5.setLayout(new BorderLayout());
        p5.add(jp);
        border = BorderFactory.createTitledBorder(etched,"Results");
        p5.setBorder(border);                            //设置边框

        ItemListener il = new ItemListener() {
        public void itemStateChanged(ItemEvent e) {
             JCheckBox cb = (JCheckBox) e.getSource();  //取得事件源
             if (cb == cb1) {
                 ta.append("\n JCheckBox Button 1"+cb1.isSelected());
             } else if (cb == cb2) {
                 ta.append("\n JCheckBox Button 2"+cb2.isSelected());
             } else if (cb == cb3) {
                 ta.append("\n JCheckBox Button 3"+cb3.isSelected());
             } else if (cb == cb4) {
                 ta.append("\n JCheckBox Button 4"+cb4.isSelected());
             } else if (cb == cb5) {
                 ta.append("\n JCheckBox Button 5"+cb5.isSelected());
             } else {
                 ta.append("\n JCheckBox Button 6"+cb6.isSelected());
             }
       }
};

cb1.addItemListener(il);
cb2.addItemListener(il);
cb3.addItemListener(il);
cb4.addItemListener(il);
cb5.addItemListener(il);
cb6.addItemListener(il);

ActionListener al = new ActionListener() {
   public void actionPerformed(ActionEvent e) {
        JRadioButton rb = (JRadioButton) e.getSource();  //取得事件源
        if (rb == rb1) {
```

```
                ta.append("\n You selected Radio Button 1"+
                          rb1.isSelected());
            } else if (rb == rb2) {
                ta.append("\n You selected Radio Button 2"+
                          rb2.isSelected());
            } else if (rb == rb3) {
                ta.append("\n You selected Radio Button 3"+
                          rb3.isSelected());
            } else if (rb == rb4) {
                ta.append("\n You selected Radio Button 4"+
                          rb4.isSelected());
            } else if (rb == rb5) {
                ta.append("\n You selected Radio Button 5"+
                          rb5.isSelected());
            } else {
                ta.append("\n You selected Radio Button 6"+
                          rb6.isSelected());
            }
        }
    };

    rb1.addActionListener(al);
    rb2.addActionListener(al);
    rb3.addActionListener(al);
    rb4.addActionListener(al);
    rb5.addActionListener(al);
    rb6.addActionListener(al);

    pa.setLayout(new GridLayout(0,1));
    pa.add(p1);
    pa.add(p2);

    pb.setLayout(new GridLayout(0,1));
    pb.add(p3);
    pb.add(p4);

    Container cp = frame.getContentPane();
    cp.setLayout(new GridLayout(0,1));
    cp.add(pa);
    cp.add(pb);
    cp.add(p5);

    frame.setDefaultCloseOperation(JFrame.EXIT_ON_CLOSE);
    frame.pack();
    frame.setVisible(true);
    }
}
```

对程序 9-3 的说明如下。

（1）JToggleButton、JCheckBox 和 JRadioButton 等具有两种状态的按钮不仅可以注册 ActionEvent 事件监听程序，还可以注册 ItemEvent 事件监听程序，在 ItemListener 接口中声明了如下方法：

```
public void itemStateChanged(ItemEvent e);
```

当按钮的状态发生改变时，该方法将会被调用。

（2）多个组件可以使用共同的事件处理程序，例如程序中的 6 个 JCheckBox 对象都注册了相同的 ItemEvent 事件处理程序，6 个 JRadioButton 对象都注册了相同的 ActionEvent 事件处理程序，在 ActionEvent、ItemEvent 等事件类对象中都提供了 getSource()方法，可以获取事件源，该方法的返回类型为 Object：

```
public Object getSource()
```

需要进行类型转换，例如下面命令将 Object 类型转换为 JRadioButton 类型：

```
JRadioButton rb = (JRadioButton) e.getSource();
```

ItemEvent 中另外提供了一个 getItem()方法，作用与 getSource()方法相同。

（3）在事件处理程序中，通过 isSelected()方法获取按钮的当前状态，例如：

```
ta.append("\n JCheckBox Button 1"+cb1.isSelected());
```

（4）按钮可以添加到按钮组（ButtonGroup）中，这时首先要创建一个按钮组对象，然后调用按钮组的 add()方法将按钮添加到按钮组。例如：

```
ButtonGroup group1 = new ButtonGroup();
group1.add(cb4);
group1.add(cb5);
group1.add(cb6);
```

当多个按钮被添加到同一个按钮组之后，如果用户选中一个按钮，那么其他按钮就会变为未选中状态，也就是说，只能有一个按钮处于被选中状态。

（5）程序 9-3 的运行结果如图 9-7 所示，JCheckBox Group 和 JRadioButton Group 分别注册了不同的事件监听程序，在 JCheckBox Group 中，如果先选中 Button 5，然后再选中 Button 6，那么将出现提示：

```
JCheckBox Button 5 true
JCheckBox Button 5 false
JCheckBox Button 6 true
```

在 JRadioButton Group 中，同样先选中 Button 5，然后再选中 Button 6，那么将出现的提示是：

```
You selected Radio Button 5 true
You selected Radio Button 6 true
```

由此可见，对按钮组中的组件使用 ItemListener 和 ActionListener 的结果有别。

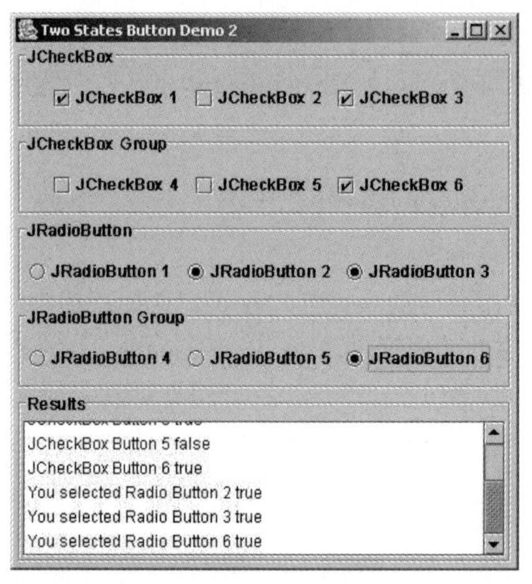

图 9-7　程序 9-3 的运行结果

（6）JCheckBox 加入按钮组之后只能单选，JRadioButton 如果不加入按钮组也可以多选，但是通常用 JCheckBox 表示那些可多选的选择项（不加入按钮组），而用 JRadioButton 表示只能单选的选择项（需要加入按钮组），因此 JCheckBox 称为复选按钮，而 JRadioButton 称为单选按钮。

9.2　标　　签

标签（Jlabel）对象通常用于显示提示性的文本信息或图标，其构造方法有以下 6 种形式。

- JLabel()——构造一个既不显示文本信息也不显示图标的空标签。
- JLabel(Icon image)——构造一个显示图标的标签。
- JLabel(String text)——构造一个显示文本信息的标签。
- JLabel(Icon image, int horizontalAlignment)——构造一个显示图标的标签，水平对齐方式由 int 型参数 horizontalAlignment 指定。
- JLabel(String text, int horizontalAlignment)——构造一个显示文本信息的标签，水平对齐方式由 int 型参数 horizontalAlignment 指定。
- JLabel(String text, Icon icon, int horizontalAlignment)——构造一个同时显示文本信息和图标的标签，水平对齐方式由 int 型参数 horizontalAlignment 指定。

构造方法中，表示水平对齐方式的 int 型参数 horizontalAlignment 的取值可为 JLabel.LEFT、JLabel.RIGHT 和 JLabel.CENTER 等常量，分别表示左对齐、右对齐和居中对齐。

例如：

```
JLabel label = new JLabel("Hello", JLabel .RIGHT);
```

该语句构造一个以右对齐方式显示的标签。

默认情况下，标签内容在垂直方向上居中显示，只有文本信息的标签在水平方向上左对齐，只有图标的标签在水平方向上居中显示。通过 setHorizontalAlignment(int alignment)方法和 setVerticalAlignment(int alignment)方法可以改变标签内容的对齐方式。在setHorizontalAlignment(int alignment)方法中，int型参数alignment取值可为JLabel.LEFT、JLabel.RIGHT 和 JLabel.CENTER 等常量，在 setVerticalAlignment(int alignment)方法中，int型参数alignment取值可为JLabel. TOP、JLabel. BOTTOM和 JLabel. CENTER等常量，例如，下面命令将显示内容设置为水平居中、底部对齐：

```
label.setHorizontalAlignment(JLabel.CENTER);
label.setVerticalAlignment(JLabel.BOTTOM);
```

在既包含文本信息又包含图标的标签上，默认情况下，文本信息显示在图标的右侧，可以通过 setHorizontalTextPosition(int textPosition)方法和 setVerticalTextPosition(int textPosition)方法指定文本信息和图标的相对位置。例如，下面的语句设置文本信息在图标的底部显示并且居中：

```
label.setVerticalTextPosition(JLabel.BOTTOM);
label.setHorizontalTextPosition(JLabel.CENTER);
```

在程序中，可以使用 setText(String text)方法修改在标签上显示的文本信息，也可以使用 setIcon(Icon icon)方法修改标签上的图标，但是在程序运行过程中，用户不能对标签内容进行修改。

尽管标签对象也可以对各类事件进行响应，但是在通常情况下，我们并不让它做这种处理。

程序 9-4 创建了 5 个标签，其显示结果如图 9-8 所示。

程序 9-4

```
import java.awt.*;
import java.awt.event.*;
import javax.swing.*;

public class JLabelDemo {
     JFrame frame = new JFrame ("JLabel Demo");
     JLabel label1, label2, label3,label4,label5;

     public static void main(String args[]) {
          JLabelDemo ld = new JLabelDemo();
          ld.go();
     }

   public void go() {
        label1 = new JLabel("Only Text Label");
        label2 = new JLabel("Right Label",JLabel .RIGHT); //右对齐

        ImageIcon icon = new ImageIcon("dukeWaveRed.gif");

        label3 = new JLabel(icon);
        label3.setVerticalAlignment(JLabel.BOTTOM);        //底部对齐
```

```
        label4 = new JLabel("Image and Text",
                            icon,
                            JLabel.LEFT);                    //左对齐
                            label4.setVerticalAlignment(JLabel.TOP);
                                                             //顶部对齐

        //设置文本信息和图标的相对位置：文本信息在图标的底部，与图标居中对齐
        label4.setVerticalTextPosition(JLabel.BOTTOM);
        label4.setHorizontalTextPosition(JLabel.CENTER);

        label5 = new JLabel("Input your name here");
        JTextField nameField = new JTextField(12);

        JPanel panel = new JPanel();
        panel.add(label5);
        panel.add(nameField);

        JPanel panel2 = new JPanel();
        panel2.setLayout(new GridLayout(3,1));
            //3行1列
        panel2.add(label1);
        panel2.add(label2);
        panel2.add(panel);

        Container cp = frame.getContentPane();
        cp.setLayout(new GridLayout(3,1));
        cp.add(panel2);
        cp.add(label3);
        cp.add(label4);

    frame.setDefaultCloseOperation(JFrame.EXIT_ON_CLOSE);
        frame.setSize(300,350);
        frame.setVisible(true);
    }
}
```

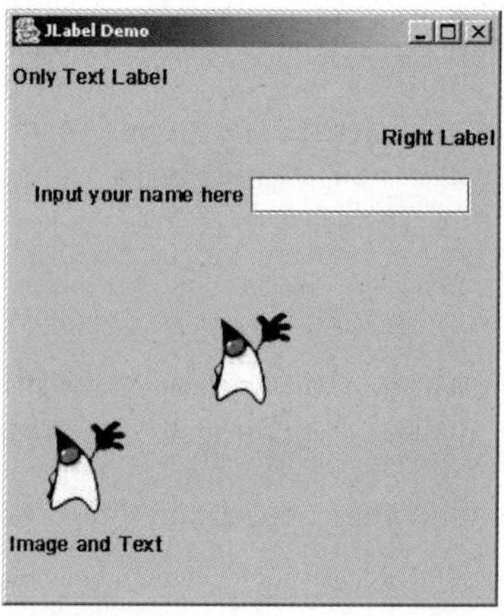

图 9-8　程序 9-4 的运行结果

9.3 组 合 框

组合框（JComboBox）是一个下拉式菜单，它有两种形式：不可编辑的和可编辑的，如图 9-9 所示。对不可编辑的组合框，用户只能在现有的选项列表中进行选择；对于可编辑的组合框，用户既可以在现有选项中选择，也可以输入新的内容。

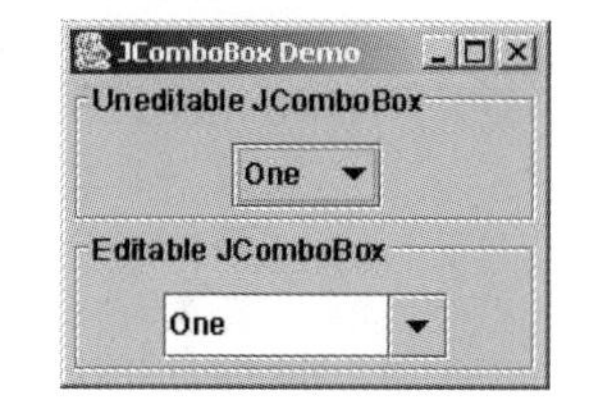

图 9-9 不可编辑的和可编辑的组合框

组合框常用的构造方法有以下 3 种形式。

- JComboBox()——使用默认数据模型创建组合框。
- JComboBox(E[] items)——根据数组 items 创建组合框，数组的元素即为组合框中的可选项。
- JComboBox(Vector<E> items)——根据向量 items 创建组合框，向量的元素即为组合框中的可选项。

例如，下面的命令创建一个具有 5 个可选项的组合框。

```
String[] itemList = {"One","Two","Three","Four","Five"};
JComboBox <string> jcb = new JComboBox<string>(itemList);
```

这是通过字符串数组来创建组合框，实际上，也可以用其他类型的 Object 数组。在组合框对象创建之后，可以通过 setEditable(true)方法将其设置为可编辑的。

在 JComboBox 类中定义了相关的方法，可以添加或删除可选项，如下所示。

- public void addItem(E item)——在末尾位置添加新的可选项。
- public void insertItemAt(E item,int index)——在 index 指定的位置添加新的可选项 item。
- public void removeAllItems()——删除所有可选项。
- public void removeItem(Object anObject)——删除由 anObject 指定的可选项。
- public void removeItemAt(int anIndex)——删除指定位置（由 anIndex 指定）的可选项。

程序 9-5 是一个使用 JComboBox 的示例。

程序 9-5

```
import java.awt.*;
import java.awt.event.*;
import javax.swing.*;
import javax.swing.border.*;

public class JComboBoxDemo {
    JFrame frame = new JFrame("JComboBox Demo");
    JComboBox<String> jcb1,jcb2;
    JTextArea ta = new JTextArea(0, 30);    //用于显示结果的文本区
```

```
    public static void main(String args[]){
        JComboBoxDemo cbd = new JComboBoxDemo();
        cbd.go();
    }

    public void go() {
        //创建内部 JPanel 容器
        JPanel p1 = new JPanel();
        JPanel p2 = new JPanel();
        JPanel p3 = new JPanel();
        JPanel p4 = new JPanel();

        String[] itemList = { "One", "Two", "Three", "Four", "Five" };
        jcb1 = new JComboBox<String>(itemList);
        jcb1.setSelectedIndex(3);   //设置第 4 个可选项为当前的显示项

        p1.add(jcb1);
        Border etched = BorderFactory.createEtchedBorder();
        Border border = BorderFactory.createTitledBorder(etched,
"Uneditable JComboBox");
        p1.setBorder(border);

        jcb2 = new JComboBox<String>();

        //添加 4 个可选项
        jcb2.addItem("Six");
        jcb2.addItem("Seven");
        jcb2.addItem("Eight");
        jcb2.addItem("nine");

        //将 jcb2 设置为可编辑的
        jcb2.setEditable(true);

        p2.add(jcb2);
        border = BorderFactory.createTitledBorder(etched, "Editable
JComboBox");
        p2.setBorder(border);

        JScrollPane jp = new JScrollPane(ta);
        p3.setLayout(new BorderLayout());
        p3.add(jp);
        border = BorderFactory.createTitledBorder(etched, "Results");
        p3.setBorder(border);

        ActionListener al = new ActionListener() {
            public void actionPerformed(ActionEvent e) {
                JComboBox<String> jcb = (JComboBox<String>)e.getSource();

                if (jcb == jcb1) {
                //将选项插入 jcb2 的第一个位置
```

```
    jcb2.insertItemAt((String)jcb1.getSelectedItem(),0);
                    ta.append("\nItem"+jcb1.getSelectedItem()+"inserted");
                } else {
                    ta.append("\n You selected item : "+
jcb2.getSelectedItem());
                    jcb2.addItem((String)jcb2.getSelectedItem());
                }
            }
        };

        jcb1.addActionListener(al);
        jcb2.addActionListener(al);

        p4.setLayout(new GridLayout(0,1));
        p4.add(p1);
        p4.add(p2);

        Container cp = frame.getContentPane();
        cp.setLayout(new GridLayout(0,1));
        cp.add(p4);
        cp.add(p3);

        frame.setDefaultCloseOperation(JFrame.EXIT_ON_CLOSE);
        frame.pack();
        frame.setVisible(true);
    }
}
```

在程序 9-5 中，每当用户在组合框 jcb1 中进行选择时，被选中的选项就会通过下面的命令被插入到组合框 jcb2 中的第一个位置：

```
jcb2.insertItemAt((string)jcb1.getSelectedItem(),0);
```

其中，getSelectedItem()方法可获得用户的当前选项。在插入选项时，选项的序号是从 0 开始的。

组合框上的用户事件既可以通过 ActionListener 处理，也可以通过 ItemListener 处理，但是用户的一次选择操作，会引发两个 ItemEvent 事件，因此通常是使用 ActionListener 处理。

9.4 列　　表

列表（Jlist）是可供用户进行选择的一系列可选项，共有以下 4 种构造方法。

- JList()——使用空的只读模型构造一个列表。
- JList(E[] listData)——构造一个列表，显示指定数组 listData 中的元素。
- JList(ListModel<E> dataModel)——构造一个列表，显示指定的非空模型中的元素。

- JList(Vector<? extends E> listData)——构造一个列表，显示指定向量中的元素。

例如，下列语句根据 String 数组构造一个包含 4 个可选项的列表：

```
String[] data = {"one","two","three","four"};
JList <string> dataList = new JList<string>(data);
```

这个列表对象也可以通过下面的语句来创建：

```
Vector <string> listData = new Vector<string>();
listData.addElement("one");
listData.addElement("two");
listData.addElement("three");
listData.addElement("four");
JList<string> list = new JList<string>(listData);
```

列表使用 ListModel 保存它的可选项，ListModel 是一个接口，其定义为

```
public interface ListModel {                          //返回列表的长度
    int getSize();
    Object getElementAt(int index);                   //返回指定位置的可选项
    void addListDataListener(ListDataListener l);
    //注册事件监听程序，监听列表可选项的变化
    void removeListDataListener(ListDataListener l);//删除监听程序
}
```

当根据数组或 Vector 创建列表时，构造方法将自动地创建一个默认的、实现了 ListModel 接口的对象，该对象是不可变的，即在列表创建好之后，既不能在列表中添加新的可选项，也不能删除或替换列表中已有的可选项。如果希望列表的可选项是动态改变的，则需要在创建列表时提供一个 ListModel 对象，在通常情况下，可以使用一个 DefaultListModel 对象。DefaultListModel 类在 Swing 包中定义，它给出了 ListModel 默认状态下的实现。当有特殊需要时，也可以自定义一个子类继承 AbstractListModel，AbstractListModel 是在 Swing 包中定义的抽象类，给出了 ListModel 接口的部分实现。程序 9-6 是一个使用 DefaultListModel 创建列表的例子。

程序 9-6

源代码

```
import java.awt.*;
import java.awt.event.*;
import javax.swing.*;

public class JListDemo {
    JFrame frame = new JFrame("JList Demo");
    JList <String>list;
    DefaultListModel <String>listModel;
    JPanel panel;
    JTextField tf;
    JButton button;

    public static void main(String args[]){
```

```
        JListDemo ld = new JListDemo();
        ld.go();
    }

    public void go() {
        listModel = new DefaultListModel<String>();

        //添加可选项
        listModel.addElement("one ");
        listModel.addElement("two ");
        listModel.addElement("three ");
        listModel.addElement("four ");

        list = new JList<String>(listModel);    //创建列表

        //将列表放入滚动窗格 JScrollPane 中
        JScrollPane jsp = new JScrollPane(list,
            JScrollPane.VERTICAL_SCROLLBAR_AS_NEEDED,
            JScrollPane.HORIZONTAL_SCROLLBAR_AS_NEEDED);
        Container cp = frame.getContentPane();
        cp.add(jsp);

        tf = new JTextField(15);                //输入新可选项的文本域
        button = new JButton("add new item");
        button.addActionListener(new ActionListener(){
            public void actionPerformed(ActionEvent e) {
                listModel.addElement(tf.getText());    //添加新的可选项
            }
        });
        panel = new JPanel();
        panel.add(tf);
        panel.add(button);

        cp.add(panel,BorderLayout.SOUTH);

        frame.setDefaultCloseOperation(JFrame.EXIT_ON_CLOSE);
        frame.pack();
        frame.setVisible(true);
    }
}
```

在程序 9-6 中，首先创建一个 DefaultListModel 对象，使用 addElement(Object obj)方法添加列表可选项：

```
listModel = new DefaultListModel<string>();
listModel.addElement("one");
listModel.addElement("two");
⋮
```

然后根据 DefaultListModel 对象创建列表：

```
list = new JList<string>(listModel);
```

当程序运行时，在文本域输入字符串，并单击按钮，可以动态地为列表添加可选项。该程序的运行结果如图 9-10 所示。

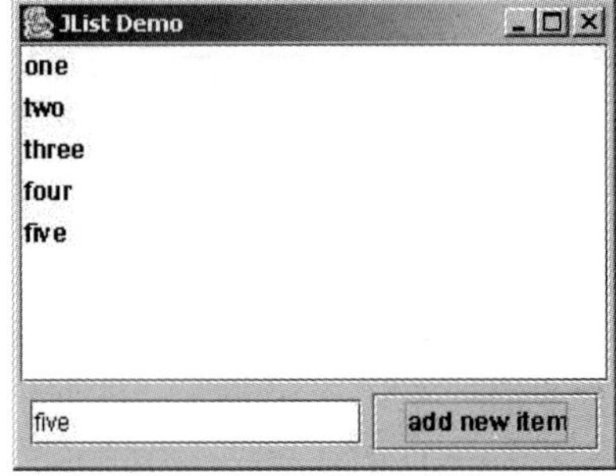

图 9-10　程序 9-6 的运行结果

在列表对象创建之后，也可以使用 JList 中定义的 setModel(ListModel model)方法设置新的 ListModel。列表对象本身并不带滚动条，但是当列表可选项较多时，可以将列表对象放入 JScrollPane 中以提供滚动功能。

列表既支持单项选择也支持多项选择，可以使用 JList 中定义的 setSelectionMode(int selectionMode)方法对列表的选择模式进行设置，其中，int 型参数 selectionMode 可以是以下常量。

- ListSelectionModel.SINGLE_SELECTION——只能进行单项选择。
- ListSelectionModel.SINGLE_INTERVAL_SELECTION——可多项选择，但多个选项必须是连续的。
- ListSelectionModel.MULTIPLE_INTERVAL_SELECTION——可多项选择，多个选项可以是间断的，这是选择模式的默认值。

当用户在列表上进行选择时，将引发 ListSelectionEvent 事件，在 JList 中提供了 addListSelectionListener(ListSelectionListener listener)方法，用于注册对应的事件监听程序。在 ListSelectionListener 接口中，只包含一个方法：

```
public void valueChanged(ListSelectionEvent e)
```

当列表的当前选项发生变化时，该方法将会被调用。程序 9-7 是一个对列表选择事件进行处理的例子，程序中用到的 ListSelectionEvent 和 ListSelectionListener 均定义在 javax.swing.event 包中。

程序 9-7

源代码

```
import java.awt.*;
import java.awt.event.*;
import javax.swing.*;
import javax.swing.event.*;

public class JListDemo2 {
    JFrame frame = new JFrame("JList Demo 2");
    JList <String>dataList;

    JPanel panel = new JPanel();
    JRadioButton rb1,rb2,rb3;
    JTextArea ta = new JTextArea(3,40);

    public static void main(String args[]) {
        JListDemo2 ld2 = new JListDemo2();
```

```
            ld2.go();
        }

        public void go() {
            String[] data =
            {"Monday", "Tuesday", "Wednesday", "Thursday", "Friday", "Saturday",
    "Sunday"};
            dataList = new JList<String>(data);

            dataList.addListSelectionListener(new ListSelectionListener() {
                public void valueChanged(ListSelectionEvent e) {
                    if (!e.getValueIsAdjusting()){
                        int[] selectedIx = dataList.getSelectedIndices();
                        String selections;
                        String values = "\n";
                        for (int i=0;i<selectedIx.length;i++) {
                            selections = dataList.getModel().getElementAt
    (selectedIx[i]);
                            values = values+selections+"  ";
                        }
                        ta.append(values);
                    }
                }
            });
            dataList.addMouseListener(new MouseAdapter() {
                public void mouseClicked(MouseEvent e) {
                    if (e.getClickCount() == 1) {   //单击
                    //根据坐标位置得到列表可选项序号
                        int index = dataList.locationToIndex(e.getPoint());
                        ta.append("\nClicked on Item " + index);
                    }

                    if (e.getClickCount() == 2) {   //双击
                        int index = dataList.locationToIndex(e.getPoint());
                        ta.append("\nDouble clicked on Item " + index);
                    }
                }
            });

            //将列表放入滚动窗格 JScrollPane 中
            JScrollPane jsp = new JScrollPane(dataList,
                JScrollPane.VERTICAL_SCROLLBAR_AS_NEEDED,
                JScrollPane.HORIZONTAL_SCROLLBAR_AS_NEEDED);
            Container cp = frame.getContentPane();
            cp.add(jsp,BorderLayout.CENTER);

            rb1 = new JRadioButton("SINGLE SELECTION");
            rb2 = new JRadioButton("SINGLE_INTERVAL_SELECTION");
            rb3 = new JRadioButton("MULTIPLE_INTERVAL_SELECTION",true);
            ButtonGroup group = new ButtonGroup();
```

```
        group.add(rb1);
        group.add(rb2);
        group.add(rb3);

        ActionListener al = new ActionListener() {
            public void actionPerformed(ActionEvent e) {
                JRadioButton rb = (JRadioButton) e.getSource();
                                                            //取得事件源
                if (rb == rb1) {
                    dataList.setSelectionMode(ListSelectionModel.
                        SINGLE_SELECTION);
                }else if (rb == rb2) {
                    dataList.setSelectionMode(ListSelectionModel.
                        SINGLE_INTERVAL_SELECTION);
                }else {
                    dataList.setSelectionMode(ListSelectionModel.
                        MULTIPLE_INTERVAL_SELECTION);
                }
            }
        };

        rb1.addActionListener(al);
        rb2.addActionListener(al);
        rb3.addActionListener(al);

        panel.setLayout(new GridLayout(3,1));
        panel.add(rb1);
        panel.add(rb2);
        panel.add(rb3);

        cp.add(panel,BorderLayout.EAST);
        JScrollPane jsp2 = new JScrollPane(ta,
            JScrollPane.VERTICAL_SCROLLBAR_ALWAYS,
            JScrollPane.HORIZONTAL_SCROLLBAR_AS_NEEDED);
        cp.add(jsp2,BorderLayout.SOUTH);

        frame.setDefaultCloseOperation(JFrame.EXIT_ON_CLOSE);
        frame.pack();
        frame.setVisible(true);
    }
}
```

在程序 9-7 中，除了为列表注册了 ListSelectionEvent 的监听程序之外，还注册了 MouseEvent 的监听程序，通过 MouseEvent 的 getClickCount()方法，可以得到用户点击鼠标键的次数，在很多程序中，都需要对单击和双击鼠标的操作进行不同的处理。

程序 9-7 的运行结果如图 9-11 所示。

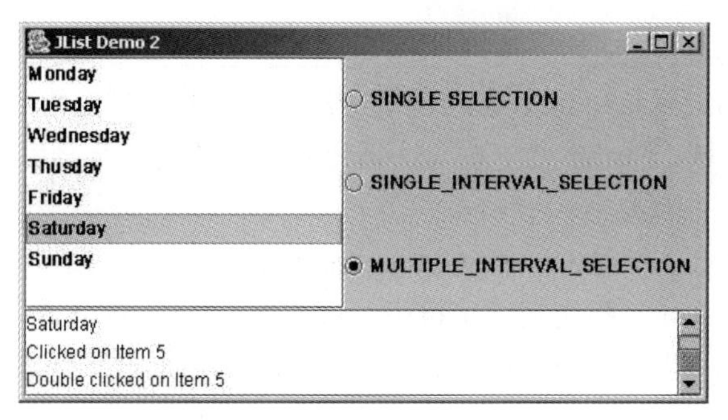

图 9-11　程序 9-7 的运行结果

9.5　文 本 组 件

文本组件可用于显示信息和提供用户输入功能，在 Swing 中提供了文本域(JTextField)、口令输入域（JPasswordField）、文本区（JTextArea）等多个文本组件，这些文本组件都有一个共同的基类——JTextComponent，在 JTextComponent 中定义了文本组件所共有的一些方法。

在 JTextComponent 类中定义的主要方法列举如下。

- String getSelectedText()——从文本组件中提取被选中的文本内容。
- String getText()——从文本组件中提取所有文本内容。
- String getText(int offs, int len)——从文本组件中提取指定范围的文本内容。
- void select(int selectionStart, int selectionEnd)——在文本组件中选中指定范围的文本内容。
- void selectAll()——在文本组件中选中所有文本内容。
- void setEditable(boolean b)——设置为可编辑或不可编辑状态。
- void setText(String t)——设置文本组件中的文本内容。
- void setDocument(Document doc)——设置文本组件的文档。
- void copy()——将选中的文本复制到剪贴板。
- void cut()——将选中的文本剪切到剪贴板。
- void paste()——将剪贴板的内容粘贴到当前位置。

文本组件使用文档（Document）保存组件中的文本内容，文档既可以在创建组件时指定，也可以在组件创建之后通过 setDocument(Document doc)方法设置。

9.5.1　文本域

文本域是一个单行的文本输入框，可用于输入少量文本，它有以下 5 种构造方法。

- JTextField()——构造一个空文本域。
- JTextField(int columns)——构造一个具有指定列数的空文本域，int 型参数 columns 指定文本域的列数。
- JTextField(String text)——构造一个显示指定初始字符串的文本域，String 型参数

text 指定要显示的初始字符串。

- JTextField(String text, int columns)——构造一个具有指定列数、并显示指定初始字符串的文本域。String 型参数 text 指定要显示的初始字符串，int 型参数 columns 指定文本域的列数。
- JTextField(Document doc, String text, int columns)——构造一个使用指定文档、具有指定列数并显示指定初始字符串的文本域。Document 型参数 doc 指定使用的文档，String 型参数 text 指定要显示的初始字符串，int 型参数 columns 指定文本域的列数。Document 型参数 doc 可以为 null，此时一个默认的 PlainDocument 文档对象将会被创建。在其他构造方法中，由于未指定文本域所使用的文档，因此也会创建一个默认的 PlainDocument 文档对象。

例如：

```
JTextField tf = new JTextField("Single Line",30);
```

这行代码构造一个列数为 30、初始字符串为"Single Line"的文本域。需要注意的是，在构造方法中指定的列数是一个希望的数值，由于组件的大小和位置通常由布局管理器决定，因此指定的这些数据很有可能被忽略。

程序 9-8

源代码

```
import java.awt.*;
import java.awt.event.*;
import javax.swing.*;
import javax.swing.border.*;

public class JTextFieldDemo1 {
     JFrame frame = new JFrame("JTextField Demo 1");

          public static void main(String args[]) {
               JTextFieldDemo1 tfd1 = new JTextFieldDemo1();
               tfd1.go();
     }

    public void go() {
          JTextField tf11 = new JTextField("a",9);
          JTextField tf12 = new JTextField("abcdefg",10);
          JTextField tf13 = new JTextField("abc",15);

          JPanel panel1 = new JPanel();          //使用默认的 FlowLayout
          panel1.add(tf11);
          panel1.add(tf12);
          panel1.add(tf13);
          Border etched = BorderFactory.createEtchedBorder();
          Border border = BorderFactory.createTitledBorder(etched,
                                        "FlowLayout Panel");
          panel1.setBorder(border);
```

```
        JTextField tf21 = new JTextField("a",9);
        JTextField tf22 = new JTextField("abcdefg",10);
        JTextField tf23 = new JTextField("abc",15);

        JPanel panel2 = new JPanel();
        panel2.setLayout(new GridLayout(0,1)); //使用 GridLayout
        panel2.add(tf21);
        panel2.add(tf22);
        panel2.add(tf23);
        border = BorderFactory.createTitledBorder(etched,"GridLayout
                                Panel");
        panel2.setBorder(border);

        Container cp = frame.getContentPane();
        cp.setLayout(new GridLayout(0,1));
        cp.add(panel1);
        cp.add(panel2);

        frame.setDefaultCloseOperation(JFrame.EXIT_ON_CLOSE);
        frame.pack();
        frame.setVisible(true);
    }
}
```

程序 9-8 的运行结果如图 9-12 所示，从中可以看到，在构造时指定了不同列数的 3 个文本域，当放入使用 FlowLayout 的 panel1 时，文本域按照指定的列数显示，当放入使用 GridLayout 的 panel2 时，3 个文本域的宽度相同。

在文本域中只允许输入一行文本内容，当用户按 Enter 或 Return 键时，即表示输入结束，将会引发 ActionEvent 事件，可为文本域注册 ActionListener 对事件进行处理。除此之外，也可根据需要为文本域注册其他事件监听程序。程序 9-9 是对文本域中 ActionEvent 事件进行处理的一个例子，该程序的运行结果如图 9-13 所示。

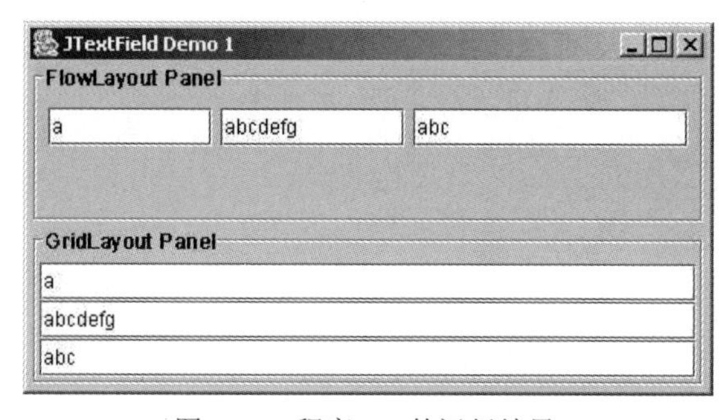

图 9-12　程序 9-8 的运行结果

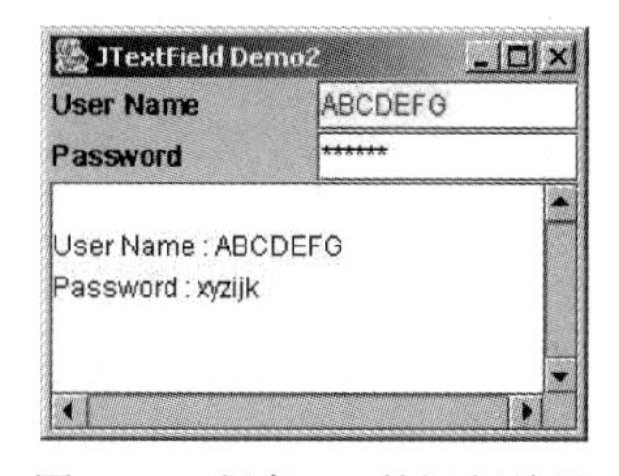

图 9-13　程序 9-9 的运行结果

程序 9-9

```
import java.awt.*;
import java.awt.event.*;
import javax.swing.*;
```

```
import javax.swing.text.*;

public class JTextFieldDemo2 {
    JFrame frame = new JFrame("JTextField Demo2");
    JLabel nameLabel = new JLabel("User Name");
    JLabel pwLabel = new JLabel("Password");
    JTextField nameField = new JTextField();
    JPasswordField pwField = new JPasswordField();
    JTextArea ta = new JTextArea(5,20);

    public static void main(String args[]) {
          JTextFieldDemo2 tfd2 = new JTextFieldDemo2();
          tfd2.go();
    }

    public void go() {
          UpperCaseDocument ucDocument = new UpperCaseDocument();
          nameField.setDocument(ucDocument);
          nameField.setForeground(Color.red);

          nameField.addActionListener(new ActionListener() {
             public void actionPerformed(ActionEvent e) {
                String username = nameField.getText();//获取文本域的内容
                ta.append("\nUser Name :"+username);  //显示在文本区中
             }
          });

          pwField.addActionListener(new ActionListener() {
             public void actionPerformed(ActionEvent e) {
                char[] pw = pwField.getPassword(); //获取文本域的内容
                String password = new String(pw);
                ta.append("\nPassword :"+password);
              }
          });

          JPanel labelPanel = new JPanel();
          labelPanel.setLayout(new GridLayout(2,1));
          labelPanel.add(nameLabel);
          labelPanel.add(pwLabel);

          JPanel fieldPanel = new JPanel();
          fieldPanel.setLayout(new GridLayout(2,1));
          fieldPanel.add(nameField);
          fieldPanel.add(pwField);

          JPanel northPanel = new JPanel();
          northPanel.setLayout(new GridLayout(1,2));
          northPanel.add(labelPanel);
          northPanel.add(fieldPanel);
```

```
        JScrollPane jsp = new JScrollPane(ta,
            JScrollPane.VERTICAL_SCROLLBAR_ALWAYS,
            JScrollPane.HORIZONTAL_SCROLLBAR_ALWAYS);

        Container cp = frame.getContentPane();
        cp.add(northPanel,BorderLayout.NORTH);
        cp.add(jsp,BorderLayout.CENTER);

        frame.setDefaultCloseOperation(JFrame.EXIT_ON_CLOSE);
        frame.pack();
        frame.setVisible(true);
        }
  }
  //自定义的 Document,当用户输入字符串时,自动将小写字母替换为大写字母
  class UpperCaseDocument extends PlainDocument {
  public void insertString(int offset,
       String string, AttributeSet attributeSet)
            throws BadLocationException {
            string = string.toUpperCase();          //转换为大写字母
            super.insertString(offset, string, attributeSet);
  }
}
```

在程序 9-9 中，创建了两个文本域，一个是用于输入用户名的 nameField，另一个是用于输入口令的 pwField。在 nameField 的 ActionEvent 事件处理程序中，首先通过文本组件的 getText()方法获取文本域中的内容，然后通过 JTextArea 的 append(String str)方法将其显示在文本区中。这里用于输入口令的 pwField 是一个 JPasswordField 对象，它是 JTextField 的子类——一种特殊的文本域，在 JPasswordField 中输入的字符并不直接显示出来，而是以星号（或其他字符）代替。JPasswordField 对象一般用于输入需要保密的信息，在获取 JPasswordField 对象中的内容时，通常使用 getPassword()方法将文本信息保存到字符数组中。

程序 9-9 中的 nameField 并没有使用默认的 PlainDocument，而是自定义了一个继承 PlainDocument 的子类 UpperCaseDocument。前面曾经提到，文本组件使用 Document 保存组件中的文本内容，Document 是一个接口，PlainDocument 间接实现了该接口（PlainDocument 继承了抽象类 AbstractDocument，而抽象类 AbstractDocument 实现了 Document 接口）。UpperCaseDocument 重写了 PlainDocument 中的如下方法：

```
insertString(int offset,String string,AttributeSet attributeSet)
```

当用户向文本域插入字符串时，该方法将会被调用，其中 int 型参数 offset 表示字符串插入的位置，String 型参数 string 表示插入的字符串，而 AttributeSet 型参数 attributeSet 则表示插入字符串的属性。在 UpperCaseDocument 重写的方法中，首先将要插入的字符串转换为大写字符，然后才调用基类的方法插入字符串：

```
string = string.toUpperCase();
super.insertString(offset,string, attributeSet);
```

因此，在用户界面上，无论用户输入的是大写字符还是小写字符，最终看到的都将是大写的。

与后面将要介绍的文本区（TextArea）类似，可以用 setEditable(boolean)方法将文本域设定为可编辑或不可编辑状态。

9.5.2 文本区

文本区是一个多行多列的文本输入框，有多种构造方法，如下所示。

- JTextArea()——构造一个空文本区。
- JTextArea(String text)——构造一个显示指定初始字符串的文本区，String 型参数 text 指定要显示的初始字符串。
- JTextArea(int rows, int columns)——构造一个具有指定行数和列数的空文本区，int 型参数 rows 和 columns 分别指定文本区的行数和列数。
- JTextArea(String text, int rows, int columns)——构造一个具有指定行数和列数，并显示指定初始字符串的文本区，String 型参数 text 指定要显示的初始字符串，int 型参数 rows 和 columns 指定文本区的行数和列数。
- JTextArea(Document doc)——构造一个使用指定文档的文本区。
- JTextArea(Document doc, String text, int rows, int columns)——构造一个使用指定文档，具有指定行数和列数，并显示指定初始字符串的文本区，Document 型参数 doc 指定使用的文档，String 型参数 text 指定要显示的初始字符串，int 型参数 rows 和 columns 指定文本区的行数和列数。

例如：

```
JTextArea ta = new  JTextArea("Initial text", 4, 30);
```

这条命令构造一个 4 行、30 列，显示初始字符串“Initial text”的文本区。

与文本域类似，构造方法中指定的行数和列数只是希望的数值，文本区大小仍然由布局管理器决定。如果构造方法中的 Document 参数为 null，或使用不带 Document 参数的构造方法，默认情况下，文本区也将会使用一个 PlainDocument 型文档。

文本区本身不带滚动条，由于文本区内显示的内容通常比较多，因此一般将其放入滚动窗格 JScrollPane 中。

在 JTextArea 类中定义了多种对文本区进行操作的方法，例如：

- void append(String str)——将指定文本追加到文本区。
- void insert(String str, int pos)——将指定文本插入文本区的特定位置。
- void replaceRange(String str, int start, int end)——用指定文本替换文本区中的部分内容。

可以为文本区注册普通的事件监听程序，但是由于文本区中可输入的文本是多行的，用户按 Enter 或 Return 键的结果只是向缓冲区输入一个字符，并不表示输入结束，因此，当需要识别用户“输入完成”时，通常要在文本区旁放置一个 Apply 或 Commit 之类的按钮。

程序 9-10

```
import java.awt.*;
import java.awt.event.*;
import javax.swing.*;
import javax.swing.border.*;

public class JTextAreaDemo {
    JFrame frame = new JFrame("JTextArea Demo");
    JTextArea ta1,ta2;
    JButton copy,clear;
    public static void main(String args[]) {
        JTextAreaDemo tad = new JTextAreaDemo();
        tad.go();
    }

    public void go() {
        ta1 = new JTextArea(3,15);
        ta1.setSelectedTextColor(Color.red);  //设置选中文本的颜色为红色
        ta2 = new JTextArea(7,20);
        ta2.setEditable(false);               //设置为不可编辑

        //放置到 JScrollPane 中
        JScrollPane jsp1 = new JScrollPane(ta1,
                           JScrollPane.VERTICAL_SCROLLBAR_ALWAYS,
                           JScrollPane.HORIZONTAL_SCROLLBAR_ALWAYS);
        JScrollPane jsp2 = new JScrollPane(ta2,
                           JScrollPane.VERTICAL_SCROLLBAR_ALWAYS,
                           JScrollPane.HORIZONTAL_SCROLLBAR_ALWAYS);

        copy = new JButton("Copy");
        //将 ta1 中选中文本或所有内容复制到 ta2
        copy.addActionListener(new ActionListener() {
            public void actionPerformed(ActionEvent e) {
                if (ta1.getSelectedText()! = null)
                    ta2.append(ta1.getSelectedText()+"\n");
                else
                    ta2.append("\n"+ta1.getText()+"\n");
            }
        });

        clear = new JButton("Clear");
        //将 ta2 中的内容清空
        clear.addActionListener(new ActionListener() {
            public void actionPerformed(ActionEvent e) {
                ta2.setText("");
            }
        });

        JPanel panel1 = new JPanel();
```

```
        panel1.add(jsp1);
        panel1.add(copy);
        Border etched = BorderFactory.createEtchedBorder();
        panel1.setBorder(etched);

        JPanel panel2 = new JPanel();
        panel2.add(jsp2);
        panel2.add(clear);
        panel2.setBorder(etched);

        Container cp = frame.getContentPane();
        cp.add(panel1,BorderLayout.CENTER);
        cp.add(panel2,BorderLayout.SOUTH);

        frame.setDefaultCloseOperation(JFrame. EXIT_ON_CLOSE);
        frame.pack();
        frame.setVisible(true);
    }
}
```

程序 9-10 创建了两个文本区和两个按钮，当用户单击 Copy 按钮时，第一个文本区中选中的内容(或全部内容)将被添加到第二个文本区中；当用户单击 Clear 按钮时，第二个文本区中的内容将被清空。用户可在第一个文本区中编辑，但第二个文本区被设置为不可编辑，不能输入，只能用来显示信息。该程序的运行结果如图 9-14 所示。

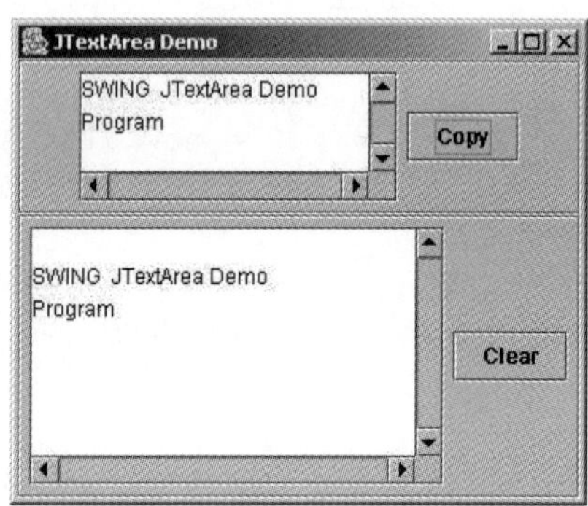

图 9-14　程序 9-10 的运行结果

9.6 菜单组件

菜单也是最常用的 GUI 组件之一，Swing 包中提供了多种菜单组件，包括 JMenuBar、JMenuItem、JMenu、JCheckBoxMenuItem、JRadioButtonMenuItem 和 JPopupMenu 等，它们的继承关系如图 9-15 所示。

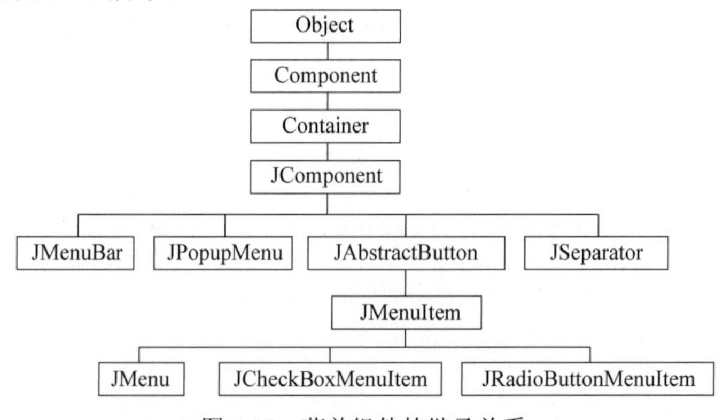

图 9-15　菜单组件的继承关系

9.6.1 菜单栏

菜单栏（见图 9-16）是窗口中用来放置菜单命令组的区域，它只有一种构造方法——JMenuBar()。

JFrame、JApplet 和 JDialog 等类中定义了 setJMenuBar(JMenuBar menu)方法，可以把菜单栏放到窗口的上方，例如：

```
JFrame frame = new JFrame("JMenuBar");
JMenuBar mb = new JMenuBar();
frame.setJMenuBar(mb);
```

JMenuBar 上也可以注册一些事件监听程序，但通常情况下，对 JMenuBar 上的用户事件都不进行处理。

9.6.2 菜单

菜单采用最基本的下拉形式来存放菜单项或子菜单，如图 9-17 所示。菜单的构造方法如下。

- JMenu()——构造一个新的无文本的菜单。
- JMenu(Action a)——构造一个菜单，其属性由 a 提供。
- JMenu(String s)——构造一个新菜单，字符串 s 指定菜单上的文本。
- JMenu(String s, boolean b)——构造一个新菜单，字符串 s 提供文本，并指定是否是下拉菜单。

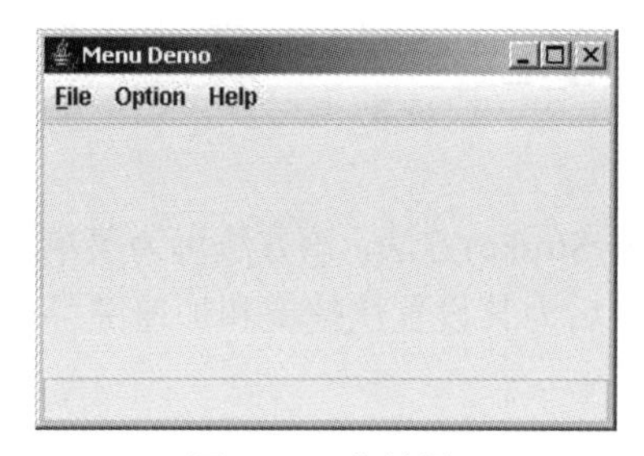

图 9-16 菜单栏

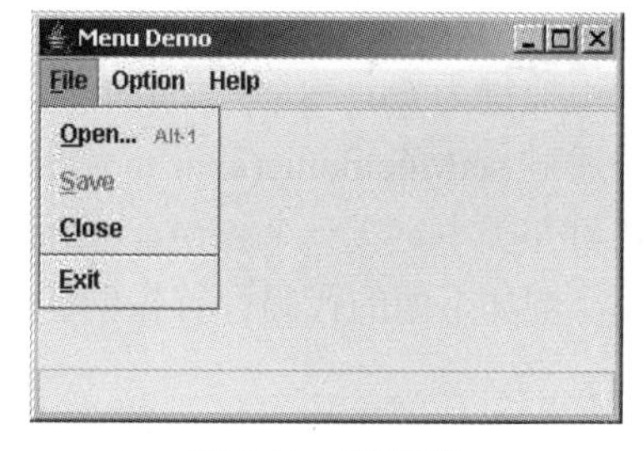

图 9-17 菜单项

菜单可以被添加到菜单栏或者另一个菜单中，例如：

```
JMenuBar menubar = new JMenuBar();
JMenu  menu1 = new JMenu("File");
JMenu  menu2 = new JMenu("Edit");
menubar.add(menu1);
menubar.add(menu2);
```

上述语句构造了两个显示文本分别为 File 和 Edit 的菜单，并将它们加入菜单栏 menubar 中。

9.6.3 菜单项

如果将整个菜单系统视为是一棵树，那么菜单项就是这棵树的叶子，是菜单系统的最下一级。常用的菜单构造方法有以下几种形式。

- JMenuItem()——构造一个无文本、无图标的菜单项。
- JMenuItem(Icon icon)——构造一个只显示图标的菜单项，图标由 Icon 型参数 icon 指定。
- JMenuItem(String text)——构造一个只显示文本的菜单项，文本由 String 型参数 text 指定。
- JMenuItem(String text, Icon icon)——构造一个同时显示文本和图标的菜单项，文本由 String 型参数 text 指定，图标由 Icon 型参数 icon 指定。
- JMenuItem(String text, int mnemonic)——构造一个显示文本并且有快捷键的菜单项，文本由 String 型参数 text 指定，快捷键由 int 型参数 mnemonic 指定。

例如：

```
JMenu m1 = new JMenu("File");
JMenuItem mi1 = new JMenuItem("Save", KeyEvent.VK_S);
JMenuItem mi2 = new JMenuItem("Load");
JMenuItem mi3 = new JMenuItem("Quit");
m1.add(mi1);
m1.add(mi2);
m1.add(mi3);
```

上述代码行构造了 3 个菜单项，分别显示文本“Save”“Load”和“Quit”，其中第一个菜单项的快捷键为 Ctrl+S，3 个菜单项均被加入菜单 m1 中。快捷键也可以在菜单项被创建之后，通过 setMnemonic(char mnemonic)方法设置。

还可在类中定义一个 setAccelerator(KeyStroke keyStroke)方法，该方法可为菜单项设置加速键，例如下面的代码行首先创建一个菜单项，然后为其设置快捷键和加速键：

```
JMenuItem  menuItem = new JMenuItem("Open...");
menuItem.setMnemonic(KeyEvent.VK_O);
menuItem.setAccelerator(KeyStroke.getKeyStroke(KeyEvent.VK_1,
ActionEvent.ALT_MASK));
```

Menu 类中定义了 addSeparator ()和 insertSeparator(int index)方法，通过这些方法，可以在某个菜单的各个菜单项间加入分隔线，例如：

```
m1.add(mi1);
m1.add(mi2);
m1.addSeparator();
m1.add(mi3);
```

上述代码行在菜单项 mi2 和 mi3 间加入一条分隔线。此外，在 javax.swing 包中还定义了一个 JSeparator 类，也可以通过如下的代码在菜单项间加入分隔线：

```
m1.add(mi1);
m1.add(mi2);
m1.add(new JSeparator());
m1.add(mi3);
```

当菜单中的菜单项被选中时，会引发一个 ActionEvent 事件，因此通常需要为菜单项注册 ActionListener，以便对事件作出反应。

从图 9-15 中可以看出，JMenu 是 JMenuItem 的子类，而 JMenuItem 是 JAbstractButton 的子类，因此 JMenu 和 JMenuItem 的使用方法均与按钮有类似之处。

9.6.4 复选菜单项和单选菜单项

复选菜单项和单选菜单项是两种特殊的菜单项。复选菜单项前有一个小方框，单选菜单项前则有一个小圆圈（见图 9-18），其使用方法与复选按钮和单选按钮类似。

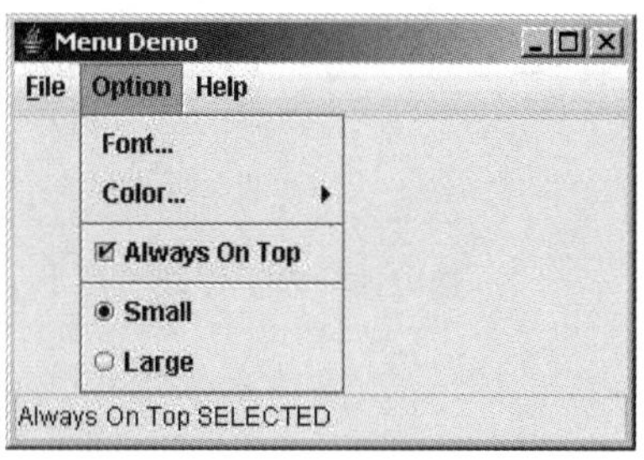

图 9-18　复选菜单项和单选菜单项

复选菜单项（或单选菜单项）与普通菜单项类似，也可以显示文本和图标，但是由于复选菜单项（或单选菜单项）具有选中和未选中状态，因此在构造方法中可以用 boolean 型参数指定菜单项的初始状态。以下是几个常用的复选菜单项构造方法：

- JCheckBoxMenuItem(Icon icon)。
- JCheckBoxMenuItem(String text)。
- JCheckBoxMenuItem(String text, boolean b)。
- JCheckBoxMenuItem(String text, Icon icon)。
- JCheckBoxMenuItem(String text, Icon icon, boolean b)。

单选菜单项的构造方法也基本相同：

- JRadioButtonMenuItem(Icon icon)。
- JRadioButtonMenuItem(Icon icon, boolean selected)。
- JRadioButtonMenuItem(String text)。
- JRadioButtonMenuItem(String text, boolean selected)。
- JRadioButtonMenuItem(String text, Icon icon)。
- JRadioButtonMenuItem(String text, Icon icon, boolean selected)。

例如：

```
JCheckBoxMenuItem mi1 = new JCheckBoxMenuItem("Persistent");
JCheckBoxMenuItem mi2 = new JCheckBoxMenuItem("Transient",true);
```

上述代码构造两个复选菜单项：一个显示“Persistent”，初态为未选中；另一个显示“Transient”，初态为选中。

当菜单项的检验状态发生改变时，会引发 ItemEvent 事件，可以使用 ItemListener 中的 itemStateChanged()对此事件进行响应。

通常在建立菜单系统时，可以首先创建一个菜单栏并通过 setJMenuBar()方法将其放入某个框架；然后创建若干个菜单，通过 add()方法将它们加入菜单栏；最后创建各个菜单项，通过 add()方法将它们加入不同菜单。程序 9-11 是建立菜单系统的一个例子，它使用了前面介绍的几种菜单组件。

源代码

程序 9-11

```
import java.awt.*;
import java.awt.event.*;
import javax.swing.*;

public class MenuDemo implements ItemListener,ActionListener{
        JFrame frame = new JFrame("Menu Demo");
        JTextField tf = new JTextField();

    public static void main(String args[]) {
        MenuDemo menuDemo = new MenuDemo();
        menuDemo.go();
    }

    public void go() {
       JMenuBar menubar = new JMenuBar();          //菜单栏
       frame.setJMenuBar(menubar);

       JMenu menu,submenu;                         //菜单和子菜单
       JMenuItem menuItem;                         //菜单项

       //建立 File 菜单
       menu = new JMenu("File");
       menu.setMnemonic(KeyEvent.VK_F);
       menubar.add(menu);

       //File 中的菜单项
       menuItem = new JMenuItem("Open...");
       menuItem.setMnemonic(KeyEvent.VK_O);           //设置快捷键
       menuItem.setAccelerator(KeyStroke.getKeyStroke(
           KeyEvent.VK_1, ActionEvent.ALT_MASK));     //设置加速键
       menuItem.addActionListener(this);
       menu.add(menuItem);

       menuItem = new JMenuItem("Save",KeyEvent.VK_S);
       menuItem.addActionListener(this);
       menuItem.setEnabled(false);                    //设置为不可用
       menu.add(menuItem);

       menuItem = new JMenuItem("Close");
       menuItem.setMnemonic(KeyEvent.VK_C);
       menuItem.addActionListener(this);
       menu.add(menuItem);

       menu.add(new JSeparator());                    //加入分隔线
```

```
  menuItem = new JMenuItem("Exit");
  menuItem.setMnemonic(KeyEvent.VK_E);
  menuItem.addActionListener(this);
  menu.add(menuItem);

 //建立 Option 菜单
 menu = new JMenu("Option");
 menubar.add(menu);

 //Option 中的菜单项
menu.add("Font...");

//建立子菜单
submenu = new JMenu("Color...");
menu.add(submenu);

menuItem = new JMenuItem("Foreground");
menuItem.addActionListener(this);
menuItem.setAccelerator(KeyStroke.getKeyStroke(
   KeyEvent.VK_2, ActionEvent.ALT_MASK));        //设置加速键
submenu.add(menuItem);
menuItem = new JMenuItem("Background");
menuItem.addActionListener(this);
   menuItem.setAccelerator(KeyStroke.getKeyStroke(
KeyEvent.VK_3, ActionEvent.ALT_MASK));           //设置加速键
submenu.add(menuItem);

menu.addSeparator();                              //加入分隔线
JCheckBoxMenuItem cm = new JCheckBoxMenuItem("Always On Top");
cm.addItemListener(this);
menu.add(cm);

menu.addSeparator();
JRadioButtonMenuItem rm = new JRadioButtonMenuItem("Small",true);
rm.addItemListener(this);
menu.add(rm);
ButtonGroup group = new ButtonGroup();
group.add(rm);

rm = new JRadioButtonMenuItem("Large");
rm.addItemListener(this);
menu.add(rm);
group.add(rm);

//建立 Help 菜单
menu = new JMenu("Help");
menubar.add(menu);

menuItem=new JMenuItem("about...",new ImageIcon("dukeWaveRed.gif"));
```

```
        menuItem.addActionListener(this);
        menu.add(menuItem);
        tf.setEditable(false);                              //设置为不可编辑

        Container cp = frame.getContentPane();
        cp.add(tf,BorderLayout.SOUTH);

        frame.setDefaultCloseOperation(JFrame.EXIT_ON_CLOSE);
        frame.setSize(300,200);
        frame.setVisible(true);
    }

    //实现 ItemListener 接口中的方法
    public void itemStateChanged(ItemEvent e) {
        int state = e.getStateChange();
        JMenuItem amenuItem = (JMenuItem)e.getSource();
        String command = amenuItem.getText();
        if (state == ItemEvent.SELECTED)
            tf.setText(command+"SELECTED");
        else
            tf.setText(command+"DESELECTED");
    }

    //实现 ActionListener 接口中的方法
    public void actionPerformed(ActionEvent e) {
        tf.setText(e.getActionCommand());

        if (e.getActionCommand() == "Exit") {
            System.exit(0);
        }
    }
}
```

9.6.5 弹出式菜单

弹出式菜单（JpopupMenu）是一种比较特殊的独立菜单，可以根据需要显示在指定位置。弹出式菜单有以下两种构造方法。

- public JPopupMenu()——构造一个没有名称的弹出式菜单。
- public JPopupMenu(String label)——构造一个有指定名称的弹出式菜单。

例如：

```
JPopupMenu p = new JPopupMenu("Popup");
```

这行代码构造一个名为 Popup 的弹出式菜单。

在弹出式菜单中可以加入菜单或菜单项，例如：

```
JMenuItem s = new JMenuItem("Save");
JMenuItem l = new JMenuItem("Load");
```

```
p.add(s);
p.add(l);
```

上述命令构造了两个分别显示为 Save 和 Load 的菜单项并将它们加入弹出式菜单 p 中。

在显示弹出式菜单时，必须调用 show()方法：

```
public void show(Component invoker, int x, int y)
```

在这个方法中需要有一个组件作为参数，该组件的位置将作为显示弹出式菜单的参考原点。

程序 9-12 是一个创建并显示弹出式菜单的例子，该程序的运行结果如图 9-19 所示。

程序 9-12

源代码

```
import java.awt.*;
import java.awt.event.*;
import javax.swing.*;

public class PopupMenuDemo extends MouseAdapter
      implements ActionListener{
JFrame frame = new JFrame ("Popup Menu Demo");
JPopupMenu popup = new JPopupMenu();
JTextField tf = new JTextField();
JLabel label = new JLabel("Try to click left and right button");

public static void main(String args[]) {
      PopupMenuDemo popupMenuDemo = new PopupMenuDemo();
      popupMenuDemo.go();
}

public void go() {
      //弹出式菜单中的菜单项
      JMenuItem menuItem = new JMenuItem("New",KeyEvent.VK_N);
      menuItem.addActionListener(this);
      popup.add(menuItem);
      menuItem = new JMenuItem("Load",KeyEvent.VK_L);
      menuItem.addActionListener(this);
      popup.add(menuItem);
      menuItem = new JMenuItem("Save",KeyEvent.VK_S);
      menuItem.addActionListener(this);
      popup.add(menuItem);

      popup.addSeparator();                   //加入分隔线

      menuItem = new JMenuItem("Copy",KeyEvent.VK_C);
      menuItem.addActionListener(this);
      popup.add(menuItem);
      menuItem = new JMenuItem("Cut",KeyEvent.VK_T);
      menuItem.addActionListener(this);
      popup.add(menuItem);
```

```
            menuItem = new JMenuItem("Paste",KeyEvent.VK_P);
            menuItem.addActionListener(this);
            popup.add(menuItem);

            label.addMouseListener(this);

            tf.setEditable(false);                //设置为不可编辑

            Container cp = frame.getContentPane();
            cp.add(label,BorderLayout.CENTER);
            cp.add(tf,BorderLayout.SOUTH);

            frame.setDefaultCloseOperation(JFrame.EXIT_ON_CLOSE);
            frame.setSize(300,200);
            frame.setVisible(true);
        }

        //改写 MouseAdapter 中的方法
        public void mousePressed(MouseEvent e) {
            maybeShowPopup(e);
        }

        public void mouseReleased(MouseEvent e) {
            maybeShowPopup(e);
        }

        private void maybeShowPopup(MouseEvent e) {
            if (e.isPopupTrigger()){      //判断是否单击了引发弹出式菜单的鼠标键
                popup.show(e.getComponent(),
                e.getX(), e.getY());
            }
        }

        //实现 ActionListener 接口中的方法
        public void actionPerformed(ActionEvent e) {
            tf.setText(e.getActionCommand());

            if (e.getActionCommand() == "Exit") {
                System.exit(0);
            }
        }
    }
```

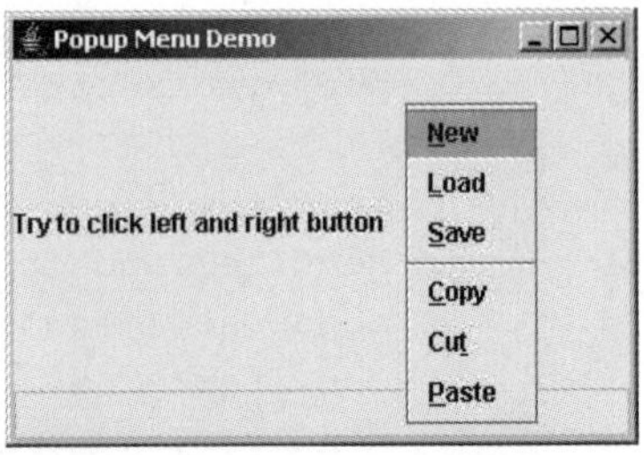

图 9-19　程序 9-12 的运行结果

9.7　对话框、标准对话框与文件对话框

9.7.1　对话框

对话框（JDialog）是与框架类似的可移动窗口，它与框架的区别在于，对话框具有较少的修饰并且能够被设置为“模式”（modal）窗口，即在该窗口被关闭之前，其他窗口无法接收任何形式的输入。对话框的构造方法主要有以下几种。

- JDialog(Frame owner)——构造一个没有标题的非模式对话框。
- JDialog(Frame owner, boolean modal)——构造一个没有标题的对话框，boolean 型参数 modal 指定对话框是否为模式窗口。
- JDialog(Frame owner, String title)——构造一个有标题的非模式对话框，String 型参数 title 指定对话框的标题。
- JDialog(Frame owner, String title, boolean modal)——构造一个有标题的对话框，String 型参数 title 指定对话框的标题，boolean 型参数 modal 指定对话框是否为模式窗口。

上述构造方法中都带有一个 Frame 型参数，该参数指定了对话框的拥有者，例如：

```
JDialog dialog = new JDialog(frame, "Dialog",true);
```

这行语句构造一个标题为“Dialog”的模式对话框，该对话框为框架 frame 所拥有。构造方法中的 Frame 类型参数也可以更换为 Dialog 类型的参数，这时对话框为另一个对话框所拥有。当对话框的拥有者被清除（destroyed）时，对话框也会被清除。对话框在显示时，如果其拥有者被最小化，那么对话框也将变为不可见，当其拥有者再次显示时，对话框会随之变为可见。

刚刚创建的对话框是不可见的，需要调用 setVisible(true)方法才能将其显示出来。当对话框不需要显示时，调用 setVisible(false)方法可以将其隐藏起来。

注意：应当将对话框视为一种可以反复使用的资源，即当某个对话框不需要显示时，不要立即将其清除，而是继续保留它，等待以后再用。垃圾回收程序或许会认为这样做太浪费内存，然而创建并初始化一个对象很费时间，除非有特别的理由，都不应该反复执行这类操作。

对话框可对各种窗口事件进行监听，例如激活窗口、关闭窗口等。与框架类似，对话框也是顶层容器，可以向对话框的内容窗格中添加各种组件。

程序 9-13 构造了一个对话框，用户单击框架中的按钮，就会显示对话框。该程序的运行结果如图 9-20 所示。

程序 9-13

```
import java.awt.*;
import java.awt.event.*;
import javax.swing.*;
```

```
public class JDialogDemo implements ActionListener {
    JFrame frame;
    JDialog dialog;
    JButton button;

    public static void main(String args[]) {
        JDialogDemo jd = new JDialogDemo();
        jd.go();
    }

    public void go() {
        frame = new JFrame("JDialog Demo");
        dialog = new JDialog(frame,"Dialog",true);
        dialog.getContentPane().add(new JLabel("Hello,I'm a Dialog"));
        //在对话框中添加组件
        dialog.setSize(60,40);

        button = new JButton("Show Dialog");
        button.addActionListener(this);

        Container cp = frame.getContentPane();
        cp.add(button,BorderLayout.SOUTH);
        frame.setDefaultCloseOperation(JFrame.EXIT_ON_CLOSE);
        frame.setSize(200,150);
        frame.setVisible(true);
    }
    public void actionPerformed(ActionEvent e) {
        //显示对话框
        dialog.setVisible(true);
    }
}
```

图 9-20　程序 9-13 的运行结果

9.7.2　标准对话框

JDialog 通常用于创建自定义的对话框，除此之外，Swing 中还提供了用于显示标准对话框（JOptionPane）的 JOptionPane 类。JOptionPane 类中定义了多个 showXxxDialog 形式的静态方法，可以分为以下 4 种类型。

- showConfirmDialog——确认对话框，显示问题，要求用户确认（yes/no/cancel）。
- showInputDialog——输入对话框，提示用户输入。
- showMessageDialog——信息对话框，显示信息，告知用户发生了什么情况。
- showOptionDialog——选项对话框，显示选项，要求用户选择。

除了 showOptionDialog 之外，其他 3 种方法都定义有若干个不同格式的同名方法，例如 showMessageDialog 有以下 3 个同名方法：

- showMessageDialog(Component parentComponent, Object message)。
- showMessageDialog(Component parentComponent, Object message, String title, int messageType)。

- showMessageDialog(Component parentComponent, Object message, String title, int messageType, Icon icon)。

这些形如 showXxxDialog 方法的参数大同小异，不外乎以下几种类型。

1. Component parentComponent

对话框的父窗口对象，其屏幕坐标决定对话框的显示位置；此参数也可以为 null，表示采用默认的 Frame 作为父窗口，对话框在屏幕正中显示。

2. String title

对话框的标题。

3. Object message

在对话框中显示的描述信息。该参数通常是一个 String 对象，但也可以是一个图标、一个组件或者一个对象数组。

4. int messageType

对话框所传递的信息类型，可以为以下常量：

- ERROR_MESSAGE。
- INFORMATION_MESSAGE。
- WARNING_MESSAGE。
- QUESTION_MESSAGE。
- PLAIN_MESSAGE。

除 PLAIN_MESSAGE 之外，其他每种类型都对应一个默认图标：

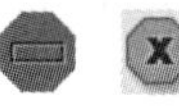

question information warning error

5. int optionType

对话框上按钮的类型，可以为以下常量：

- DEFAULT_OPTION。
- YES_NO_OPTION。
- YES_NO_CANCEL_OPTION。
- OK_CANCEL_OPTION。

除此之外，也可以通过 options 参数指定其他形式。

6. Object[] options

对话框上的选项。在输入对话框中，通常以组合框形式显示。在选项对话框中，则指按钮的选项类型。该参数通常是一个 String 数组，但也可以是图标或组件数组。

7. Icon icon

对话框上显示的装饰性图标，如果没有指定，则根据 messageType 参数显示默认图标。

8. Object initialValue

初始选项或输入值。

例如：

```
JOptionPane.showMessageDialog(frame,"File not found.",
            "An error", JOptionPane.ERROR_MESSAGE);
```

以上语句显示一个信息对话框，如图 9-21 所示。

再如：

```
JOptionPane.showOptionDialog(frame,"Click OK to continue","Warning",
           JOptionPane.DEFAULT_OPTION,JOptionPane.WARNING_MESSAGE,
           null, options, options[0]);
```

以上语句显示一个选项对话框，如图 9-22 所示。

图 9-21　信息对话框

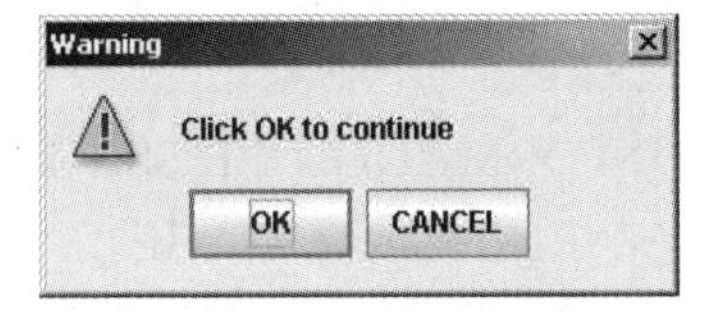

图 9-22　选项对话框

不同的 showXxxDialog()方法返回的类型不尽相同，showMessageDialog()没有返回值；showConfirmDialog()方法和 showOptionDialog()方法返回 int 型数值，代表用户选择按钮的序号（JOptionPane 中定义了 YES_OPTION、NO_OPTION、CANCEL_OPTION、OK_OPTION 和 CLOSED_OPTION 等常量，分别代表用户选择了 YES、NO、CANCEL、OK 按钮以及未选择而直接关闭对话框）；showInputDialog()方法的返回值为 String 或 Object，代表用户的输入或选项。程序 9-14 是一个使用 JOptionPane 的例子，该程序创建了 4 个按钮和 1 个文本域，当用户单击某个按钮，屏幕上将会显示出对应的标准对话框，用户在确认、输入和选项对话框中的操作结果将显示在文本域中。

程序 9-14

源代码

```
import java.awt.*;
import java.awt.event.*;
import javax.swing.*;

public class JOptionPaneDemo  implements ActionListener{
   JFrame frame = new JFrame("JOptionPane Demo");
   JTextField tf = new JTextField();
   JButton messageButton,ConfirmButton,InputButton,OptionButton;
```

```
public static void main(String args[]) {
    JOptionPaneDemo opd = new JOptionPaneDemo();
    opd.go();
}

public void go() {
    messageButton = new JButton("message dialog");
    messageButton.addActionListener(this);
    ConfirmButton = new JButton("Confirm dialog");
    ConfirmButton.addActionListener(this);
    InputButton = new JButton("Input dialog");
    InputButton.addActionListener(this);
    OptionButton = new JButton("Option dialog");
    OptionButton.addActionListener(this);

    JPanel jp = new JPanel();
    jp.add(messageButton);
    jp.add(ConfirmButton);
    jp.add(InputButton);
    jp.add(OptionButton);

    Container cp = frame.getContentPane();
    cp.add(jp,BorderLayout.CENTER);
    cp.add(tf,BorderLayout.SOUTH);
    frame.setDefaultCloseOperation(JFrame.EXIT_ON_CLOSE);
    frame.pack();
    frame.setVisible(true);
}

public void actionPerformed(ActionEvent e) {
    JButton button = (JButton)e.getSource();

    //信息对话框
    if (button == messageButton){
        JOptionPane.showMessageDialog(frame,
            "File not found.",
            "An error",
            JOptionPane.ERROR_MESSAGE);
    }

    //确认对话框
    if (button == ConfirmButton) {
       int select = JOptionPane.showConfirmDialog(frame,
      "Create one","Confirm", JOptionPane.YES_NO_OPTION);
       if (select == JOptionPane.YES_OPTION)
          tf.setText("choose YES");
       if (select == JOptionPane.NO_OPTION)
          tf.setText("choose NO");
       if (select == JOptionPane.CLOSED_OPTION)
          tf.setText("Closed");
```

```
        }

        //输入对话框
        if (button == InputButton) {
           Object[] possibleValues = {"First","Second","Third"};
           Object selectedValue = JOptionPane.showInputDialog(frame,
               "Choose one","Input",JOptionPane.INFORMATION_MESSAGE, null,
               possibleValues, possibleValues[0]);
           if(selectedValue ! = null)
               tf.setText(selectedValue.toString());
           else
               tf.setText("Closed");
        }

        //选项对话框
        if (button == OptionButton) {
           Object[] options = {"OK","CANCEL"};
           int select = JOptionPane.showOptionDialog(frame,"Click OK to
                 continue", "Warning", JOptionPane.DEFAULT_OPTION,
                 JOptionPane.WARNING_MESSAGE, null, options, options[0]);
           if (select == 0)
                 tf.setText("choose OK");
           else if (select == 1)
                 tf.setText("choose CANCEL");
           else if (select == -1)
                 tf.setText("Closed");
           }
      }
}
```

9.7.3 文件对话框

文件对话框（JFileChooser）是专门用于对文件（或目录）进行浏览和选择的对话框，常用的构造方法有以下 3 种形式。

- JFileChooser()——根据用户的默认目录创建文件对话框。
- JFileChooser(File currentDirectory)——根据 File 型参数 currentDirectory 指定的目录创建文件对话框。
- JFileChooser(String currentDirectoryPath)——根据 String 型参数 currentDirectory Path 指定的目录创建文件对话框。

刚刚创建的文件对话框是不可见的，可以调用以下方法将其显示出来：

- showOpenDialog(Component parent)。
- showSaveDialog(Component parent)。
- showDialog(Component parent, String approveButtonText)。

showOpenDialog()方法显示“打开”文件对话框（见图 9-23），showSaveDialog()方法显示“保存”文件对话框，而 showDialog()方法显示自定义的文件对话框，例如，自定义的“删除”对话框（见图 9-24），对话框的标题和按钮上的文本由 String 型参数 approveButtonText 指定。上述 3 个方法中都有一个 Component 型参数，该参数指定文件对话框的“父组件”，“父组件”决定了文件对话框的显示位置，如果该参数为 null，则文件对话框显示在屏幕正中。

图 9-23 “打开”文件对话框

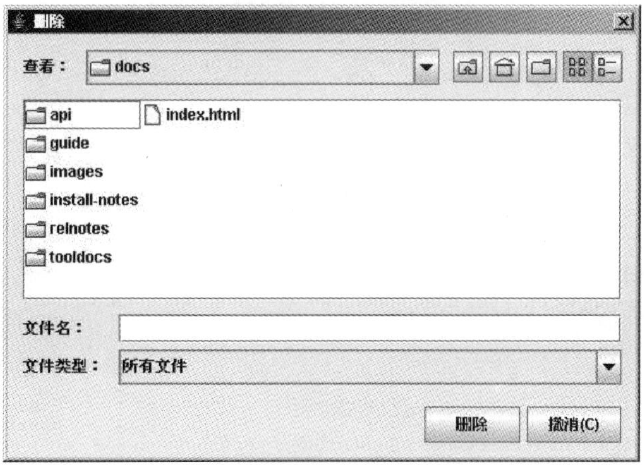

图 9-24 “删除”文件对话框

文件对话框中的事件一般都无须处理。当用户选择文件之后，可以通过 getSelectedFile() 方法取得用户所选择的文件。

程序 9-15 是一个使用文件对话框的例子，当用户单击 Open 按钮时，显示“打开”文件对话框；当用户单击 Save 按钮时，显示“保存”文件对话框；当用户单击 Delete 按钮时，显示“删除”文件对话框。在对话框中选择文件后，所选文件的路径和文件名将被显示在窗口中部的文本区内。

程序 9-15

源代码

```
import java.awt.*;
import java.awt.event.*;
import javax.swing.*;
```

```
import java.io.*;

public class JFileChooserDemo implements ActionListener {
    JFrame frame = new JFrame("JFileChooser Demo");
    JFileChooser fc = new JFileChooser();
    JTextField tf = new JTextField();
    JButton openButton,saveButton,deleteButton;

    public static void main(String args[]) {
        JFileChooserDemo fcd = new JFileChooserDemo();
        fcd.go();
    }

    public void go(){
        ImageIcon openIcon = new ImageIcon("open.gif");
        openButton = new JButton("Open a File...", openIcon);

        openButton.addActionListener(this);

        ImageIcon saveIcon = new ImageIcon("save.gif");
        saveButton = new JButton("Save a File...", saveIcon);
        saveButton.addActionListener(this);

        ImageIcon deleteIcon = new ImageIcon("delete.gif");
        deleteButton = new JButton("Delete a File...",deleteIcon);
        deleteButton.addActionListener(this);

        JPanel jp = new JPanel();
        jp.add(openButton);
        jp.add(saveButton);
        jp.add(deleteButton);

        Container cp = frame.getContentPane();
        cp.add(jp,BorderLayout.CENTER);
        cp.add(tf,BorderLayout.SOUTH);
        frame.setDefaultCloseOperation(JFrame.EXIT_ON_CLOSE);
        frame.setSize(300,200);
        frame.setVisible(true);
    }
    public void actionPerformed(ActionEvent e) {
        JButton button = (JButton)e.getSource();

        //“打开”文件对话框
        if (button == openButton){
            int select = fc.showOpenDialog(frame);
            if (select == JFileChooser.APPROVE_OPTION) {
                File file = fc.getSelectedFile();
                tf.setText("Opening:"+file.getName());
            } else {
                tf.setText("Open command cancelled by user");
```

```
            }
        }

        //“保存”文件对话框
        if (button == saveButton){
            int select = fc.showSaveDialog(frame);
            if (select == JFileChooser.APPROVE_OPTION) {
                File file = fc.getSelectedFile();
                tf.setText("Saving:"+file.getName());
            } else {
                tf.setText("Save command cancelled by user");
            }
        }

        //“删除”文件对话框
        if (button == deleteButton){
            int select = fc.showDeleteDialog(frame);
            if (select == JFileChooser.APPROVE_OPTION) {
                File file = fc.getSelectedFile();
                tf.setText("Deleting:"+file.getName());
            }else {
                tf.setText("Delete command cancelled by user");
            }
        }
    }
}
```

9.8 控制组件外观

我们可以控制组件的外观，如组件的前景色、背景色以及文本的字体。

9.8.1 颜色

在 Java 语言中，每种颜色均由红、绿、蓝三原色的组合来表示。即颜色由 3 个值指定，这 3 个值的组合称为 RGB 值。RGB 值由 1 个字节（8 位）保存，其取值范围为 0～255。RGB 的 3 个值分别对应红、绿、蓝 3 种原色的相对值。3 种原色的值合在一起决定实际的颜色值。

在 Java 中，可以使用 java.awt 包中的 Color 类定义和管理颜色。Color 类的每个对象表示一种颜色。例如：

```
int r = 255, g = 255, b = 0;
Color myColor = new Color(r, g, b);
```

上述语句使用指定的红、绿、蓝浓度构造一个新的颜色 myColor。

Color 类中还包含几个常量，提供一组基本的预定义的颜色。表 9-1 列出了 Color 类中预定义的颜色。

表 9-1 Java Color 类中预定义的颜色

颜　色	对　象	RGB 值
黑色	Color.black	0,0,0
蓝色	Color.blue	0,0,255
青色	Color.cyan	0,255,255
灰色	Color.gray	128,128,128
深灰色	Color.darkGray	64,64,64
浅灰色	Color.lightGray	192,192,192
绿色	Color.green	0,255,0
洋红色	Color.magenta	255,0,255
橙色	Color.orange	255,200,0
粉红色	Color.pink	255,175,175
红色	Color.red	255,0,0
白色	Color.white	255,255,255
黄色	Color.yellow	255,255,0

可以使用下面两个方法（在 Jcomponent 中定义）设置组件的前景色和背景色。

- public void setForeground(Color c)——设置前景色。
- public void setBackground(Color c)——设置背景色。

在这两个方法中都需要使用 java.awt.Color 类的一个实例作参数。可以使用 Color 类中预定义的颜色常量，例如 Color.red 和 Color.blue（所有预定义颜色常量都列在 Color 类的文档中），也可以使用自己创建的颜色来设置。

9.8.2 字体

可使用 setFont(Font f)方法设置组件文本的字体，此时需要使用 java.awt.Font 类的一个实例作参数。在 Java 中并没有预定义的字体常量，因此需要通过设定字体名称、风格和大小自行创建 Font 对象，例如：

```
Font f = new Font("Dialog", Font.PLAIN, 14);
```

Font 构造方法的第一个参数是字体名称，第二个参数是字体的风格，第三个参数是字体的大小。字体风格可以是以下几种常量之一：

- Font.BOLD。
- Font.ITALIC。
- Font.PLAIN。
- Font.BOLD+Font.ITALIC。

java.awt 包中提供了一个 GraphicsEnvironment 类，通过该类的 getAvailableFontFamilyNames()方法，可以获得可用的字体名列表：

```
GraphicsEnvironment.getLocalGraphicsEnvironment()
        .getAvailableFontFamilyNames();
```

由于 getAvailableFontFamilyNames()是 GraphicsEnvironment 类的实例方法，因此，首先需要调用静态方法 getLocalGraphicsEnvironment()获取代表本地绘图环境的 GraphicsEnvironment 实例，然后才能调用 getAvailableFontFamilyNames()方法。

源代码

程序 9-16

```
import java.awt.*;
import java.awt.event.*;
import javax.swing.*;

public class Example implements ActionListener{
    JFrame f;
    JButton  b;
    JTextArea ta;
    JScrollPane sp;
    public static void main(String args[]) {
      Example exam = new Example();
      exam.go();
    }

    public void go() {
      f = new JFrame("Example");
      b = new JButton("Get Available Font Family Names");

      //设置按钮的前景色、背景色和字体
      b.setForeground(Color.blue);
      b.setBackground(Color.green);
      Font font = new Font("SansSerif",Font.BOLD+Font.ITALIC,18);
      b.setFont(font);

      b.addActionListener(this);
      f.getContentPane().add(b,"South");

      ta = new JTextArea();

      //设置文本区的前景色、背景色和字体
      ta.setForeground(Color.blue);
      ta.setBackground(Color.green);
      font = new Font("Dialog",Font.BOLD,14);
      ta.setFont(font);

      sp = new JScrollPane(ta,
          JScrollPane.VERTICAL_SCROLLBAR_AS_NEEDED,
          JScrollPane.HORIZONTAL_SCROLLBAR_AS_NEEDED);
      f.getContentPane().add(sp,"Center");

      f.setDefaultCloseOperation(JFrame.EXIT_ON_CLOSE);
      f.setSize(350,350);
      f.setVisible(true);
    }
```

```
    public void actionPerformed(ActionEvent e) {
        ta.setText("");
        String[] fontFamilyNames = GraphicsEnvironment
           .getLocalGraphicsEnvironment().getAvailableFontFamilyNames();
                                                            //获取字体名列表
        ta.setText("number = "+fontFamilyNames.length+"\n");
        for (int i = 0;i<fontFamilyNames.length;i++)
             ta.append(fontFamilyNames[i]+"\n");
    }
}
```

9.8.3 绘图

除了控制组件的颜色和显示文本的字体之外，也可以在组件上绘制图形。Java 标准类库中的许多类都能用来显示并管理图形信息。java.awt 包中的 Graphics 类是所有图形处理的基础。

java.awt.Component 类中定义了 paint(Graphics g)方法。显示组件时，该方法就会被调用。java.awt.Component 中还定义了 repaint()方法。当需要重绘组件时，可以调用该方法。该方法将自动调用 paint(Graphics g)。javax.swing.JComponent 继承 java.awt.Component，并重写 paint(Graphics g)方法。在 javax.swing.JComponent 的 paint(Graphics g)方法中，会调用如下 3 个方法。

- paintComponent(Graphics g)：绘制组件。
- paintBorder(Graphics g)：绘制组件的边框。
- paintChildren(Graphics g)：绘制组件中的子组件。

通常，要在组件上绘制图形，只需要重写 JComponent 的 paintComponent(Graphics g) 方法。该方法的参数是一个 Graphics 对象，在 Graphics 中定义了如下的多种绘图方法。

- drawArc(int x, int y, int width, int height, int startAngle, int arcAngle)：沿着由左上角位置为（x, y）、宽为 width、高为 height 的外接矩形所限定的椭圆绘制一条弧。弧起始于 startAngle，延伸的距离由 arcAngle 定义。
- drawLine(int x1, int y1, int x2, int y2)：绘制一条从点（x1, y1）到点（x2, y2）的直线。
- drawOval(int x, int y, int width, int height)：绘制一个由左上角位置为（x, y）、宽为 width、高为 height 的外接矩形所限定的椭圆。
- drawPolygon(int[] xPoints, int[] yPoints, int nPoints)：绘制由 x 和 y 坐标数组定义的一系列连接线。每对（x, y）坐标都定义了一个点。如果第一个点和最后一个点不同，则图形不是闭合的。
- drawRect(int x, int y, int width, int height)：绘制一个矩形，其左上角位置为（x, y），宽为 width，高为 height。
- drawRoundRect(int x, int y, int width, int height, int arcWidth, int arcHeight)：用此图形上下文的当前颜色绘制圆角矩形的边框。矩形的左边和右边分别位于 x 和

x+width。矩形的顶边和底边位于 y 和 y+height。

- drawString(String str, int x, int y)：在点（x, y）输出字符串 str，向右扩展。

还可以用 Graphics 类的方法来指定图形是否要填充。不填充的图形只显示图形的轮廓，其余部分则是透明的，即可以看到下层的图形。上述方法绘制的图形都属于这一类。

填充的图形是实心的，会遮挡下层的图形。同样可采用上述方法绘制，然后用当前的前景色填充图形即可。例如：

- fillArc(int x, int y, int width, int height, int startAngle, int arcAngle)。
- fillOval(int x, int y, int width, int height)。
- fillPolygon(int[] xPoints, int[] yPoints, int nPoints)。
- fillRect(int x, int y, int width, int height)。
- fillRoundRect(int x, int y, int width, int height, int arcWidth, int arcHeight)。

每个图形绘制环境都有各自的前景色和背景色。用 Graphics 类中的 setColor 方法可以设置前景色，使用所画组件（如面板）的 setBackground 方法可以设置背景色。

多边形是由多条边构成的封闭图形。在 Java 中，它由对应于多边形各顶点的点序列（x, y）来定义。常用数组来保存坐标表。

使用 Graphics 类的方法可以绘制多边形，其方法类似于矩形和椭圆的绘制。和其他图形一样，多边形也可以填充或不填充的。多边形的绘制和填充方法分别是 drawPolygon()和 fillPolygon()。这两个方法都是重载的，其中使用整数数组作为参数来定义多边形的形式已经在上面列出了，还可以使用 Polygon 类的对象来定义多边形。

使用数组做参数时，drawPolygon()和 fillPolygon()方法带有 3 个参数。第 1 个参数表示多边形各点 x 坐标的整数数组；第 2 个参数表示多边形各点 y 坐标的整数数组；第 3 个参数是一个整数，表示两个数组中有多少个点可用。整体来看，前 2 个参数表示多边形各点的（x, y）坐标。

多边形是封闭的，因此列表中的最后一个点总会与第一个点相连。与多边形类似，折线也包含了连接每条线段的一系列的点。但与多边形不同的是，绘制折线时第一个坐标和最后一个坐标不会自动连接起来。因为折线不封闭，所以也不能填充。只有一个方法 drawPolyline()用来画折线。drawPolyline()方法中的参数与 drawPolygon()方法中的参数类似。

使用 Polygon 类作为参数时，可以使用 Java 标准类库的 java.awt 包中定义的 Polygon 类的对象来显式地定义多边形。drawPolygon()和 fillPolygon()方法都重载了两个方法，并且都仅带一个 Polygon 对象参数。

Polygon 对象封装了多边形边的坐标。Polygon 类的构造方法可以创建一个初始的空多边形，或是由代表各顶点坐标的整数数组定义的多边形。Polygon 类中有方法可以将点添加到多边形中，也有方法可以判定给定的点是不是在多边形上，还有方法能得到多边形的外接矩形，以及将多边形中的所有点移到其他位置。Polygon 类中的若干方法如下。

- Polygon ()——构造方法，创建空的多边形。
- Polygon (int[] xpoints, int[] ypoints, int npoints)——构造方法，使用 xpoints 和 ypopints 中的项对应的坐标对（x, y）来创建多边形。

- addPoint (int x, int y)——将由参数指定的点加入到多边形中。
- contains (int x, int y)——如果指定的点含在多边形中，则返回真。
- contains (Point p)——如果指定的点含在多边形中，则返回真。
- getBounds ()——得到多边形的外接矩形。
- translate (int deltaX, int deltaY)——将多边形的各顶点沿 x 轴偏移 deltaX，沿 y 轴偏移 deltaY。

程序 9-17 是在组件上绘制图形的例子。在该程序中，自定义了一个 MyButton 类和一个 MyPanel 类，分别继承 JButton 和 JPanel。这两个自定义类对 paintComponent(Graphics g) 方法进行了重写。该程序的运行结果如图 9-25 所示。

注意： 在重写 paintComponent (Graphics g) 方法时，需要首先调用基类的 paintComponent (Graphics g)方法。

程序 9-17

源代码

```
import java.awt.*;
import java.awt.event.*;
import javax.swing.*;

class DrawingExample implements ActionListener {
     JFrame frame;
     MyButton button;
     MyPanel panel;
     int tag = 1;

     public static void main(String args[]) {
          DrawingExample de = new DrawingExample();
          de.go();
     }

     public void go() {
          frame = new JFrame("Drawing Example");
          button = new MyButton("Draw");
          button.addActionListener(this);
          frame.getContentPane().add(button,"South");

          panel = new MyPanel();
          frame.getContentPane().add(panel,"Center");

          frame.setDefaultCloseOperation(JFrame.EXIT_ON_CLOSE);
          frame.setSize(360,200);
          frame.setVisible(true);
     }

     public void actionPerformed(ActionEvent e) {
          //按钮上的文本在 Draw 与 Clear 间切换
          if (tag == 0) {
               tag = 1;
               button.setText("Draw");
          }
```

```
        else {
            tag = 0;
            button.setText("Clear");
        }
        panel.repaint();                                //重绘 panel
    }

    //自定义的 button
    class MyButton extends JButton {
        MyButton(String text) {
            super(text);
        }

        protected void paintComponent(Graphics g){
            super.paintComponent(g);
            g.setColor(Color.red);
            int width = getWidth();
            int height = getHeight();
            g.drawOval(4, 4, width-8, height-8);    //绘制椭圆
        }
    }

    //自定义的 panel
    class MyPanel extends JPanel {
        protected void paintComponent(Graphics g){
            super.paintComponent(g);
            if (tag == 0) {
                g.setColor(Color.blue);                 //设置颜色
                g.drawLine(40,25,30,50);                //绘制直线
                g.setColor(Color.green);
                g.drawRect(100,50,100,46);              //绘制矩形
                g.setColor(Color.red);
                g.drawRoundRect(73,32,56,37,10,16); //绘制圆角矩形
                g.setColor(Color.yellow);
                g.fillOval(180,60,60,45);               //绘制填充椭圆
                g.setColor(Color.pink);
                g.fillArc(250,32,90,60,15,30);          //绘制填充圆弧
            }
        }
    }
}
```

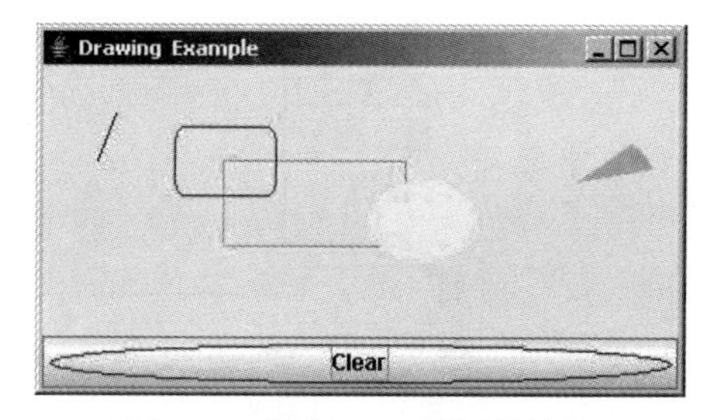

图 9-25　程序 9-17 的运行结果

习　题

9.1　编写一个程序，使之具有如图 9-26 所示的界面，并实现简单的控制：单击 Clear 按钮时清空两个文本框的内容；单击 Copy 按钮时将 Source 文本框的内容复制到 Target 文本框；单击 Close 按钮则结束程序的运行。

9.2　编写一个程序，使之具有如图 9-27 所示的界面，并实现以下功能：在右侧的选择框中选中一个人的名字时，左侧文本区会相应显示此人的简介；单击 Close 按钮时，则结束程序的运行。

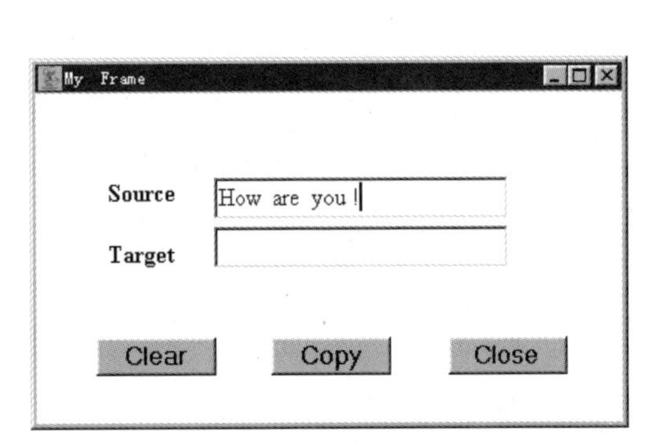

图 9-26　习题 9.1

图 9-27　习题 9.2

9.3　编写一个程序，使之具有如图 9-28 所示的界面，并且实现计算器的基本功能。

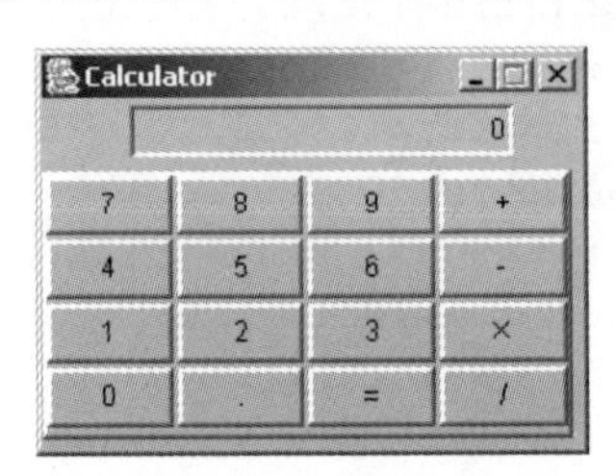

图 9-28　习题 9.3

9.4　编写一个程序，使之具有如图 9-29 所示的界面，并且实现一些自己设计的功能。

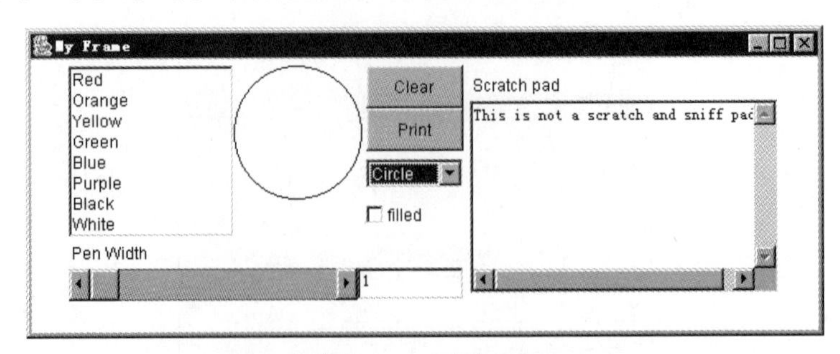

图 9-29　习题 9.4

第 10 章　Java Applet

Java 小应用程序（Java Applet）也叫小应用程序，是使用 Java 语言编写的一段代码。它嵌入到 HTML 文档中，通过网络传输并在浏览器环境下运行。它的执行方式与一般应用程序不同，生命周期也较为复杂。本章介绍 Applet 程序的编写、运行及其主要方法。

前面章节中讲解的 Java 程序称为应用程序（Application），它和本章要讨论的 Applet 不一样。虽然 Applet 与 Application 都使用 Java 语言编制，但存在较大的差别，主要表现在执行方式的不同：Application 是通过 Java 解释器执行的独立程序，一般使用命令行命令直接运行，从其 main()方法开始；而 Applet 则是在浏览器中运行的，除 Java 程序外，还必须创建一个对应的 HTML 文件，通过编写 HTML 代码告诉浏览器载入哪个 Applet 以及如何运行。运行时在浏览器中给出该 HTML 文件的 URL 地址即可，Applet 本身的执行过程也较 Application 复杂。

Applet 的独特性体现在以下方面。

1．Applet 的运行

由于 Applet 是在 Web 浏览器中运行的，因此它不能通过直接输入一条命令来启动。在运行 Applet 时，必须创建一个对应的 HTML 文件，并在该文件中通过<applet>标记指定要运行的 Applet 程序名，然后将该 HTML 文件的 URL 通知浏览器，即在浏览器中给出该 HTML 文件的 URL 地址，以此通知浏览器装入并运行该 Applet 程序。

2．Applet 的安全性限定

Applet 是可以通过网络传输和装载的程序，而通过网络装载的程序常常会暗藏某些危险。假如，有人编写 Applet 程序蓄意偷取别人的口令并将该程序放到 Internet 上。这种程序一旦被下载和执行就会引起不良后果。为了避免这类事件发生，Java 提供了一个 SecurityManager 类，该类会在 Java 虚拟机（JVM）上监控几乎所有系统级调用。在最初的版本中，SecurityManager 类提供的安全模式称为沙箱（sandbox）安全模式——JVM 提供一个沙箱，允许 Applet 在其中运行，一旦 Applet 试图离开沙箱，它的运行就会被禁止。这个机制如图 10-1 所示。

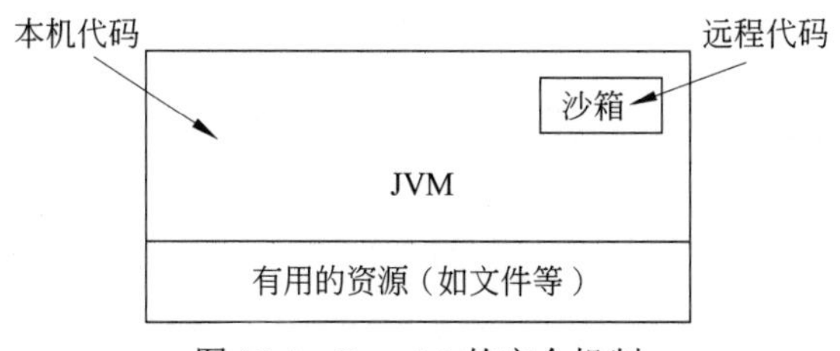

图 10-1　Java 1.0 的安全机制

JDK1.1 引入了“签名 Applet”的概念。Java 1.1 的安全机制如图 10-2 所示。如果系统能够鉴别某个数字签名是可信任的，则含有这个数字签名的 Applet 将与本机代码同等对待，可以使用本地的资源。在网络上传送时，Applet 和数字签名被组织成 JAR（Java 文档）格式一起传送，而没有数字签名的 Applet 还与前一版本一样，只在沙箱中运行。

在 Java 2 平台下，安全机制又有较大改善，如图 10-3 所示。它允许用户自己设定相关的安全级别。另外，对于应用程序，也采取了和 Applet 一样的安全策略，程序员可以根据需要对本地代码或是远程代码进行设定，以保证程序更安全高效地运行。在 Java 2 平台下，已经不区分是本机代码还是远程代码了，所有的代码均需要通过安全检查。只有具有访问许可的代码，才可以访问相关的资源。

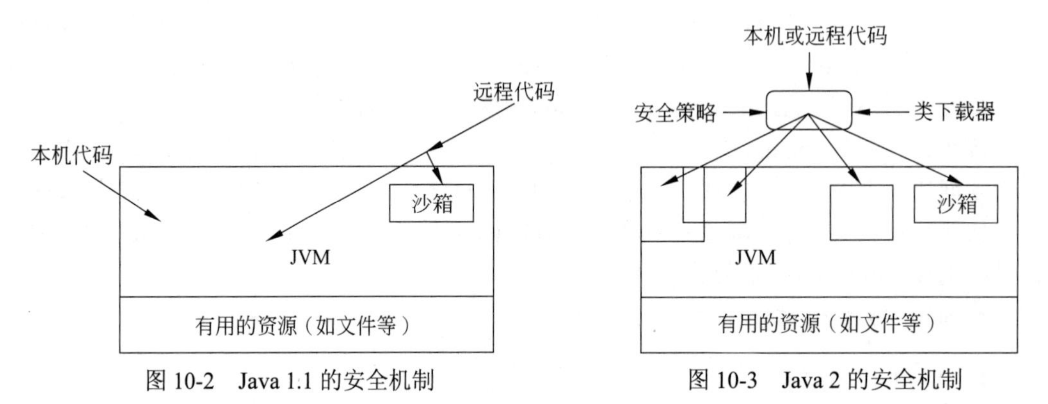

图 10-2　Java 1.1 的安全机制　　图 10-3　Java 2 的安全机制

对系统安全性的限定尺度通常是在浏览器中设定的，几乎所有的浏览器都禁止 Applet 程序的下述行为，如图 10-4 所示。

- 运行过程中调用执行另一个程序。
- 所有文件 I/O 操作。
- 调用本机（native）方法。
- 试图打开提供该 Applet 的主机以外的某个套接口（socket）。

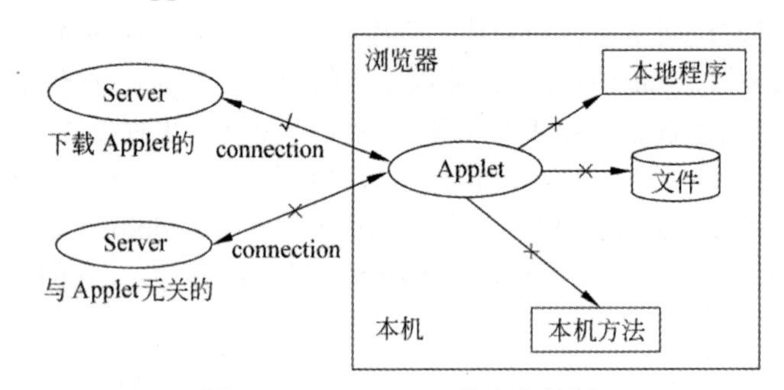

图 10-4　Java Applet 的安全机制

3. 一个简单的程序

程序 10-1 是一个名为 HelloWorld 的 Applet 程序。

程序 10-1

```
import java.awt.Graphics;
import java.applet.Applet;

public class HelloWorld extends Applet {
    String hw_text;

    public void init() {
        hw_text = "Hello World";
    }

    public void paint(Graphics g) {
        g.drawString(hw_text, 25, 25);
    }
}
```

要运行 Applet 程序，需要一个对应的 HTML 文档的配合，并要在浏览器中显示，这些内容将在后面各节介绍。假定这些工作都已经完成，则程序 10-1 的运行结果如图 10-5 所示。

图 10-5　程序 10-1 的运行结果

10.1　编写 Applet

虽然 Applet 与普通的应用程序都是使用 Java 语言编写的，但是它们在形式上不完全一样。要编写 Applet，必须以下面的形式创建一个类：

```
import java.applet.*;
public class AppletName extends Applet {
    ...
}
```

首先，这个类必须是 public 类型的，因此，程序文件的文件名需要与类名保持一致；其次，这个类必须是 java.applet.Applet 类的子类，因此要引入所需要的包。例如：

```
import java.applet.*;
public class HelloWorld extends Applet {
    ...
}
```

上述语句创建一个名为 HelloWorld 的 Applet，在保存该文件时，需要以 HelloWorld.java 作为文件名。

1．Applet 类的继承关系

java.applet.Applet 类实际上是 java.awt.Container 类的子类。图 10-6 中表示了它们之间的继承关系。

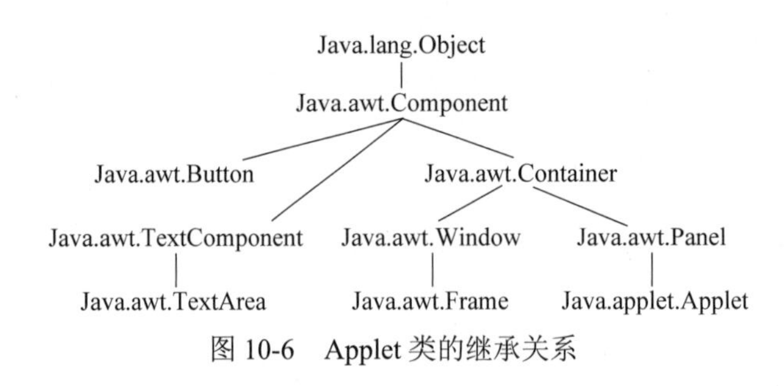

图 10-6　Applet 类的继承关系

从图 10-6 中可以看出 Applet 也是 Panel 类的子类，因此在默认情况下，Applet 使用 FlowLayout 布局管理器（即 Panel 类的默认布局管理器）。

2．Applet 的主要方法

普通应用程序总是从 main()方法开始执行，然而 Applet 与此不同，Applet 程序是从构造方法开始执行的。在构造方法执行结束以后，浏览器调用 Applet 的 init()方法，并由该方法完成 Applet 的初始化操作。在 init()方法执行结束以后，浏览器又调用一个名为 start()的方法，这个方法的功能将在后面介绍。

不论是 init()方法还是 start()方法，它们都是在 Applet 被激活前执行的，因此不能用它们来实现 Applet 的功能。事实上，与一般应用程序中的 main()方法不同，在 Applet 中，没有任何一个方法在程序的整个生命周期内自始至终一直运行。

3．Applet 的显示

Applet 本质上是个图形对象，因此，尽管可以在 Applet 中使用 System.out.println()方法输出要显示的内容，但一般都不这样做。通常是在图形环境下使用 Applet 的 paint()方法绘制要显示的内容。在浏览器中，每当 Applet 显示内容需要刷新时，paint()方法都会被调用。

paint()方法需要使用一个 java.awt.Graphics 类的实例作参数，利用这个参数，可以向 Applet 显示区域绘制文本信息或图形。程序 10-2 是一个使用 paint()方法绘制字符串的 Applet 程序。

程序 10-2

源代码

```
import java.awt.*;
import java.applet.*;

public class HelloWorld extends Applet {
    public void paint(Graphics g) {
        g.drawString("Hello  World!",25,25);
    }
}
```

在程序 10-2 中使用了 Graphics 类的 drawString()方法。该方法有 3 个参数，其中第 1 个参数是 String 型的，表示要绘制的字符串；第 2 个和第 3 个参数都是 int 型的，表示字符串在 Applet 窗口中起始位置的 x 坐标和 y 坐标。其中，y 坐标值对应于字符的基线，如果 y 坐标为 0，那么字符的上半部分将显示不出来，只有字符的下半部分是可见的。读者可以修改两个坐标的值，看看字符串的位置变化。

注意：除了 drawString()方法之外，在 Graphics 类中还定义了绘图所需要的各种方法，例如画线、画圆、画矩形等。图 10-7 是 Applet 的运行控制关系。

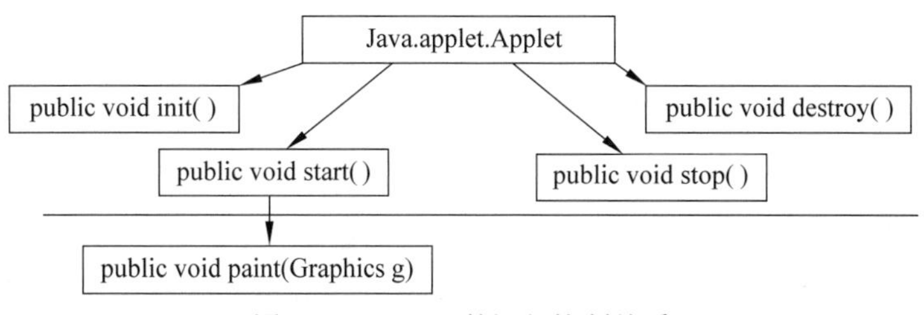

图 10-7　Applet 的运行控制关系

10.2　Applet 的方法和 Applet 的生命周期

Applet 的生命周期比较复杂，如图 10-8 所示。与此相关的方法主要有 4 个，它们分别是 init()、start()、stop()和 destroy()。

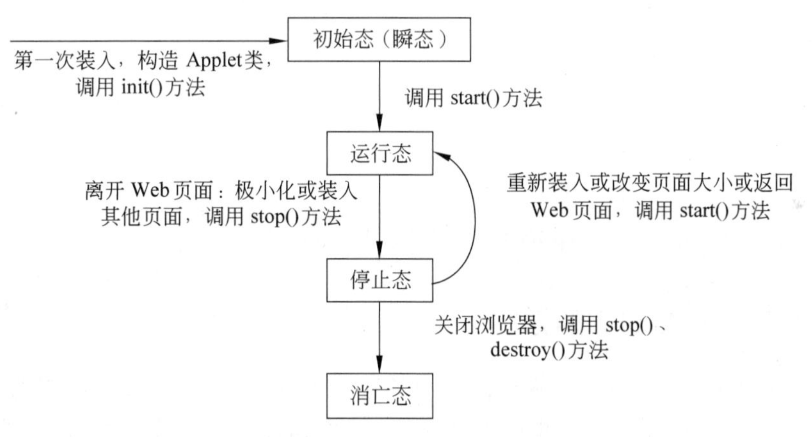

图 10-8　Applet 的生命周期

1．init()方法

当 Applet 对象被创建并初次装入支持 Java 的浏览器（如 appletviewer）时，将调用 init()方法。init()方法主要完成一些在 Applet 构造方法中所不能完成的工作，通常用于完成 Applet 的数据初始化操作。并非每次打开包含 Applet 的浏览器窗口时都要调用 init()方法，只有第一次才需这样做。

2．start()方法

init()方法执行结束后，紧接着调用 start()方法。该方法是 Applet 的主体，在其中可以执行一些任务或启动相关的线程来执行任务。

当包含 Applet 的浏览器窗口最小化之后再次恢复显示，或者从浏览器的另一个窗口切换回包含 Applet 的窗口时，start()方法都会被调用。start()方法通常用于完成诸如启动动画或演奏音乐之类的操作。例如：

```
public void start() {
    musicClip.play();   //开始播放音乐
}
```

3．stop()方法

离开 Applet 所在页面时调用 stop()方法，例如包含 Applet 的浏览器窗口被最小化或其他窗口被激活时。离开相关的页面时，Applet 从“活跃”变为“不活跃”的状态，调用 stop()方法可以停止消耗系统资源。Applet 可利用 stop()方法完成诸如停止播放动画或音乐之类的操作。例如：

```
public void stop() {
    musicClip.stop();   //停止播放音乐
}
```

stop()方法与 start()方法对应，start()方法启动某些操作，stop()方法停止某些操作。

4．destroy()方法

当浏览器终止此 Applet 时，调用 destroy()方法。浏览器关闭时也会自动调用，以清除 Applet 使用的所有资源。

10.3　Applet 的运行

10.3.1　用于显示 Applet 的方法

Applet 本身是一个 AWT 组件，因此也具有一般 AWT 组件的图形绘制功能。Applet 从 java.awt.Panel 继承而来，因此它本身也是一个容器，可以往其中添加其他的 AWT 组件，从而构造更复杂、更有用的 Applet 程序。向 Applet 中添加其他 AWT 组件及其事件处理与前面所讲的图形用户界面程序的设计是一样的。

Applet 中有 3 个与显示相关的方法，即 paint()、update()和 repaint()。这是除与生命周期有关的 4 个基本方法之外，专门用于显示及刷新的重要的 Applet 方法，它们都是在 java.awt.Component 类中声明的。

在图形环境下使用 Applet 的 paint()方法可以绘制要显示的内容。具体地说，在浏览器中，每当 Applet 显示内容需要刷新时，paint()方法都会被调用。paint()方法需要一个 java.awt.Graphics 类的实例作为参数，利用这个参数，可以向 Applet 显示区域绘制文本信息或图形。

Applet 的显示和刷新由一个独立线程控制，该线程被称为 AWT 线程。当出现以下两种情况时，AWT 线程会进行有关的处理。

第一种情况，如果 Applet 部分显示内容被其他窗口遮盖，或显示区域被调整大小、最大最小化等，那么当其他窗口关闭或移开时，曾被遮盖的部分必须重画，此时 AWT 线程会自动调用 paint()方法。

第二种情况，当需要重画显示区域时，程序会重新更新显示内容。在程序中，可以使用 repaint()方法通知系统要更新显示内容。此时 AWT 线程会自动调用 update()方法，该方法首先将当前显示画面清空，然后调用 paint()方法绘制新的显示内容。

paint()、update()和 repaint()这 3 个方法的关系如图 10-9 所示。

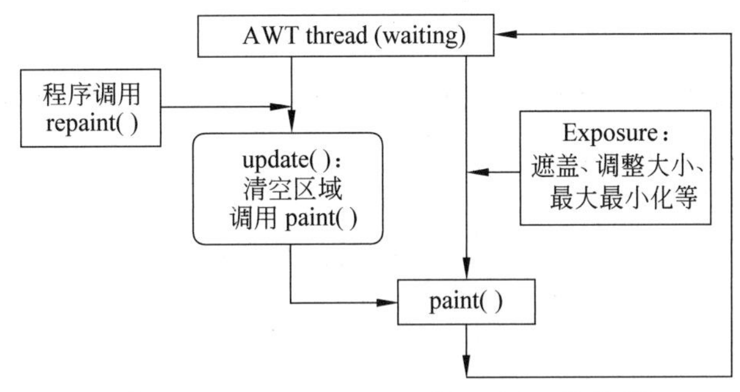

图 10-9　paint()、update()和 repaint()的关系

1．paint(Graphics g)方法

Applet 本身是一个容器，因此任何输出都必须用到图形方法 paint()。当 Applet 首次被装载，以及每次窗口放大、缩小、刷新时都要调用 paint()方法。paint()是由 AWT 线程而非程序调用，当程序希望调用 paint()方法时，可用 repaint()方法。

paint()方法的参数是 Graphics 类的对象 g，该对象不由 new 产生，而是由系统或其他方式直接将 Graphics 对象当作方法的参数，再交给 paint()方法。在 paint()方法中的这个 Graphics 类参数，是画图的关键。它支持两种绘制：一是基本画图，包括画点、线、矩形、文字等；二是画图像。在进行基本画图时，可以设定所需的颜色和字体等，这需要用到 Font、FontMetrics 和 Color 3 个类。

paint()方法必须被重写以绘制自己所需的内容。

2．update()方法

update()方法用于更新图形。它首先清除背景，然后设置前景，再调用 paint()方法完成 Applet 中的具体绘图。一般不要重写 update()方法。

3．repaint()方法

repaint()方法主要用于重绘图形，它是通过调用 update()方法来实现图形重绘的。当组件外形发生变化时，系统自动调用 repaint()方法。

AWT 线程处理组件的绘图工作，并负责其输入事件，因此必须尽量缩短 paint()方法和 update()方法的长度，特别是在 paint()方法中，不要执行太消耗时间的操作。

10.3.2 appletviewer

appletviewer 是一个可运行 Applet 的 Java 应用程序。通常，Applet 是不能独立运行的 Java 程序，必须通过<applet>标记嵌入到一个 HTML 文件中，并且在支持 Java 的 Web 浏览器（如 HotJava）中运行。为了简化和加快 Applet 程序的开发过程，JDK 附带了一个叫做 appletviewer 的工具。这个工具实际上是一个小的浏览器，利用该浏览器，可以观察 Applet 的运行情况。

用 appletviewer 运行 Applet 时，需要一个 HTML 文件名作为命令行参数，例如：

```
$ appletviewer HelloWorld.html
```

上述语句使用的命令行参数是 HelloWorld.html，在该 HTML 文件中应有<applet>标记指明需要运行的 Applet 名称。例如：

```
<html>
<applet code = HelloWorld.class width=100 height=100>
</applet>
</html>
```

其中，<applet>标记指明了要运行的 Applet 是 HelloWorld.class。

注意： appletviewer 只识别 HTML 文件中的<applet>标记，其他标记均会被忽略。因此不能用 appletviewer 观看 HTML 页面的内容。

10.3.3 HTML 与<applet>标记

开发了 Applet 程序之后，要运行 Applet 还需要有这样几个步骤：首先创建一个 HTML 文件，然后在该文件中通过<applet>标记指定要运行的 Applet 程序名，将该 HTML 文件的 URL 通知浏览器，最后通过浏览器装入并运行该 Applet 程序。

我们已经知道，Applet 是不能独立运行的 Java 程序，它必须通过<applet>标记嵌入到一个 HTML 文件中，然后由浏览器解释执行。因此，HTML 文档实际上也是要开发的程序的一部分。

1. <applet>标记语法

下面是<applet>标记的语法：

```
<applet
    code = appletFile.class
    width = pixels  height = pixels
    [codebase = codebaseURL]
    [alt = alternateText]
    [name = appletInstanceName]
    [align = alignment]
    [vspace = pixels]  [hspace = pixels]>
 [<param name = appletAttribute1  value = value>]
    [<param name = appletAttribute2  value = value>]
```

```
    ...
</applet>
```

2. 说明

（1）code = appletFile.class

必选项，指定需要运行的 Applet 的文件名，该文件名也可使用 Package.appletFile.class 的形式。注意，文件名前面不能有路径名，默认情况下，浏览器会去 HTML 文件所在的服务器目录中查找该 Applet 文件，即浏览器认为该 Applet 文件使用与 HTML 文件相同的 URL。如果想要改变 Applet 文件默认的 URL，需要使用后面的 codebase 参数。

（2）width = pixels　height = pixels

必选项，指定 Applet 显示区域的初始宽度和高度（用像素值表示）。

（3）codebase = codebaseURL

可选项，为 Applet 文件指定 URL。

（4）alt = alternateText

可选项，指定一段可替换文本。当浏览器能理解<applet>标记但不能运行 Applet 程序时，这段文本可作为提示显示出来。

（5）name = appletInstanceName

可选项，为 Applet 指定一个名字，使得在同一浏览器窗口中运行的其他 Applet 能够识别该 Applet 并可与之通信。

（6）align = alignment

可选项，指定 Applet 的对齐方式，可取值为 left、right、top、texttop、middle、absmiddle、baseline、bottom 和 absbottom。

（7）vspace = pixels　hspace = pixels

可选项，指定 Applet 与周围文本的垂直间距和水平间距（用像素值表示）。

（8）param name = appletAttribute1　value = value

可选项，为 Applet 指定参数（包括参数的名称和数值）。在 Applet 中可通过 getParameter()方法得到相应的参数。

各间距参数的意义如图 10-10 所示。

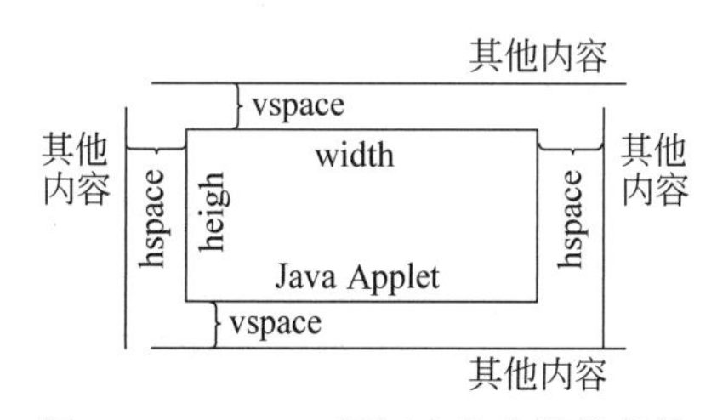

图 10-10　Applet 标记中各参数的意义

在<applet>标记中 code、width 和 height 这 3 项是必须有的，其他各项都可以不选。因此<applet>标记最简单的形式为：

```
<applet code = HelloWorld.class  width = 100  height = 100>
</applet>
```

一般情况下，Applet 显示区域的大小是固定的，其值即为<applet>标记中指定的宽度和高度，但是在某些情况下，Applet 显示区域的大小可以改变，只是大小改变之后，显示结果可能不太整齐。

10.3.4　Applet 参数的读取

在 HTML 文件中，可以通过<applet>中的<param>标记为 Applet 指定参数，例如：

```
<applet code = configureMe.class  width = 100  height = 100>
<param name = image  value = duke.gif>
</applet>
```

在这个例子中，为 Applet 指定的参数名称为 image，参数的数值为 duke.gif，实际上，这是一个图形文件的文件名。相应地，在 Applet 中，就需要使用 getParameter(String name)方法读取这个参数，见程序 10-3。它的运行结果如图 10-11 所示。

源代码

程序 10-3

```
import java.awt.*;
import java.applet.*;
import java.net.*;

public class DrawAny extends Applet {
    Image im;

    public void init() {
        //取得 HTML 文件的 URL
        URL myPage = getDocumentBase();
        //读取名为 image 的参数数值
        String imageName = getParameter("image");
        //根据指定 URL 和文件名装入一幅图像
        im = getImage(myPage, imageName);
    }

    public void paint(Graphics g) {
        //在 Applet 显示区域(0, 0)位置显示图像
        g.drawImage(im, 0, 0, this);
    }
}
```

图 10-11　程序 10-3 的运行结果

在程序 10-3 中，使用了 getParameter()方法，关于这个方法需要注意以下两点。

（1）getParameter()方法的参数为要读取的参数名称。例如本例中是 image。在对应的 HTML 文档的<applet>和</applet>标记内指定参数 image，它对应着一个图形文件 duke.gif。如果在 HTML 文件的<applet>和</applet>标记中没有 getParameter()方法指定要读取的参数，则其返回值为 null，在程序中应对此情况加以处理。

（2）getParameter()方法的返回类型为 String，如果需要其他类型的参数，则必须对其进行转换。例如需要 int 型参数的语句如下：

```
int speed = Interger.parseInt(getParameter("speed"));
```

上述语句中的 parseInt()方法的功能即是将 String 型数据转换为 int 型。

再看程序 10-4，假设有代码存储在 AppletPara.java 中，在 HTML 页面中获得参数 p1 的值，然后传送到 Applet 中，由显示方法显示出 p1 的内容，如图 10-12 所示。

程序 10-4

```
import java.awt.*;
import java.applet.*;

public class AppletPara extends Applet{
    String s1,s2;
    public void init(){
        s1 = getParameter("p1");
        s2 = getParameter("p2");
    }
    public void paint(Graphics g){
        g.drawString(s1,10,10);
        g.drawString(s2,10,30);
    }
}
```

相应的 HTML 文档如下：

```
<HTML>
    <HEAD>
        <TITLE>Applet Parameter Test</TITLE>
    </HEAD>
    <applet code="AppletPara.class"
        width=300 height=300>
        <param name=p1 value="1111111">
        <param name=p2 value="2222222">
    </applet>
</HTML>
```

图 10-12　程序 10-4 的运行结果

在这段代码中，有两个语句是非常关键的。一个是在 Applet 类中的如下语句：

```
s1 = getParameter("p1");
```

另一个是在页面中设置 Applet 参数的语句：

```
<param name=p1 value="1111111">
```

只有这两个语句配合起来，才可以达到传送参数的目的。

10.3.5　Applet 与 URL

在 java.net 包中定义了一个 URL 类，该类用于描述网络上某一资源的地址（即资源所在的服务器目录)。Applet 类中有两个方法可以返回 URL 对象。

1．getDocumentBase()

返回当前 Applet 所在的 HTML 文件的 URL。例如：

```
URL myPage = getDocumentBase();
```

2．getCodeBase()

返回当前 Applet 所在目录的 URL。除非在<applet>标记中指定了 codebase，否则这个 URL 与 HTML 文件的 URL 是一致的。例如：

```
URL AppletURL = getCodeBase();
```

通过 URL 对象，可以将声音或者图像加入到 Applet 中。

10.4　Applet 中的多媒体处理

10.4.1　在 Applet 中显示图像

Java 的 java.awt、java.awt.image 和 java.applet 包中都提供了支持图像操作的类和方法。对图像的操作包括载入、生成、显示和处理。Java 的图像信息被封装在抽象类 Image 中。目前，Java 核心类包支持 gif 和 jpeg 两种格式的图像（在扩展包中可以支持更多的图像格式)。

Image 类是抽象类，因此不能直接创建图像对象，而需要采用特殊的方法载入或生成图像对象。在 Applet 中显示图像时，通常是首先使用 Applet 类的 getImage()方法装载一个 Image 对象，然后使用 Graphics 类的 drawImage()方法将该对象画到屏幕上。

Applet 类的 getImage()方法有以下两种形式。

- public Image getImage(URL url, String name)——url 是路径，name 是图像文件名。
- public Image getImage(URL url)——url 直接包含了路径和文件名。

例如：

```
Image art = getImage(getDocumentBase(), "art.gif");
```

这条命令装载与 HTML 处于同一服务器目录的图像文件 art.gif。

使用 Graphics 类的 drawImage()方法可以将 Image 对象画到屏幕上，drawImage()方法有多种形式，其中较常用的是：

```
drawImage(Image img, int x, int y, ImageObserver observer);
```

在以上格式中，参数 img 表示要画的 Image 对象，x 和 y 表示 Image 对象的位置，observer 是绘图过程的监视器。

上述语句中的参数 observer 的类型为 ImageObserver。ImageObserver 是 java.awt.image

包中的一个接口，AWT 中的 Component 类实现了该接口。因此 Component 类及其子类的实例都可以赋给 observer 参数，但较常用的是使用当前 Applet，即用 this 作为参数。

程序 10-5 是一个显示图像文件的 Applet，该程序的运行结果如图 10-13 所示。

源代码

程序 10-5

```
import java.awt.*;
import java.applet.Applet;

public class HwImage extends Applet {
    Image flower;

    public void init() {
        //取得 Image 对象
        flower = getImage(getDocumentBase() ,"flower.gif");
    }
    public void paint(Graphics g) {
        //绘制 Image 对象
        g.drawImage(flower,25,25,this);
    }
}
```

图 10-13　程序 10-5 的运行结果

10.4.2　在 Applet 中播放声音

Java 语言也提供了播放声音文件的方法。在 Applet 中，播放声音文件的最简单的方法就是使用 Applet 类的 play()，该方法有以下两种形式。

- public void play(URL url)。
- public void play(URL url, String name)。

通常，play()方法中的 url 参数就是 HTML 文件的 url，因此可以通过 getDocumentBase()方法取得，例如：

```
play(getDocumentBase(), "bark.au");
```

这条命令指定播放与 HTML 文件处于同一服务器目录的 bark.au 文件。

程序 10-6 是一个简单的 Applet 例程，它在窗口中显示文本信息“Audio Test”并播放声音文件 sound/cuckoo.au，运行结果如图 10-14 所示。

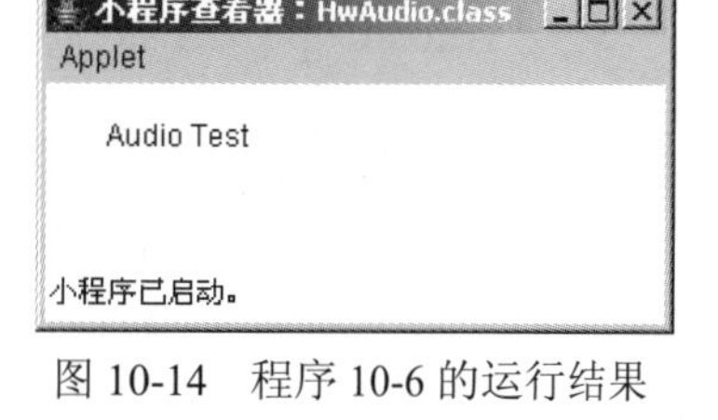

图 10-14　程序 10-6 的运行结果

程序 10-6

源代码

```
import java.awt.Graphics;
import java.applet.Applet;

public class HwAudio extends Applet {
    public void paint(Graphics g) {
        g.drawString("Audio Test", 25,25);
        play(getDocumentBase(), "sound/cuckoo.au");
```

```
    }
}
```

除了使用上面这种简单的声音播放方法之外，还可以像处理图像那样处理声音对象：先将声音对象装入内存，然后进行播放。采用这种方式播放声音文件时，需要使用java.applet.AudioClip 中的方法，因此需要事先取得一个 AudioClip 声音对象。

1．AudioClip 声音对象

使用 java.applet.Applet 类的 getAudioClip()方法可以获得 AudioClip 声音对象，该方法有以下两种形式。

- public AudioClip getAudioClip(URL url)。
- public AudioClip getAudioClip(URL url, String name)。

例如：

```
AudioClip sound;
sound = getAudioClip(getDocumentBase(), "bark.au");
```

上述命令得到一个与HTML文件处于同一服务器目录的声音文件bark.au所对应的声音对象。得到声音对象以后，就可以开始播放了。

2. 播放

播放 AudioClip 声音对象时可以使用 AudioClip 中的 play()方法，例如：

```
sound.play();
```

也可以使用 AudioClip 中的 loop()方法，该方法循环播放声音对象：

```
sound.loop();
```

3. 停止播放

使用 AudioClip 中的 stop()方法可以停止声音对象的播放：

```
sound.stop();
```

程序 10-7 是一个循环播放声音对象的 Applet。该 Applet 在初始化时取得声音文件 cuckoo.au（该文件处于 HTML 所在服务器目录的下一级子目录 sounds 中）对应的 AudioClip 对象，并在 start()方法中开始播放。

程序 10-7

源代码

```
import java.awt.Graphics;
import java.applet.*;

public class HwLoop extends Applet {
    AudioClip sound;
```

```
    public void init() {
        sound = getAudioClip(getDocumentBase(),
            "sounds/cuckoo.au");
    }

    public void paint(Graphics g) {
        g.drawString("Audio Test",25,25);
    }

    public void start() {
        sound.loop();   //循环播放
    }

    public void stop() {
        sound.stop();   //停止播放
    }
}
```

10.5 Applet 的事件处理

Applet 中也可以有事件发生，因此也可以对其中所发生的事件进行处理。

Applet 的事件处理方式与普通应用程序类似：在 Applet 中可以为各种事件注册监听程序，然后通过监听程序对事件进行响应。程序 10-8 是一个对鼠标事件进行响应的 Applet 例子。每当用户按下鼠标，该程序都会在鼠标被按下的位置显示字符串“Hello World!”。

程序 10-8

源代码

```
import java.awt.*;
import java.awt.event.*;
import java.applet.Applet;

public class HwMouse extends Applet implements MouseListener {
    int mouseX = 25;
    int mouseY = 25;

    //注册鼠标事件监听程序
    public void init() {
        addMouseListener(this);
    }

    public void paint(Graphics g) {
        g.drawString("Hello World!", mouseX, mouseY);
    }

    public void mousePressed(MouseEvent evt) {
        mouseX = evt.getX();
        mouseY = evt.getY();
```

```
        repaint();
    }

    public void mouseClicked (MouseEvent e) {}
    public void mouseEntered (MouseEvent e) {}
    public void mouseExited (MouseEvent e){}
    public void mouseReleased (MouseEvent e) {}
}
```

图 10-15　程序 10-8 的运行结果

程序 10-8 的运行结果如图 10-15 所示。

10.6　Applet 与普通应用程序的结合

Java 程序通常是一个 Applet，或者是一个普通应用程序，这二者截然不同。然而在某些情况下，却可以将二者结合起来，编写出既是 Applet 又是普通应用程序的 Java 程序。当然，这种程序会有些费解，但是一旦编写完成，即可以作为其他复杂程序的模板。程序 10-9 就是这样一个例子。

程序 10-9

```
import java.applet.Applet;
import java.awt.*;
import java.awt.event.*;

public class AppletApp extends Applet {
    //普通应用程序需要 main()方法
    public static void main(String args[]) {
        //构造一个用于放置 Applet 的框架
        Frame frame = new Frame("Application");

        //创建本类(Applet)的一个实例
        AppletApp app = new AppletApp();

        //将 Applet 放到框架的中部
        frame.add("Center",app);
        frame.setSize(200,200);
        frame.validate();
        frame.setVisible(true);

        //为窗口事件注册监听程序
        frame.addWindowListener(new WindowControl(app));

        //调用 Applet 的方法
        app.init();
        app.start();
    } //main()方法结束

    public void paint(Graphics g) {
```

```
        g.drawString("Hello World", 25,25);
    }

    public void destroy() {
        System.exit(0);
    }
}

//监听窗口事件的类
class WindowControl extends WindowAdapter {
    Applet c;
    public WindowControl (Applet c) {
        this.c = c;
    }

    public void windowClosing(WindowEvent e) {
        c.destroy();
    }
}
```

上面的程序在编译之后，既可以作为普通应用程序运行，也可以作为 Applet 嵌入 HTML 中运行。相应的 HTML 文档如下：

```
<HTML> <HEAD>
<TITLE> This page has an applet on it </TITLE>
</HEAD>
<BODY>
<APPLET CODE = "AppletApp.class"
    WIDTH = 300  HEIGHT = 200>
</APPLET>
</BODY>
</HTML>
```

程序 10-9 运行后的形式如图 10-16 所示，其中图 10-16(a)是作为 Applet 运行的结果，而图 10-16(b)是作为应用程序运行的结果。

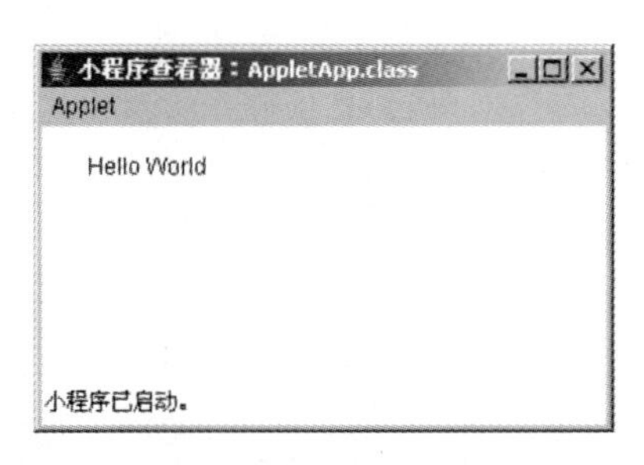

(a) Applet

(b) Application

图 10-16　程序 10-9 的运行结果

习　题

10.1　什么是Applet？它与普通应用程序有什么区别？

10.2　简述paint()、repaint()和update()这3个方法之间的调用关系。

10.3　编写一个Applet在屏幕中画一组同心圆，其中相邻两个圆的直径大小相差10像素（pixel），Applet的大小为300像素×300像素。

10.4　编写一个Applet在屏幕上画椭圆，椭圆的大小和位置由鼠标拖曳确定（按下鼠标处为椭圆外接矩形的左上角，释放鼠标处为椭圆外接矩形的右下角）。

10.5　修改习题10.4中的Applet，使它能够在鼠标指针拖曳的过程中动态改变同心圆的大小。

10.6　编写一个Applet，在随机的位置上画出几个随机大小的矩形。如果一个矩形的宽度小于高度，则矩形填充成亮紫色；如果矩形的宽度大于高度，则矩形填充为浅黄色；如果矩形的宽度与高度相等，则只用红色线画出矩形的边框。

10.7　编写一个Applet，以等间距画出等宽的几个竖条，竖条的长度随机。将最长的竖条填充为黄色，最短的竖条填充为绿色，其余的竖条填充为蓝色。

10.8　编写一个Applet，沿水平方向画出20条随机颜色的平行线段。要求线段的长度相同，整条线段都在可视区域内。

10.9　编写一个Applet，沿垂直方向画出20条随机长度的平行线段。要求线段的颜色随机，要求整条线段都在可视区域内。

10.10　编写一个Applet，随机选择矩形、圆形、椭圆、直线等形状，在可视区域内绘制20个图形，同一种图形使用同一种颜色，不需要填充。

第 11 章　Java 数据流

几乎所有的程序都离不开信息的输入和输出，例如从键盘读取数据、从文件中获取数据、向文件内存入数据、在显示器上显示数据，以及在网络上交互信息等，都涉及输入/输出的处理。在 Java 中，把这些不同类型的输入、输出源抽象为流（stream），而其中输入或输出的数据则称为数据流（data stream），用统一的接口来表示。本章主要介绍 Java 语言如何利用数据流的思想处理字节和字符的输入输出（包括 stdin、stdout 和 stderr），后面几节介绍对文件和文件中的数据进行处理的具体方法。

11.1　数据流的基本概念

数据流是指一组有顺序、有起点和终点的字节集合，如图 11-1 所示。程序从键盘接收数据或向文件中写数据，以及在网络连接上进行数据的读写操作，都可以使用数据流来完成。

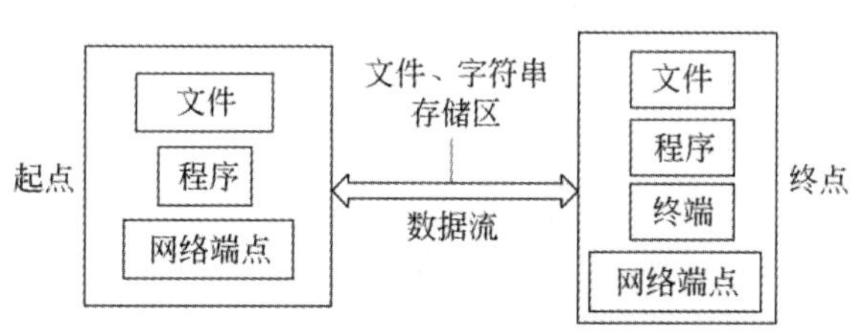

图 11-1　数据流概念

流被组织成不同的层次，如图 11-2 所示。按照最粗略的分法，数据流可以分为输入数据流（input stream）和输出数据流（output stream）。输入数据流只能读不能写，而输出数据流只能写不能读。显而易见，从数据流中读取数据时，必须有一个数据源与该数据流相连。

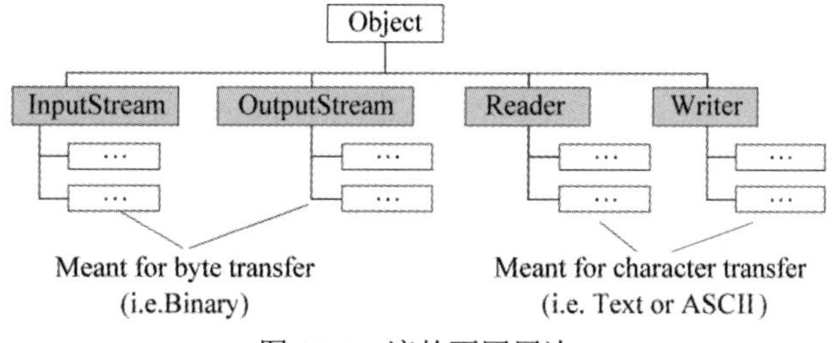

图 11-2　流的不同层次

在 Java 开发环境中，java.io 包为用户提供了几乎所有常用的数据流，因此在所有涉及数据流操作的程序中几乎都会在程序的最前面出现语句：

```
import java.io.*;
```

从而使用这些由环境本身提供的数据流类。

在 JDK1.1 之前，java.io 包中的流只有普通的字节流，即以 byte 为基本处理单位的流，这种流对于以 16 位的 Unicode 码表示的字符流处理很不方便。

从 JDK1.1 开始，java.io 包中加入了专门用于字符流处理的类，这是以 Reader 和 Writer 为基础派生的一系列的类。

另外，为了使对象的状态能够方便地永久保存下来，JDK1.1 以后的 java.io 包中提供了以字节流为基础的用于对象永久化保存状态的机制，它们通过实现 ObjectInput 和 ObjectOutput 接口实现。

11.1.1 输入数据流

输入数据流是指只能读不能写的数据流，用于向计算机内输入信息。

java.io 包中的所有输入数据流都是从抽象类 InputStream 继承而来，并且实现了其中的所有方法，包括读取数据、标记位置、重置读写指针、获取数据量等。从数据流中读取数据时，必须有一个数据源与该数据流相连。

输入数据流中提供的主要数据操作方法有：

- int read()。
- int read(byte[] b)。
- int read(byte[] b, int off , int len)。

以上 3 个函数提供了访问数据流中数据的方法，函数所读取的数据都默认为字节类型。其中最简单的是第 1 个 read()方法，它从输入流中读一个字节的二进制数据，然后以此数据为低位字节，配上一个全零字节，形成一个 0～255 之间的整数返回。它是一个抽象方法，需要在子类中具体实现。当输入流读取结束时，它会得到-1，以标志数据流的结束。

第 2 个 read()方法将多个字节读到数组中，填满整个数组。

第 3 个 read()方法从输入流中读取长度为 len 的数据，从数组 b 中下标为 off 的位置开始放置读入的数据，读毕返回读取的字节数。

和第 1 个 read()方法一样，后两个 read()方法如果得到-1，也表示输入流的结束。

在实际应用中，为提高效率，读取数据时经常以系统允许的最大数据块长度为单位读取。也就是说，要与一个后面即将讨论的 BufferedInputStream 相连。

- void close()。

当结束对一个数据流的操作时应该将其关闭，同时释放与该数据流相关的资源，用到的方法即是 close()。

注意：因为 Java 提供系统垃圾自动回收功能，所以当一个流对象不再使用时，可以由运行时系统自动关闭。但是，为提高程序的安全性和可读性，建议读者还是养成显式关闭输入输出流的习惯。

- int available()。

该方法返回目前可以从数据流中读取的字节数（但实际的读操作所读得的字节数可能大于该返回值）。

- long skip(long l)。

该方法跳过数据流中指定数量的字节不读，返回值表示实际跳过的字节数。

对数据流中字节的读取通常是从头到尾顺序进行的，如果要以反方向读取，则需要使用回推（push back）操作。在支持回推操作的数据流中经常用到下面几个方法：

- boolean markSupported()。
- void mark(int markarea)。
- void reset()。

方法 markSupported()用于指示数据流是否支持回推操作。当一个数据流支持 mark()和 reset()方法时，返回 true，否则返回 false。方法 mark()用于标记数据流的当前位置，并划出一个缓冲区，其大小至少为指定参数的大小。在执行完随后的 read()操作后，调用方法 reset()将回到输入数据流中被标记的位置。

11.1.2 输出数据流

输出数据流是指只能写不能读的流，用于从计算机中输出数据。

与输入流类似，java.io 包中的所有输出数据流大多是从抽象类 OutputStream 继承而来，并且实现了其中的所有方法，这些方法主要提供关于数据输出方面的支持。

输出数据流中提供的主要数据操作方法有以下几种。

1. void write(int i)

该方法的含义是将字节 i 写入数据流中，它只输出低位字节。该方法是抽象方法，需要在其输出流子类中加以实现，然后才能使用。

2. void write(byte b[])

该方法的含义是将数组 b[]中的全部 b.length 个字节写入数据流。

3. void write(byte b[], int off, int len)

该方法的含义是将数组 b[]中从第 off 个字节开始的 len 个字节写入数据流。

在实际应用中，和操作输入数据流一样，通常以系统允许的最大数据块长度为单位进行写操作。

4. void close()

当结束对输出数据流的操作时应该将其关闭，这与输入数据流非常相似。

5. void flush()

在目前通用的存储介质中，内存访问的速度最快，因此，为加快数据传输速度，提高数据输出效率，有时输出数据流会在提交数据之前把所要输出的数据先锁定在内存缓冲区中，然后成批地输出，每次传输过程都以某特定数据长度为单位进行。在这种方式下，数据的末尾一般都会有一部分数据由于数量不够一个批次，而存留在缓冲区里，调用 flush()方法可以将这部分数据强制提交，其作用形式如图 11-3 所示。

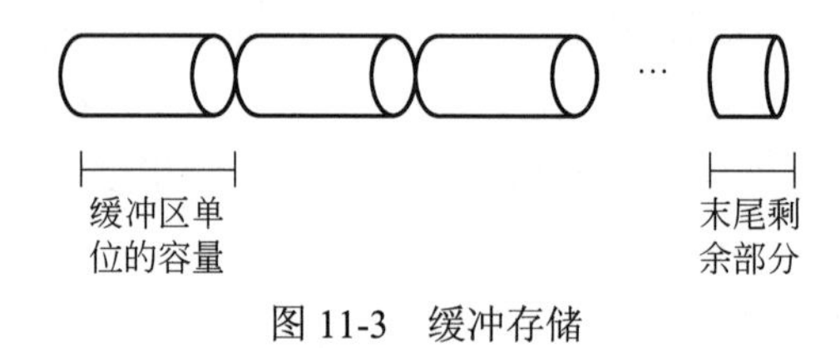

图 11-3　缓冲存储

11.2　基本字节数据流类

前面提到的 InputStream 和 OutputStream 这两个类都是抽象类。而抽象类不能进行实例化，因此在实际使用中经常用到的并不是这两个类，而是一系列基本数据流类。它们都是 InputStream 和 OutputStream 的子类，在实现其父类方法的同时又都定义了其特有的功能。下面介绍常用的基本数据流，其他种类的数据流可以参考有关 API 文档。

11.2.1　文件数据流

文件数据流包括 FileInputStream 和 FileOutputStream，这两个类用来进行文件的 I/O 处理，其数据源或数据终点都应当是文件。通过它们所提供的方法可以对本机上的文件进行操作，但是它们不支持方法 mark()和 reset()。在构造文件数据流时，可以直接给出文件名，见例 11-1。

例 11-1　文件数据流示例。

```
FileInputStream fis = new FileInputStream("myFile.dat");
```

上述语句把文件 myFile.dat 作为该数据流的数据源。

同样可以使用 FileOutputStream 向文件中输出字节，见例 11-2。

例 11-2　文件数据流示例。

```
FileOutputStream out = new FileOutputStream("myFile.dat");
out.write('H');
out.write(69);
out.write(76);
out.write('L');
out.write('O');
out.write('!');
out.close();
```

执行上述语句，即可在 myFile.dat 文件中保存字符串 HELLO!。

使用文件数据流进行 I/O 操作时，对于 FileInputStream 类的实例对象，如果所指定的文件不存在，就会产生 FileNotFoundException 异常，由于它是非运行时异常，因此必须加以捕获或声明。对于 FileOutputStream 类的实例对象，如果所指定的文件不存在，那么系统会新建一个文件；如果文件存在，则新写入的内容将会覆盖原有数据。如果在读、写文件或生成新文件时发生错误，也会产生 IOException 异常，也需要程序员捕获并处理，见程序 11-1。

程序 11-1

源代码

```
import java.io.*;
public class FileOutputStreamTest {
    public static void main(String args[]) {
        try {
            FileOutputStream out = new FileOutputStream("myFile.dat");
            out.write('H');
            out.write(69);
            out.write(76);
            out.write('L');
            out.write('O');
            out.write('!');
            out.close();
        } catch (FileNotFoundException e) {
            System.out.println("Error: Cannot open file for writing.");
        } catch (IOException e) {
            System.out.println("Error: Cannot write to file.");
        }
    }
}
```

可以使用 FileInputStream 来读取 FileOutputStream 输出的数据，见程序 11-2。

程序 11-2

源代码

```
import java.io.*;
public class FileInputStreamTest {
    public static void main(String args[]) {
        try {
            FileInputStream in = new FileInputStream("myFile.dat");
            while(in.available()>0)
                System.out.print(in.read()+" ");
            in.close();
        } catch (FileNotFoundException e) {
            System.out.println("Error: Cannot open file for reading.");
        } catch (EOFException e) {
            System.out.println("Error: EOF encountered, file may be
                                corrupted.");
        } catch (IOException e) {
            System.out.println("Error: Cannot read from file.");
        }
    }
}
```

程序 11-2 的运行结果如图 11-4 所示。

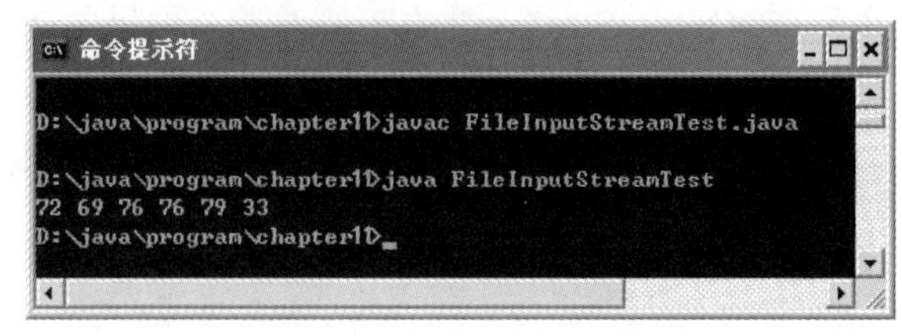

图 11-4 程序 11-2 的运行结果

11.2.2 过滤流

本节介绍称为过滤器（filter）的另外一种数据流。一个过滤器数据流在创建时与一个已经存在的数据流相连，因此在从这样的数据流中读取数据时，它提供的是对一个原始输入数据流的内容进行了特定处理的数据。

1. 缓冲区数据流

缓冲区数据流有 BufferedInputStream 和 BufferedOutputStream，它们都属于过滤器数据流，都是在数据流上增加了一个缓冲区。当读写数据时，数据以块为单位先进入缓冲区（块的大小可以进行设置），其后的读写操作则作用于缓冲区。由于采用这个办法降低了不同硬件设备之间速度的差异，提高了 I/O 操作的效率，故对于有大量 I/O 操作的程序而言，这具有非常重要的意义。与此同时，这两个流还提供了对 mark()、reset()和 skip()等方法的支持。

在创建该类的实例对象时，有两种方法可以使用。一种是取默认缓冲区的大小，如：

```
FileInputStream fis = new FileInputStream("myFile.dat");
InputStream is = new BufferedInputStream(fis);
FileOutputStream fos = new FileOutputStream("myFile.dat");
OutputStream os = new BufferedOutputStream(fos);
```

另一种是自行设置缓冲区的大小，如：

```
FileInputStream fis = new FileInputStream("myFile.dat");
InputStream is = new BufferedInputStream(fis, 1024);
FileOutputStream fos = new FileOutputStream("myFile.dat");
OutputStream os = new BufferedOutputStream(fos, 1024);
```

注意：一般在关闭某个缓冲区输出流之前，应使用 flush()方法强制输出剩余数据，以确保缓冲区内的所有数据全部写入输出流。

2. 数据数据流

在前面提到的数据流中，处理的数据都是指字节或字节数组，这是进行数据传输时系统默认的数据类型。但实际上，很多情况下所处理的数据并非只是这两种类型，这时就要应用一种专门的数据流来处理。DataInputStream 和 DataOutputStream 就是这样的两个过滤器数据流，它们允许通过数据流来读写 Java 基本数据类型，例如布尔型（boolean）、浮点型（float）等。它们的创建方式如下（这里假设 is 和 os 是前面已经建立好的输入输出数据流对象）：

```
DataInputStream dis = new DataInputStream(is);
DataOutputStream dos = new DataOutputStream(os);
```

在这两个类中之所以能够对这些基本数据类型进行操作，是因为它们提供了一组特定的方法来操作不同的基本数据类型。例如，在 DataInputStream 类中，提供了如下一些方法：

- byte readByte()。
- long readLong()。
- double readDouble()。
- boolean readBoolean()。
- String readUTF()。
- int readInt()。
- float readFloat()。
- short readShort()。
- char readChar()。

从方法名字就可以判断出，上述方法分别对 byte、long、double 和 boolean 等类型进行读取。

相应地，在 DataOutputStream 类中提供了如下方法：

- void writeByte(int aByte)。
- void writeLong(long aLong)。
- void writeDouble(double aDouble)。
- void writeBoolean(boolean aBool)。
- void writeUTF(String aString)。
- void writeInt(int anInt)。
- void writeFloat(float aFloat)。
- void writeShort(short aShort)。
- void writeChar(char aChar)。

同样地，上述方法分别对 byte、long、double 和 boolean 等类型进行写入。

可以看出，DataInputStream 的方法与 DataOutputStream 的方法都是成对出现的。查询 API 文档，就会发现在这两个数据流中其实都定义了对字符串进行读写的方法，但是，由于字符编码的原因，应该避免使用这些方法。后面要讲的 Reader 和 Writer 重载了这两个方法，当对字符串进行操作时应该使用 Reader 和 Writer 两个系列类中的方法。

11.2.3 管道数据流

管道数据流主要用于线程间的通信，一个线程中的 PipedInputStream 对象从另一个线程中互补的 PipedOutputStream 对象中接收输入，因此 PipedInputStream 类必须和 PipedOutputStream 类一起使用，来建立一个通信通道。也就是说，管道数据流必须同时具备可用的输入端和输出端。

创建一个通信通道可以按照下面的 3 个步骤进行。

（1）建立输入数据流，方法如下：

```
PipedInputStream pis = new PipedInputStream();
```

（2）建立输出数据流，方法如下：

```
PipedOutputStream pos = new PipedOutputStream();
```

（3）将输入数据流和输出数据流连接起来，方法如下：

```
pis.connect(pos);
```

或者

```
pos.connect(pis);
```

这种创建形式用到的是两个类中无参数的构造函数，除此之外，还可以应用另外的一种构造方法，直接将输入流与输出流连接起来，如下所示：

```
PipedInputStream pis = new PipedInputStream();
PipedOutputStream pos = new PipedOutputStream(pis);
```

或者

```
PipedOutputStream pos = new PipedOutputStream();
PipedInputStream pis = new PipedInputStream(pos);
```

管道的两端建立连接以后就可以进行数据的通信了，见程序 11-3。

程序 11-3

源代码

```
import java.io.*;
public class PipedStreamDemo{
    public static void main(String args[]) throws IOException{
         //将可能发生的异常交由系统处理
          PipedOutputStream pos = new PipedOutputStream();
          PipedInputStream pis = new PipedInputStream(pos);
          byte datamover = 0;
          System.out.println("\nNow I start to work......\n");
          try{
               System.out.println("transfer "+datamover+" to pos.\n");
               pos.write(datamover);
               System.out.println("pis get:"+(byte)pis.read());
          }
          finally{
               pis.close();
               pos.close();
```

```
        }
    }
}
```

程序 11-3 的运行结果如图 11-5 所示。

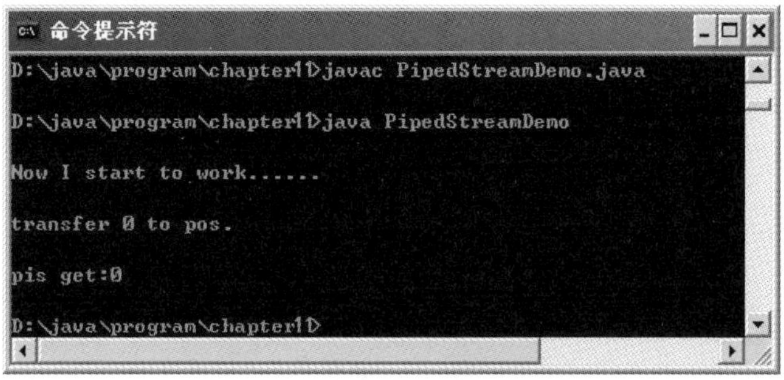

```
命令提示符
D:\java\program\chapter11>javac PipedStreamDemo.java

D:\java\program\chapter11>java PipedStreamDemo

Now I start to work......

transfer 0 to pos.

pis get:0

D:\java\program\chapter11>
```

图 11-5　程序 11-3 的运行结果

注意：最后的两条语句，作为程序的末尾，最好强制关闭数据流。同时，如果利用数据流的串接建立了一个数据流栈，则应关闭栈顶的数据流，这时低层的数据流通过这个操作也将自行关闭。

11.2.4　对象流

能够输入输出对象的流称为对象流。

Java 中的数据流不仅能对基本数据类型的数据进行操作，而且也提供了把对象写入文件数据流或从文件数据流中读出的功能，这一功能是通过 java.io 包中 ObjectInputStream 和 ObjectOutputStream 两个类实现的。

1. 写对象数据流

分析例 11-3 中的代码段，它将一个 java.util.Date 对象实例写入文件。

例 11-3　对象流示例。

```
Date d = new Date();
FileOutputStream f = new FileOutputStream("date.ser");
ObjectOutputStream s = new ObjectOutputStream(f);
try{
    s.writeObject(d);
    s.close();
}catch(IOException e){
    e.printStackTrace();
}
```

2. 读对象数据流

读对象和写对象一样简单，但是要注意，readObject()方法把数据流以 Object 类型返回，返回内容应该在转换为正确的类型之后再执行该类的方法。

例 11-4 对象流示例。

```
Date d = null;
FileInputStream f = new FileInputStream("date.ser");
ObjectInputStream s = new ObjectInputStream(f);
try{
    d = (Date)s.readObject(d);
    s.close();
}catch(IOException e){
    e.printStackTrace();
}
System.out.println("Date serialized at "+d);
```

11.2.5 可持久化

1. 持久化的概念

记录自己的状态以便将来再生的能力，叫对象的持久性（persistence）。一个对象是可持久的，意味着可以把这个对象存入磁盘、磁带，或传入另一台机器，保存在它的内存或磁盘中。也就是说，把对象存为某种永久存储类型。

对象通过写出描述自己状态的数值来记录自己的过程叫持久化（或串行化，serialization）。持久化的主要任务是写出对象实例变量的数值，如果变量是另一个对象的引用，则引用的对象也要串行化。这个过程是递归的，保存的结果可以看作是一个对象网。

JDK1.1 新增了接口 java.io.Serializable，并对 Java 虚拟机做了改动，以支持将 Java 对象存为数据流的功能。Serializable 接口中没有定义任何方法，只是作为一个标记来指示实现该接口的类可以被持久化，而没有实现该接口的类的对象则不能长期保存其状态。这意味着只有实现 Serializable 接口的类才能被串行化。当一个类声明实现 Serializable 接口时，表明该类加入了对象串行化协议。在 Java 中，允许可串行化的对象通过对象流进行传输。

例 11-5 串行化示例。

```
public class Student implements Serializable{
    int id;
    String name;
    int age;
    String department;
    public Student(int id, String name, int age, String department){
        this.id = id;
        this.name = name;
        this.age = age;
        this.department = department;
    }
}
```

要串行化一个对象，必须与特定的对象输出输入流联系起来，通过对象输出流将对象状态保存下来（将对象保存到文件中，或者通过网络传送到其他地方），之后再通过对象输入流将对象状态恢复。

这一功能通过 java.io 包中的 ObjectOutputStream 和 ObjectInputStream 两个类实现。前者用 writeObject()方法直接将对象保存到输出流中，而后者用 readObject()方法直接从输入流中读取一个对象。

在例 11-5 定义了类 Student 之后，对象的存储见程序 11-4。

程序 11-4

源代码

```
import java.io.*;

public class Objectser implements Serializable{
    public static void main(String args[]){
        Student stu = new Student(981036, "Li Ming", 16, "CSD");
        try{
            FileOutputStream fo = new FileOutputStream("data.ser");
            ObjectOutputStream so = new ObjectOutputStream(fo);
            so.writeObject(stu);
            so.close();
        }catch(Exception e){
            System.out.println(e);
        }
    }
}
```

对象的恢复见程序 11-5。

程序 11-5

源代码

```
import java.io.*;

public class ObjectRecov implements Serializable{
    public static void main(String args[]){
        Student stu = null;
        try{
            FileInputStream fi = new FileInputStream("data.ser");
            ObjectInputStream si = new ObjectInputStream(fi);
            stu = (Student)si.readObject();
            si.close();
        }catch(Exception e){
            System.out.println(e);
        }
        System.out.println("ID: "+stu.id+"name:"+
            stu.name+"age:"+stu.age+"dept.:"+stu.department);
    }
}
```

执行程序 11-5，对象的内容输出如图 11-6 所示。

图 11-6　程序 11-5 的运行结果

2. 对象结构表

串行化只能保存对象的非静态成员变量，而不能保存任何成员方法和静态成员变量，而且保存的只是变量的值，不能保存变量的任何修饰符，访问权限（public、protected、private）对于数据域的持久化没有影响。

有一些对象类不具有可持久性，因为其数据的特性决定了它会经常变化，其状态只是瞬时的，这样的对象无法保存其状态，如 Thread 对象或流对象。这样的成员变量必须用 transient 关键字标明，否则编译器将报错。任何用 transient 关键字标明的成员变量，都不会被保存。

另外，串行化可能涉及将对象存放到磁盘上或在网络上发送数据，这时会产生安全问题。对于一些需要保密的数据，不应保存在永久介质中（或者不应简单地不加处理地保存下来），为了保证安全，应在这些变量前加上 transient 关键字。如果一个可持久化对象中包含一个指向不可持久化元素的引用，则整个持久化操作将失败。

当数据变量是一个对象时，该对象的数据成员也可以被持久化。对象的数据结构或结构树，包括其子对象树在内，构成了这个对象的结构表。

注意：如果一个对象结构表中包含了一个对不可持久化对象的引用，而这个引用已用关键字 transient 加以标记，则这个对象仍可以被持久化，见例 11-6。

例 11-6　整个对象的持久化。

```
public class MyClass implements Serializable{
    public transient Thread myThread;
    private String customerID;
    private int total;
}
```

因为 myThread 域有 transient 修饰，所以尽管它为不可持久化元素，但其整个对象仍可持久化。类似地，如果对象的成员数据不适合进行持久化，则可以使用关键字 transient 以防止数据被持久化，见例 11-7。

例 11-7　数据不被持久化。

```
public class MyClass implements Serializable{
    public transient Thread myThread;
    private transient String customerID;
    private int total;
}
```

尽管变量 customerID 是可持久化元素，但由于有 transient 修饰，因此，整个对象在持久化时不会对它进行持久化。

11.3 基本字符流

从 JDK1.1 开始，java.io 包中加入了专门用于字符流处理的类，它们是以 Reader 和 Writer 为基础派生的一系列类。

与 InputStream 和 OutputStream 类一样，Reader 和 Writer 也是抽象类，只提供了一系列用于字符流处理的接口。它们的方法与 InputStream 类和 OutputStream 类类似，只不过其中的参数要换成字符或字符数组。

11.3.1 读者和写者

读者（Reader）和写者（Writer）是 Java 提供的对不同平台间数据流中的数据进行转换的功能。与其他程序设计语言使用 ASCII 字符集不同，Java 使用 Unicode 字符集表示字符串和字符。ASCII 字符集以一个字节（byte）（8 位）来表示一个字符，因此可以认为一个字符就是一个字节。但 Java 使用的 Unicode 是一种大字符集，要用两个字节（16 位）来表示一个字符，这时字节与字符就不再统一了。为了实现与其他程序语言交互，或是允许程序用于不同平台，Java 必须提供一种 16 位的数据流处理方案，使得数据流中的数据可以进行与以往等效的处理。这种 16 位方案称作读者和写者。像数据流一样，在 java.io 包中有许多不同类对其进行支持。其中最重要的方案是 InputStreamReader 和 OutputStreamWriter。这两个类是字节流和读者、写者的接口，用来在字节流和字符流之间作为中介。使用这两者进行字符处理时，在构造方法中应指定一定的平台规范，以便把以字节方式表示的流转换为特定平台上的字符表示。

例如，构造方法如下所示：

```
InputStreamReader(InputStream in);                    //默认规范
InputStreamReader(InputStream in, String enc);        //指定规范 enc
OutputStreamWriter(OutputStream out);                 //默认规范
OutputStreamWriter(OutputStream out, String enc);     //指定规范 enc
```

借助于这种转换系统，Java 既能够充分利用本地平台字符设置的灵活性，同时又可通过内部使用 Unicode 保留平台无关性。

在构造一个 InputStreamReader 或 OutputStreamWriter 时，Java 还定义了 16 位 Unicode 和其他平台的特定表示方法之间的转换规则。由于单字节表示字符的方法使用的广泛性，在进行 Java 字符与其他平台转换时，如果不进行特定声明，在默认情况下，单纯构造一个读者或写者连接到一个数据流，则将字节码作为默认平台和 Unicode 进行转换。

如果读取的字符流不是来自本地的（例如网上某处与本地编码方式不同的机器），那么在构造字符输入流时就不能简单地使用默认编码规范，而应该指定一种统一的编码规范。在英语国家中，字节编码采用的协议是 ISO 8859_1。ISO 8859_1 是 Latin-1 编码系统映射到 ASCII 的标准，能够在不同平台之间正确转换字符。除此之外，也可以利用目前已提供支持的编码形式列表中的一项来指定另一种字节编码方式。这个编码形式列表可以在 native2ascii 工具文件中找到。

有的时候需要从与本地字符编码方式不同的数据源中读取输入内容，例如从网络上一台不同类型的机器上读取数据。这时就需要用明确的字符编码方式来构造 InputStreamReader，否则，程序会把读到的字符当作本地表达方法来进行转换，这样可能会引起错误。构造映射到 ASCII 码的标准的 InputStreamReader 的方法如下：

```
ir = new InputStreamReader(System.in, "8859_1");
```

读者提供的方法包括以下几种：

- void close()。
- void mark(int readAheadLimit)。
- boolean markSupported()。
- int read()。
- int read(char[] cbuf)。
- int read(char[] cbuf, int off, int len)。
- boolean ready()。
- void reset()。
- long skip(long n)。

写者提供的方法包括以下几种：

- void close()。
- void flush()。
- void write(char[] cbuf)。
- void write(char[] cbuf, int off, int len)。
- void write(int c)。
- void write(String str)。
- void write(String str, int off, int len)。

11.3.2 缓冲区读者和缓冲区写者

与其他 I/O 操作一样，如果格式转换以较大数据块为单位进行，那么效率会较高。为此目的，java.io 中提供了 BufferedReader 和 BufferedWriter 两个缓冲流。其构造方法与 BufferedInputStream 和 BufferedOutputStream 类似。

另外，除了 read()和 write()方法外，它还提供了以下的整行字符处理方法。

- public String readLine()——BufferedReader 的方法，从输入流中读取一行字符，行结束标志为'\n'、'\r '或两者一起。
- public void newLine()——BufferedWriter 的方法，向输出流中写入一个行结束标志。

把 BufferedReader 或 BufferedWriter 正确连接到 InputStreamReader 或 OutputStream-

Writer 的末尾是一个很好的方法。但是记住要在 BufferedWriter 中使用 flush()方法，以强制清空缓冲区中的剩余内容，防止遗漏，见程序 11-6。

程序 11-6

```
import java.io.*;
class FileToUnicode{
    public static void main(String args[]){
        try{
            FileInputStream fis = new FileInputStream("file1.txt");
            InputStreamReader dis = new InputStreamReader(fis);
            BufferedReader reader = new BufferedReader(dis);
            String s;
            while((s = reader.readLine())! = null){
                System.out.println("read: "+s);
            }
            dis.close();
        }catch(IOException e){
            System.out.println(e);
        }
    }//main()
}//class
```

程序 11-6 从 file1.txt 文件中每读出一行，就在行首加上字符串 read:将其显示出来，如图 11-7 所示。

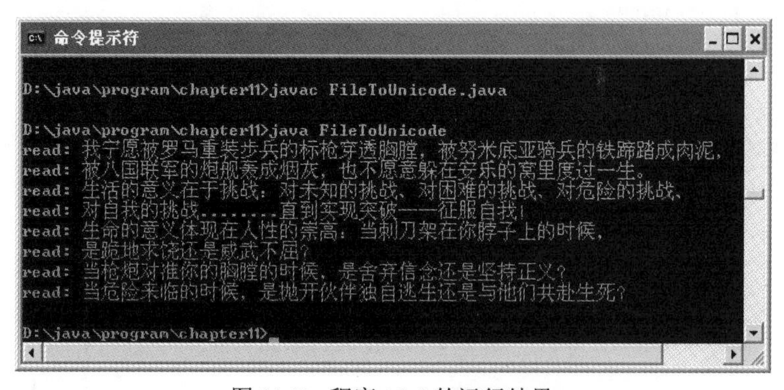

图 11-7　程序 11-6 的运行结果

程序 11-7 实现的是从标准输入通道读取字符串信息然后进行输出。

程序 11-7

源代码

```
import java.io.*;
public class CharInput{
    public static void main(String args[]) throws IOException{
        String s;
        InputStreamReader ir;
        BufferedReader in;
        ir = new InputStreamReader(System.in);
        in = new BufferedReader(ir);
```

```
        while ((s = in.readLine())! = null){
            System.out.println("Read: "+s);
        }
    }
}
```

在这里，程序将标准输入流（System.in）串接到一个 InputStreamReader 上，而后又将其串接到一个 BufferedReader 上，把键盘输入的内容经过处理显示在屏幕上，如图 11-8 所示。

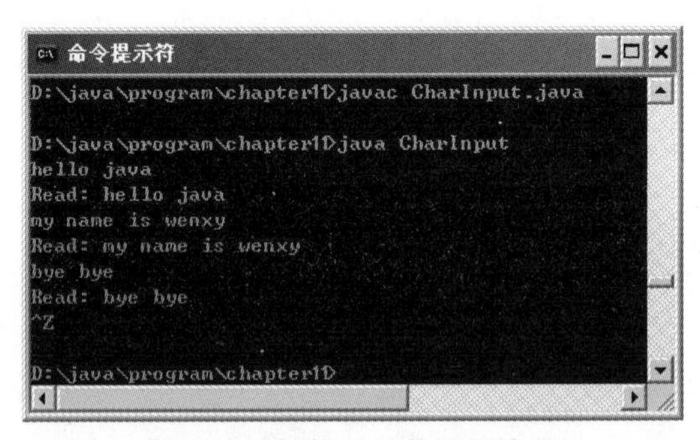

图 11-8　程序 11-7 的运行结果

程序 11-8 中使用 PrintWriter 类中的 print()或 println()方法，输出文本格式的内容。这里假定已经定义了 BankAccount 类，如下所示：

```
class BankAccount{
    String ownerName;
    int accountNumber;
    float balance;
    String getOwnerName()
    {
        return ownerName;
    }
    void setOwnerName(String ownerName)
    {
        this.ownerName = ownerName;
    }
    int getAccountNumber() {
        return accountNumber;
    }
    void setAccountNumber(int accountNumber) {
        this.accountNumber = accountNumber;
    }
    float getBalance() {
        return balance;
    }
    void setBalance(float balance){
        this.balance = balance;
    }
    BankAccount(String ownername,int accountnumber)
```

```
    {
        this.ownerName = ownername;
        this.accountNumber = accountnumber;
    }
    BankAccount(String ownername,int accountnumber,float balance)
    {
        this.ownerName = ownername;
        this.accountNumber = accountnumber;
        this.balance = balance;
    }
}
```

程序 11-8

```
import java.io.*;
public class PrintWriterTest {
    public static void main(String args[]) {
        try {
            PrintWriter out = new PrintWriter(new FileWriter
                                        ("myAccount2.dat"));
            BankAccount aBankAccount = new BankAccount("LiuWei",3000);
            out.println(aBankAccount.getOwnerName());
            out.println(aBankAccount.getAccountNumber());
            out.println("$"+aBankAccount.getBalance());
            out.close();
        } catch (FileNotFoundException e) {
            System.out.println("Error: Cannot open file for writing.");
        } catch (IOException e) {
            System.out.println("Error: Cannot write to file.");
        }
    }
}
```

源代码

程序 11-9 使用 readLine()方法从文本文件中缓冲读取内容，运行结果如图 11-9 所示。

程序 11-9

```
import java.io.*;
public class BufferedReaderTest {
    public static void main(String args[]) {
        try {
            BufferedReader in = new BufferedReader (new FileReader
                                ("myAccount2.dat"));
            BankAccount aBankAccount = new BankAccount();
            aBankAccount.setOwnerName(in.readLine());
            aBankAccount.setAccountNumber(Integer.parseInt(in.
                                readLine()));
            in.read(); //读取
            in.close();
            System.out.println(aBankAccount);
            System.out.println(aBankAccount.ownerName+
```

源代码

```
                aBankAccount.accountNumber+aBankAccount.balance);
        } catch (FileNotFoundException e) {
            System.out.println("Error: Cannot open file for reading.");
        } catch (EOFException e) {
            System.out.println("Error: EOF encountered, file may be
                                corrupted.");
        } catch (IOException e) {
             System.out.println("Error: Cannot read from file.");
        }
    }
}
```

图 11-9　程序 11-9 的运行结果

11.4　文件的处理

11.4.1　File 类

在对一个文件进行 I/O 操作之前，必须先获得这个文件的基本信息，例如文件能不能被读取，能不能被写入，绝对路径是什么，文件长度是多少等。类 java.io.File 提供了获取文件基本信息及操作文件的一些工具。

要创建一个新的 File 对象可以使用以下 3 种构造方法。

第 1 种方法：

```
File myFile;
myFile = new File("mymotd");
```

第 2 种方法：

```
myFile = new File("/", "mymotd");
```

第 3 种方法：

```
File myDir = new File("/");
myFile = new File(myDir, "mymotd");
```

使用何种构造方法通常由其他被访问的文件对象来决定。例如，当在应用程序中只用到一个文件时，那么使用第一种构造方法最为实用；但如果使用了一个共同目录下的几个文件，则使用第 2 种或第 3 种构造方法更方便。

创建 File 类的对象后，可以应用其中的相关方法来获取文件的信息。

1. 与文件名相关的方法

- String getName()——获取文件名。
- String getPath()——获取文件路径。
- String getAbsolutePath()——获取文件绝对路径。
- String getParent()——获取文件父目录名称。
- boolean renameTo(File newName)——更改文件名，成功则返回 true，否则返回 false。

2. 文件测定方法

- boolean exists()——文件对象是否存在。
- boolean canWrite()——文件对象是否可写。
- boolean canRead()——文件对象是否可读。
- boolean isFile()——文件对象是否是文件。
- boolean isDirectory()——文件对象是否是目录。
- boolean isAbsolute()——文件对象是否是绝对路径。

3. 常用文件信息和方法

- long lastModified()——获取文件最后修改时间。
- long length()——获取文件长度。
- boolean delete()——删除文件对象指向的文件，成功则返回 true，否则返回 false。

以上方法的使用见程序 11-10，运行结果如图 11-10 所示。

程序 11-10

源代码

```
import java.io.*;

class UseFile{
    public static void main(String args[]){
        File f = new File ("/export/home/d.Java");
        System.out.println ("The file is exists? -->" + f.exists());
        System.out.println ("The file can write? -->" + f.canWrite());
        System.out.println ("The file can read?-->" + f.canRead());
        System.out.println ("The file is a file?-->" + f.isFile());
        System.out.println ("The file is a directory? -->" +
                            f.isDirectory());
        System.out.println ("The file is absolute path? -->" +
                            f.isAbsolute());
        System.out.println ("The file's name is -->" + f.getName());
        System.out.println ("The file's path is -->" + f.getPath());
        System.out.println ("The file's absolute path is -->" +
                            f.getAbsolutePath());
        System.out.println ("The file's parent path is -->" +
                            f.getParent());
```

```
        System.out.println ("The file's last modifered time is -->" +
                            f.lastModified());
        System.out.println("The file's length is -->" + f.length());

        File newfile = new File("newFile");
        f.renameTo(newfile);
        System.out.println("\\tRename the file to: "+newfile.getName());
        System.out.println(f+"is exists? -->" + f.exists());
        newfile.delete();
        System.out.println("Delete " + newfile + "……");
        System.out.println(newfile+"is exists? -->" + f.exists());
    }
}
```

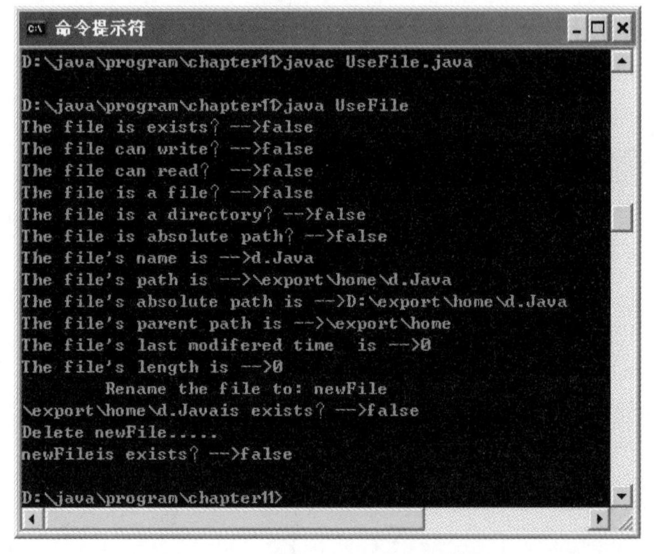

图 11-10　程序 11-10 的运行结果

程序中构造了 File 类的对象，运用各个方法得到文件的各种相关属性，然后更改文件名，最后删除文件。但是要注意，在 File 类中并没有提供对文件名以外的其他属性的修改方法。

4. 目录工具

- boolean mkdir()——创建新目录。
- boolean mkdirs()——创建新目录。
- String[] list()——列出符合模式的文件名。

File 类同样可以用来描述一个目录，对其进行的操作也与文件相同，只是不能更改目录名，也不能删除目录，但是可以按模式匹配要求列出目录中所有的文件或子目录。如果目录不存在，可以用 mkdir()和 mkdirs()生成该目录。两者的区别在于用 mkdirs()可以一次生成多个层次的子目录。

11.4.2 随机访问文件

程序在读写文件时常常不仅要能够从头读到尾，还要能够像访问数据库那样访问文本文件，到达一个位置读一条记录，到达另一位置读另一条记录，然后再读另一条——每次都在文件的不同位置进行读取。Java 语言提供了类 RandomAccessFile 来处理这种类型的输入输出。

创建一个随机访问文件有以下两种方法供选择。

1. 使用文件名

```
myRAFile = new RandomAccessFile(String name, String mode);
```

2. 使用文件对象

```
myRAFile = new RandomAccessFile(File file, String mode);
```

参数 mode 决定是以只读方式（"r"）还是以读写方式（"rw"）访问文件。例如，可以打开一个数据库进行更新：

```
RandomAccessFile myRAFile;
myRAFile = new RandomAccessFile("db/stock.dbf", "rw");
```

对象 RandomAccessFile 读写信息的方法与数据输入输出对象的方法相同，它可以访问 DataInputStream 类和 DataOutputStream 类中的所有 read()和 write()方法。

Java 语言提供了移动文件读写指针的以下几个方法。

- long getFilePointer()——返回文件指针的当前位置。
- void seek(long pos)——将文件指针置于指定的绝对位置。位置值以从文件开始处的字节偏移量 pos 来计算，pos 为 0 代表文件的开始。
- long length()——返回文件的长度。位置值为 length()，代表文件的结尾。

为文件添加信息时可以利用随机访问文件来完成文件输出的添加模式，例如：

```
myRAFile = new RandomAccessFile("java.log", "rw");
myRAFile.seek(myRAFile.length());
```

现在，文件的读写指针已经移至文件的末尾，如果在这之后使用任何流的 write()方法，那么所写入的信息都将添加在原文件之后。

习　题

11.1 列举 Java 包括的输入/输出操作，并简述完成所有输入输出操作所需的类都位于哪个软件包中？

11.2 什么叫作流？输入流和输出流分别对应哪两个抽象类？

11.3 InputStream 有哪些直接子类？其功能是什么？

11.4 OutputStream 有哪些直接子类？其功能是什么？

11.5 实现一个输入程序，接收从键盘读入的字符串。当字符串中所含字符个数少于程序设定的上限时，输出这个字符串；否则抛出 MyStringException1 异常，在异常处理中要求重新输入新的字符串或中断程序运行。

11.6 利用输入/输出流编写一个程序，实现文件复制的功能。程序的命令行参数的形式及操作功能均类似于 DOS 中的 copy 命令。

11.7 利用输入/输出流及文件类编写一个程序，实现在屏幕显示文本文件的功能。程序的命令行参数的形式及操作功能均类似于 DOS 中的 type 命令，同时能够显示文件的有关属性，如文件名、路径，修改时间和文件大小等。

11.8 使用缓冲区输出流的好处是什么？为什么关闭一个缓冲区输出流之前，应使用 flush()方法？

11.9 读者和写者的作用是什么？

11.10 什么叫对象的持久化？如何实现对象的持久化？

11.11 图书馆用一个文本文件 booklist.txt 记录图书的书目，其中包括 book1, book2, …, book10。现在又采购了一批新书，请利用本章中的内容编写一个程序，将新书的书目增加到原来的文本文件中。

11.12 设计一个程序，对一个保存英文文章的文本文件进行统计，最后给出每个英文字符及每个标点的出现次数，按出现次数的降序排列。

11.13 设计一个通讯录，保存读者信息。通讯录中除了包含一般通讯录中的基本信息外，还需要实现普通的检索功能。通讯录写入文件程序执行时，需要从文件中导入数据，程序退出后再将数据保存到文件中。第一次执行时，新建一个文件。

第 12 章　线　　程

12.1　线程和多线程

12.1.1　线程的概念

程序是一段静态的代码，它是应用程序执行的蓝本。学习一门程序设计语言，就是要学习如何编写程序。本书前面章节中写的代码都是程序。除程序概念之外，还有进程和线程的概念。

提到线程，首先要从“进程”开始讲起。对于一般程序而言，其结构大都可以划分为一个入口、一个出口和一个顺次执行的语句序列。在程序要投入运行时，系统从程序入口开始按语句的顺序（其中包括顺序、分支和循环）完成相应指令直至结尾，从出口退出，同时整个程序结束。这样的语句结构称为进程，它是程序的一次动态执行，对应了从代码加载、执行至执行完毕的一个完整过程；或者说，进程就是程序在处理机中的一次运行。需要特别明确的是，在这样的一个结构中，不仅包括了程序代码，同时也包括了系统资源的概念。也就是说，一个进程既包括其所要执行的指令，也包括了执行指令所需的任何系统资源，如 CPU、内存空间、I/O 端口等，不同进程所占用的系统资源相对独立。

目前流行的操作系统中，大部分都支持多任务（如 Windows 系列、OS/2 及 UNIX 的各个版本），这实际就是一种多进程的概念——每一个任务就是一个进程。例如，在一台 PC 上运行 Word 的同时，还运行 JDK，系统就会产生相应的两个进程。

线程是进程执行过程中产生的多条执行线索，是比进程单位更小的执行单位，在形式上同进程十分相似——都是用一个顺序执行的语句序列来完成特定的功能。不同的是，它没有入口，也没有出口，因此其自身不能自动运行，而必须栖身于某一进程之中，由进程触发执行。而且在系统资源的使用上，属于同一进程的所有线程共享该进程的系统资源，但是线程之间的切换速度要比进程之间的快得多。

计算机用 CPU 运算，用 RAM 存放程序操作的代码与数据。从微观上讲，某个时间内只能有一个作业被执行，但现在要在程序中实现多线程，就是要在宏观上同时执行多个作业，这好比让多台计算机同时工作，提高系统资源（特别是 CPU）的利用率，从而提高整个程序的执行效率。这样的处理机制对于处理模拟随机事件或程序交互，具有不可或缺的作用。在支持多媒体的程序中，下载声音或图片的操作也采用多线程处理。

为了达到多线程的效果，Java 语言把线程或执行环境（execution context）当做一个包含 CPU 及自己的程序代码和数据的封装对象，交由虚拟机提供控制。Java 类库中的 java.lang.Thread 类允许创建这样的线程，并可控制所创建的线程。

为叙述简洁，后面的章节使用 Thread 类代表 java.lang.Thread 类，使用 thread 代表线程的执行环境。

12.1.2 线程的结构

图 12-1 描述了线程的基本结构。

Java 中的线程由以下 3 部分组成。

- 虚拟 CPU，封装在 Thread 类中，它控制着整个线程的运行。
- 执行的代码，传递给 Thread 类，由 Thread 类控制顺序执行。
- 处理的数据，传递给 Thread 类，是在代码执行过程中所要处理的数据。

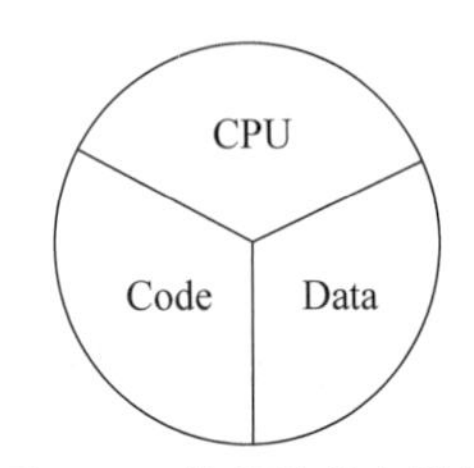

图 12-1 线程的基本结构

在 Java 中，虚拟 CPU 体现于 Thread 类中。当一个线程被构造时，它由构造方法参数、执行代码、操作数据来初始化。应该特别注意的是，这三方面相互独立。一个线程所执行的代码与其他线程可以相同，也可以不同；一个线程访问的数据与其他线程可以相同，也可以不同。与传统的进程相比，多线程有明显的优势，如图 12-2 所示。

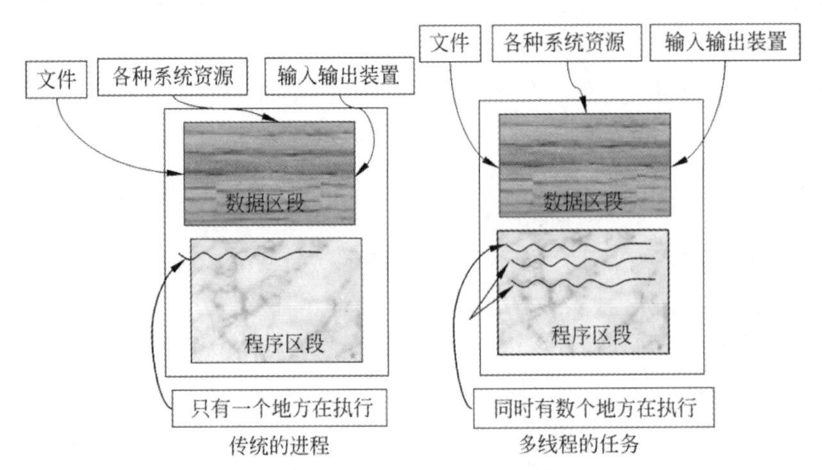

图 12-2 进程与线程的区别

多线程的优势体现在以下几个方面。

- 多线程编程简单，效率高。使用多线程可以在线程间直接共享数据和资源，而多进程之间不能做到这一点。
- 适合于开发服务程序，如 Web 服务、聊天服务等。
- 适合于开发有多种交互接口的程序，如聊天程序的客户端、网络下载工具。
- 适合于有人机交互又有计算量的程序，如字处理程序 Word、Excel 等。

多线程机制可以降低编写交互频繁、涉及面多的程序的难度，如监听网络端口的程序；可以改善程序的吞吐量，同时监听多种设备，如网络端口、串口、并口及其他外设等；可以在有多个处理器的系统中，并发运行不同的线程，而传统的进程机制只支持一个运行线程。

虽然各种操作系统（UNIX/Linux、Windows 系列等）都支持多线程，但若要用 C、C++或其他语言编写多线程程序却是十分困难，因为它们对数据同步的支持不充分。

对多线程的综合支持是 Java 语言的一个重要特色，它提供了 Thread 类来实现多线程。

12.2 线程的状态

Java 的线程通过 Java 的 java.lang 包中定义的 Thread 类来实现。当生成一个 Thread 类的对象之后，就产生了一个线程。通过该对象实例，可以启动线程、终止线程，或者暂时挂起线程等。

Thread 类本身只是线程的虚拟 CPU，线程执行的代码（或者说线程所要完成的功能）通过 run()方法（包含在一个特定的对象中）完成，run()方法称为线程体。实现线程体的特定对象在初始化线程时传递给线程。

在一个线程被建立并初始化以后，Java 的运行时系统自动调用 run()方法，正是通过 run()方法才使得建立线程的目的得以实现。

通常，run()方法是一个循环，例如一个播放动画的线程要循环显示一系列图片。有时，run()方法会执行一个时间较长的操作，例如下载并播放一个电影。

线程一共有 4 种状态：新建（new）、可运行状态（runnable）、死亡（dead）及阻塞（blocked），如图 12-3 所示。

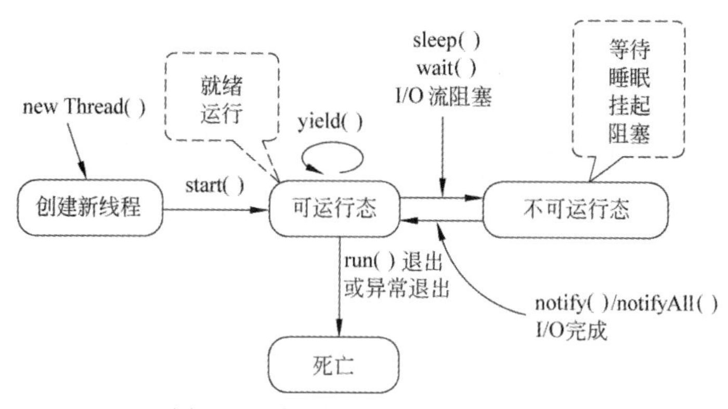

图 12-3 线程的 4 个状态及转换关系

1. 新建

线程对象刚刚创建，还没有启动，处于不可运行状态，如：

```
Thread thread = new Thread("test")
```

此时，线程 thread 处于新建状态，但已有了相应的内存空间以及其他资源。

2. 可运行状态

此时的线程已经启动，处于线程的 run()方法之中。这种情况下线程可能正在运行，也可能没有运行，只要 CPU 一空闲，马上就会运行。可以运行但并没在运行的线程都排在一个队列中，这个队列称为就绪队列。

调用线程的 start()方法可使线程处于“可运行”状态，如：

```
thread.start();
```

3. 死亡

线程死亡的原因有两个：一是 run()方法中最后一个语句执行完毕；二是线程遇到异常退出。

4. 阻塞

一个正在执行的线程因特殊原因被暂停执行，就进入阻塞状态。阻塞时线程不能进入就绪队列排队，必须等到引起阻塞的原因消除，才可重新进入队列排队。

引起阻塞的原因很多，不同原因要用不同的方法解除。如 sleep()和 wait()就是两个常用的引起阻塞的方法。

5. 中断线程

当 run()执行结束返回时，线程自动终止。

在程序中可以调用 interrupt()来中断线程。interrupt()不仅可中断正在运行的线程，而且也能中断处于 blocked 状态的线程，此时，interrupt()会抛出一个 InterruptedException 异常。

Java 提供了几个用于测试线程是否被中断的方法。

- void interrupt()——向一个线程发送一个中断请求，同时把这个线程的 interrupted 状态置为 true。若该线程处于 blocked 状态，会抛出 InterruptedException 异常。
- static boolean interrupted()——检测当前线程是否已被中断，并重置 interrupted 状态值。即如果连续两次调用该方法，则第二次调用将返回 false。
- boolean isInterrupted()——检测当前线程是否已被中断，不改变 interrupted 状态值。

12.3 线程的创建

Thread 类的构造方法如下：

```
public Thread(ThreadGroup group, Runnable target, String name)
```

其中，group 指明了线程所属的线程组；target 是线程体 run()方法所在的对象；name 是线程的名称。

target 必须实现 Runnable 接口。在 Runnable 接口中只定义了一个 void run()方法作为线程体。任何实现 Runnable 接口的对象都可以作为一个线程的目标对象。

Thread 类本身也实现了 Runnable 接口，因此，上述构造方法中各参数都可以为 null。

在 Java 中，用两种方法可以创建线程，本节将分别介绍。

12.3.1 创建线程的方法一——继承 Thread 类

java.lang.Thread 是 Java 用来表示线程的类，其中所定义的许多方法为完成线程的处理工作提供了比较完整的功能。如果将一个类定义为 Thread 的子类，那么这个类就可以用来表示线程。

定义一个线程类，继承 Thread 类并重写其中的 run()方法。在初始化这个类的实例时，目标对象 target 可以为 null，表示这个实例本身具有线程体。由于 Java 只支持单继承，因此用这种方法定义的类不能再继承其他类。

用 Thread 类的子类创建线程的过程包括以下 3 步。

（1）从 Thread 类派生出一个子类，在类中一定要实现 run()方法，见例 12-1。

例 12-1 派生子类。

```
class Lefthand extends Thread {
    public void run(){
        ⋮
    }
}
```

（2）用该类创建一个对象；如：

```
Lefthand left = new Lefthand();
```

（3）用 start()方法启动线程；如：

```
left.start();
```

在程序中实现多线程，关键性的操作包括：定义用户线程操作，即实现 run()方法，以及在适当的时候启动线程，见程序 12-1。

程序 12-1

源代码

```
public class myThread extends Thread{
    public void run(){
        while(running){
            ⋮                    // 执行若干操作
            sleep(100);
        }
    }
    public static void main(String args[]){
        Thread t = new myThread();
            ⋮                    // 执行若干操作
    }
}
```

程序 12-1 只用到一个类—— myThread。应用这种形式的构造方法创建线程对象时不用给出任何参数。这个类中有一个重要的方法—— public void run()，这个方法称为线程体，它是整个线程的核心，线程所要完成的任务的代码都在线程体中定义，实际上不同功能的线程之间的区别就在于它们的线程体不同。

再看一个比较完整的程序 12-2。

程序 12-2

源代码

```
class Lefthand extends Thread{
    public void run(){
        for(int i = 0;i< = 5;i ++ ){
            System.out.println("You are Students!");
            try{
                sleep(500);
            }catch(InterruptedException e){}
        }
    }
}
class Righthand extends Thread{
    public void run(){
        for(int i = 0;i< = 5;i ++ ){
            System.out.println("I am a Teacher!");
            try{
                sleep(300);
            }catch(InterruptedException e){}
        }
    }
}
public class ThreadTest{
    static Lefthand left;
    static Righthand right;
    public static void main(String[] args){
        left = new Lefthand();
        right = new Righthand();
        left.start();
        right.start();
    }
}
```

程序 12-2 中创建了两个线程对象 left 和 right，两个线程分别输出 6 次信息。当启动线程后，它们的执行顺序依系统来决定，因此输出的结果带有部分随机性，图 12-4 所示的是其中的一次运行结果。

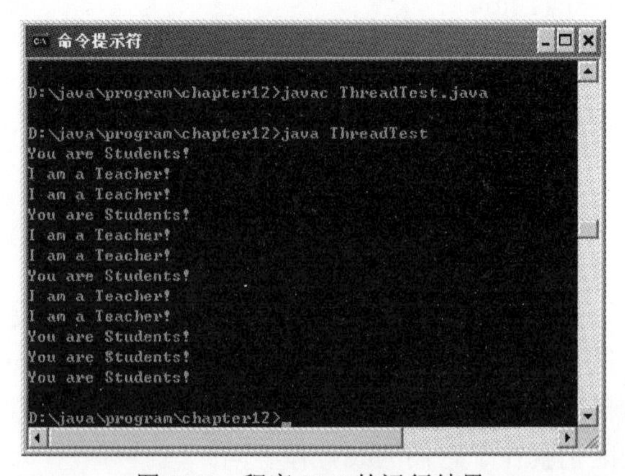

图 12-4　程序 12-2 的运行结果

12.3.2 创建线程的方法二——实现 Runnable 接口

Runnable 是 Java 中用以实现线程的接口，从根本上讲，任何实现线程功能的类都必须实现该接口。前面所用到的 Thread 类实际上就是因为实现了 Runnable 接口，所以它的子类才相应具有线程功能。

Runnable 接口中只定义了一个方法——run()，即线程体。用 Runnable()接口实现多线程时，也必须实现 run()方法，也需要用 start()启动线程，但此时常用 Thread 类的构造方法来创建线程对象。

Thread 类的构造方法中包含一个 Runnable 实例的参数，这就是说，必须定义一个实现 Runnable 接口的类并产生一个该类的实例，对该实例的引用就是适合于这个构造方法的参数。

例 12-2 创建线程。

```
class BallThread extends Applet implements Runnable{
    public void start(){
        thread = new Thread(this);
        thread.start();
    }
    private Thread thread;
}
```

再分析例 12-3。

例 12-3 编写线程体。

```
public class xyz implements Runnable{
    int i;
    public void run(){
        while (true) {
            System.out.println("Hello" + i ++ );
        }
    }
}
```

利用它可以构造一个如下的线程：

```
Runnable r = new xyz();
Thread t = new Thread(r);
```

这样，就定义了一个由 t 表示的线程，它用来执行 xyz 类的 run()方法中的程序代码（接口 Runnable 要求实现 public void run()方法）。这个线程使用的数据由 r 所引用的 xyz 类的对象提供，三者之间的关系可以用图 12-5 来表示。

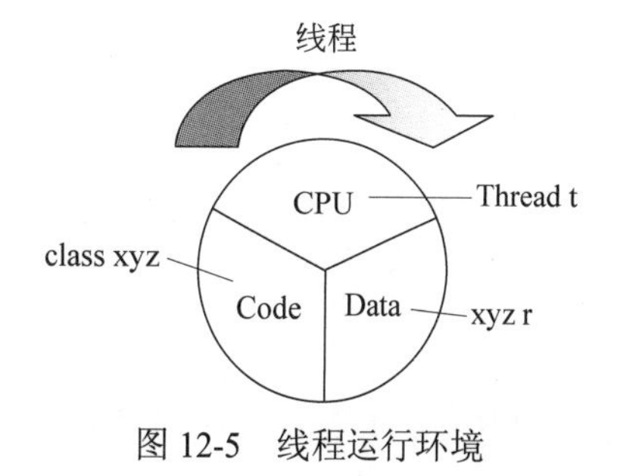

图 12-5 线程运行环境

总之，线程由 Thread 对象的实例来引用。线程执行的代码来源于传递给 Thread 构造方法的参数引用的类，这个类必须实现 Runnable 接口，线程操作的数据来源于传递给 Thread 构造方法的 Runnable 实例。

源代码

程序 12-3 是一个模拟小球平抛和自由落体的例子 BallThread.java。

程序 12-3

```
import java.awt.*;
import java.awt.event.*;
import java.applet.*;
public class BallThread extends Applet implements Runnable{
    Thread red, blue;
    Graphics redPen, bluePen;
    int t = 0;

    public void init(){
        red = new Thread(this);
        blue = new Thread(this);
        redPen = getGraphics();
        bluePen = getGraphics();
        redPen.setColor(Color.red);
        bluePen.setColor(Color.blue);
    }
    public void start(){
        red.start();
        blue.start();
    }

    public void run(){
        while(true){
            t = t + 1;
            if(Thread.currentThread() == red){
                if(t>100)t = 0;
                redPen.clearRect(0,0,110,400);
                redPen.fillOval(50,(int)(1.0/2*t*9.8),15,15);
                try{
                    red.sleep(40);
                }catch(InterruptedException e){}
            }else if(Thread.currentThread() == blue){
                bluePen.clearRect(120,0,900,500);
                bluePen.fillOval(120 + 7*t,(int)(1.0/2*t*9.8),15,15);
                try{
                   blue.sleep(40);
                }catch(InterruptedException e){}
            }
        }
    }
}
```

相应的 HTML 文档如下：

```
<html>
<head><title>My First Java Applet </title></head>
<body>
<hr>
<applet code = BallThread width = 300 height = 200>
</applet>
</body>
</html>
```

程序 12-3 的运行结果如图 12-6 所示。

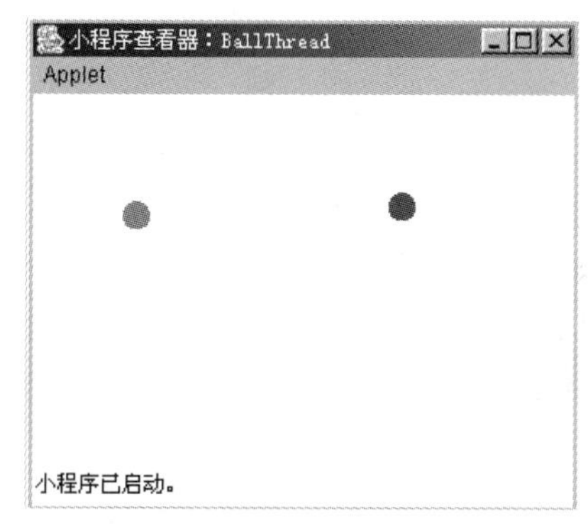

图 12-6　程序 12-3 的运行结果

12.3.3　关于两种创建线程方法的讨论

既然两种方法创建线程效果相同，那么哪一种创建线程的方法更好？如何选择两种方法？下面分别列出了每种方法的适用范围。

1．适合采用实现 Runnable 接口方法的情况

因为 Java 只允许单继承（即一个类已经继承了 Thread，就不能再继承其他类），所以在需要继承其他类的情况下，就只能采用实现 Runnable 接口的方法。例如由于 Applet 程序必须继承 java.applet.Applet，因此只能采取这种实现接口的方法。再有，由于上面的原因而几次被迫采用实现 Runnable 接口的方法，可能会出于保持程序风格的一贯性而继续使用这种方法。

2．适合采用继承 Thread 方法的情况

当一个 run()方法置于 Thread 类的子类中时，this 实际上引用的是控制当前运行系统的 Thread 实例，因此，代码不必写得像下面这样烦琐：

```
Thread.currentThread().getState();
```

而可简单地写为：

```
getState();
```

因为代码稍微简洁一些，所以许多 Java 程序员愿意使用继承 Thread 的方法。但是应该知道，如果采取这种简单的继承模式，在以后的继承中可能会出现麻烦。

12.4　线程的启动

线程创建好后，实际上并不会立刻运行。要使线程在 Java 环境中运行，必须通过 start()方法来启动，start()方法也在 Thread 类中。在程序 12-3 中，只需要执行：

```
red.start();
blue.start();
```

即可让线程中的虚拟 CPU 就绪，因此也可以把这一过程想象为打开虚拟 CPU 的开关。

线程机制实现的关键在于它的“并行性”，怎样才能让一个线程让出 CPU，供其他线程使用呢？API 中提供了以下有关线程的操作方法，它们的使用方法在 12.5 节中介绍。

- start()——启动线程对象。
- run()——用来定义线程对象被调度之后所执行的操作，用户必须重写 run()方法。
- yield()——强制终止线程的执行。
- isAlive()——测试当前线程是否在活动。
- sleep(int millsecond)——使线程休眠一段时间，时间长短由参数决定。
- void wait()——使线程处于等待状态。

12.5　线程的调度

虽然就绪线程已经可以运行，但这并不意味着这个线程一定能够立刻运行。显然，在一台实际上只具有一个 CPU 的机器上，CPU 在同一时间只能分配给一个线程做一件事。那么这时就必须考虑，当有多个线程工作时，如何分配 CPU。

在 Java 中，线程调度通常是抢占式，而不是时间片式。抢占式调度是指可能有多个线程准备运行，但只有一个在真正运行。某个线程获得执行权后就会持续运行下去，直到运行结束或因为某种原因而阻塞，再或者有另一个高优先级线程就绪，最后一种情况称为低优先级线程被高优先级线程所抢占。

Java 的线程调度采用如下的优先级策略。

- 优先级高的先执行，优先级低的后执行。
- 多线程系统会自动为每个线程分配一个优先级，默认时，继承其父类的优先级。
- 任务紧急的线程，其优先级较高。
- 同优先级的线程按“先进先出”的原则。

Thread 类有以下 3 个与线程优先级有关的静态量。

- MAX_PRIORITY：最高优先级，值为 10。
- MIN_PRIORITY：最低优先级，值为 1。
- NORM_PRIORITY：默认优先级，值为 5。

java.lang.Thread 类中几个常用的有关优先级的方法列举如下。

- void setPriority(int newPriority)：重置线程优先级。
- int getPriority()：获得当前线程的优先级。
- static void yield()：使当前线程放弃执行权。

线程被阻塞的原因多种多样，可能是因为执行了 Thread.sleep()调用，故意让它暂停一段时间；也可能是因为需要等待一个较慢的外部设备，例如磁盘或用户操作的键盘。所有被阻塞的线程按次序排列，组成阻塞队列。而所有就绪但没有运行的线程则根据其优先级排入就绪队列。当 CPU 空闲时，如果就绪队列不空，那么队列中第一个具有最高优先级的线程就会运行。当某个线程被抢占而停止运行时，它的运行态就会被改变并放到就绪队列的队尾；同样，某个被阻塞（可能因为睡眠或等待 I/O 设备）的线程就绪后通常也会被放到就绪队列的队尾。

因为 Java 线程调度不是时间片式，所以在程序设计时要合理安排不同线程之间的运行顺序，以保证给其他线程留有执行的机会。为此，可以通过间隔地调用 sleep()做到这一点，见例 12-4。

例 12-4　合理调度。

```
public class xyz implements Runnable{
    public void run(){
        while(true){
            ⋮          //执行若干操作
            //给其他线程运行的机会
            try{
                Thread.sleep(10);
            }catch(InterruptedException e){
                //该线程为其他线程所中断
            }
        }
    }
}
```

sleep()是 Thread 类中的静态方法，因此可以通过 Thread.sleep(x)直接调用。参数 x 指定了线程在再次启动前必须休眠的最短时间，以 ms 为单位。同时，该方法可能引发中断异常 InterruptedException，因此要进行捕获和处理。之所以说“最短时间”，是因为这个方法只保证在一段时间后线程回到就绪态，至于它是否能够获得 CPU 运行，则要视线程调度而定。因此通常线程实际被暂停的时间都比指定的时间要长。

除 sleep()方法以外，Thread 类中的另一个 yield()方法可以给其他同等优先级线程一个运行的机会。如果在就绪队列中有其他同优先级的线程，yield()会把调用者放入就绪队列尾，并允许其他线程运行；如果没有这样的线程，则 yield()不做任何工作。

注意：sleep()方法调用允许低优先级线程运行，而 yield()方法只为同优先级线程提供运行机会。

12.6　线程的基本控制

12.6.1　结束线程

结束一个线程有两种情况，第一种情况是当一个线程从 run()方法的结尾处返回时，会自动消亡并不能再被运行，可以将其理解为自然死亡；另一种情况是遇到异常使得线程结束，可以将其理解为强迫死亡。

在程序代码中，可以利用 Thread 类中的静态方法 currentThread()来引用正在运行的线程，见例 12-5。

例 12-5　currentThread()的使用。

```
public class xyz implements Runnable{
    public void run(){
        while(true){
            ... //执行线程的主要操作
            if (time_to_die){
                Thread.currentThread().interrupt();
            }
        }
    }
}
```

注意：这个例子使用 interrupt()方法中断线程的执行，因而 run()中的循环在此情况下将不再运行。

12.6.2　检查线程

有时候可能不知道一个线程的运行状态（当程序代码没有直接控制该线程时，会发生此种情况），这时可以利用 isAlive()方法来获取一个线程是否还在活动状态的信息。活动状态不意味着这个线程正在执行，而只说明这个线程已被启动，并且既没有运行 stop()，也尚未运行完 run()方法。

12.6.3　挂起线程

有几种方法可以用来暂停一个线程的运行，暂停一个线程也称为挂起。在挂起之后，必须重新唤醒线程进入运行，这从外表看来好像什么也没发生，只是线程执行命令的速度非常慢。挂起线程的方法有以下几种。

1．sleep()

sleep()方法在 12.5 节中已经介绍过，它用于暂时停止一个线程的执行。通常，线程不会在休眠期满后就立刻被唤醒，因为此时其他线程可能正在执行，重新调度只在以下几种情况下才会发生。

- 被唤醒的线程具有更高的优先级。
- 正在执行的线程因为其他原因被阻塞。
- 程序处于支持时间片的系统中。

大多数情况下，后两种条件不会立刻发生。

2．wait()和 notify()/notifyAll()

wait()方法导致当前的线程等待，直到其他线程调用此对象的 notify()方法或 notifyAll()方法，才能唤醒线程。

3．join()

join()方法将引起现行线程等待，直至其调用的线程结束。例如已经生成并运行了一个线程 tt，而在另一线程中执行 timeout()方法，其定义见例 12-6。

例 12-6 join()的使用。

```
public void timeout(){
    //暂停该线程，等候其他线程结束
    tt.join();
    //其他线程结束后，继续执行该线程
⋮
}
```

以上语句在执行 timeout()方法后，现行的线程将被阻塞，直到 tt 运行结束。

join()方法在调用时也可以使用一个以 ms 计的时间值：

```
void join(long timeout);
```

此时，join 方法将挂起现行线程 timeout ms，或直到调用的线程结束，实际挂起时间以二者中时间较少的为准。

12.7 同步问题

12.7.1 线程间的通信

管道流可以连接两个线程间的通信。下面的例子里有两个线程在运行，一个写线程往管道流中输出信息，一个读线程从管道流中读入信息，如图 12-7 所示。具体参看程序 12-4。

程序 12-4

源代码

```
class myWriter extends Thread{
    private PipedOutputStream outStream;     //将数据输出
    private String messages[] = { "Monday", "Tuesday ", "Wednsday",
         "Thursday","Friday", "Saturday", "Sunday" };
    public myWriter(PipedOutputStream o){
```

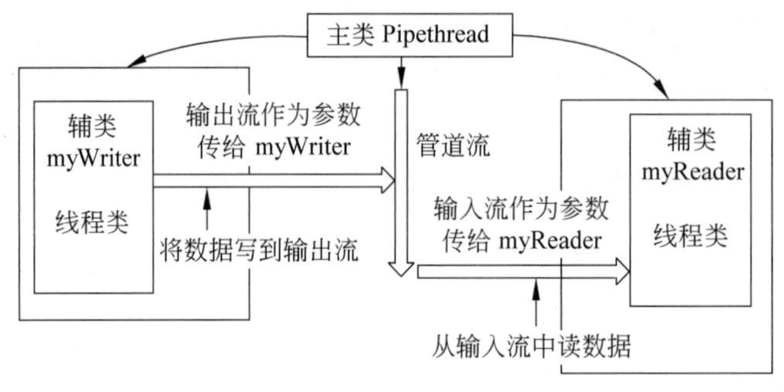

图 12-7　线程间通信

```
        outStream = o;
    }


    public void run(){
        PrintStream p = new PrintStream(outStream);
        for(int i = 0; i<messages.length; i++ ){
            p.println(messages[i]);
            p.flush();
            System.out.println("Write:" + messages[i]);
        }
        p.close();
        p = null;
    }
}

class myReader extends Thread{
    private PipedInputStream inStream;     //从中读数据
    public myReader(PipedInputStream i){
        inStream = i;
    }
    public void run(){
        String line;
        boolean reading = true;
        BufferedReader d = new BufferedReader (new InputStreamReader
                            (inStream));
        while(reading && d! = null){
            try{
                line = d.readLine();
                if(line! = null) System.out.println("Read: " + line);
                else reading = false;
            }catch(IOException e){}
        }
        try{
            Thread.currentThread().sleep(4000);
        }catch(InterruptedException e){}
    }
}
```

```
public class Pipethread{
    public static void main(String args[]){
        Pipethread thisPipe = new Pipethread();
        thisPipe.process();
    }
    public void process(){
        PipedInputStream inStream;
        PipedOutputStream outStream;
        try{
            outStream = new PipedOutputStream();
            inStream = new PipedInputStream(outStream);
            new myWriter(outStream).start();
            new myReader(inStream).start();
        }catch(IOException e){}
    }
}
```

程序 12-4 的运行结果如图 12-8 所示。

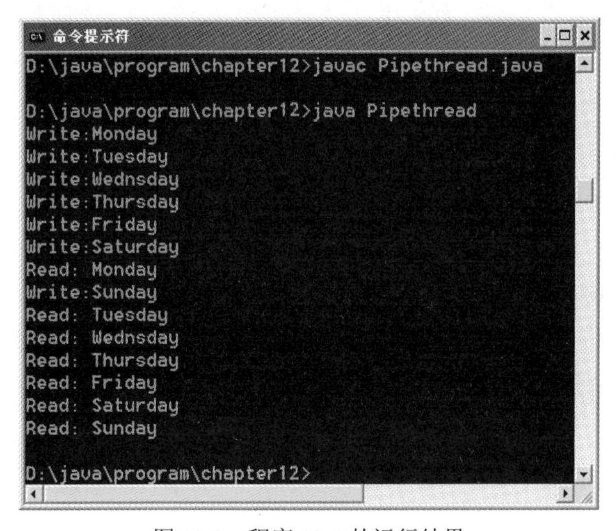

图 12-8　程序 12-4 的运行结果

12.7.2　线程间的资源互斥共享

通常，一些同时运行的线程需要共享数据。在这种时候，每个线程都必须要考虑与它一起共享数据的其他线程的状态与行为，否则就不能保证共享数据的一致性，因而也就不能保证程序的正确性。

下面引用一个与程序 5-11 相类似的例子，设计一个代表栈的类。这个类没有采取措施处理溢出或下溢，栈的能力也很有限，但这些与讨论无关。现在把它的第一个版本设计成例 12-7。

例 12-7　栈示例。

```
class Stack{
    int idx = 0;
    char data[] = new char[6];

    public void push(char c){
        data[idx] = c;
        idx  ++ ;
    }
    public char pop(){
        idx --;
        return data[idx];
    }
}
```

这个栈采取了“后进先出”模式，需要用索引值 idx 告知栈中下一个空元素的位置。现在设想有两个线程都具有对这个类的同一个对象的引用，一个线程正在把数据压入栈中，而另一个与这个线程独立的线程正在弹出栈中元素。表面上，通过以上的代码，数据将被成功地移入、移出，但如果仔细研究一下，这其中仍然存在着潜在的问题。

假设线程 a 负责加入字符，线程 b 负责移出字符。线程 a 刚刚加入了一个字符 r，但是尚未递增索引值，出于某种原因，恰恰这时它被抢占了。那么此时该对象代表的数据模式将出现错误，如下所示：

```
buffer | p | q | r | | | |
idx = 2          ^
```

而正确的应该是 idx = 3，idx = 2 表示新字符并没有加入栈中。如果线程 a 被及时唤醒，那么还没有什么危险，idx 被修正为 3，一个完整的入栈操作到此完成。但是，如果此时线程 b 正在等待移出一个字符，当线程 a 处于等待状态时，线程 b 就得到了运行机会。这样，在进入方法 pop()时，数据状态就是错误的。pop 方法将继续递减索引值，idx 变为 1，如下所示：

```
buffer | p | q | r | | | |
idx = 1      ^
```

这个操作后将返回字符 q，而忽略字符 r。就好像字母 r 从未被入过栈中，因此发生了一个错误。现在来看一下如果线程 a 继续运行将得到什么结果？

线程 a 从 push()方法中被打断的地方继续运行，递增索引值，将 idx 修正为 2，因此有：

```
buffer  | p | q | r | | | |
idx = 2           ^
```

注意：此时的状态下，q 是有效的，而包含了 r 的位置是下一个空元素。再出栈的话，又会得到 q。换句话说，将再次读到 q，就好像它被存入栈中两次一样，但是将再也读不到字母 r 了。

这个简单例子说明的就是多线程访问共享数据时通常会引起的问题。造成这种问题的原因是对共享资源访问的不完整性。为了解决这种问题，需要寻找一种机制来保证对共享数据操作的完整性，这种完整性称为共享数据操作的同步，共享数据叫作条件变量。

共享数据问题需要有一个方法保证数据不会在这样一种不确定的条件下被操作。

可以选择的一种方法是禁止线程在完成代码关键部分时被切换。这个关键代码部分，对于线程 a 就是写入栈的操作及索引值增加这两个操作，对于线程 b 就是索引值递减操作及出栈操作，它们要么一起完成，要么都不执行。这种方法在低级别机器程序中经常使用，但在多用户系统中并不合适；另一种方法，也是 Java 采用的方法，就是提供一个特殊的锁定标志来处理数据。

12.7.3 对象的锁定标志

在 Java 语言中，引入了“对象互斥锁”的概念（又称为监视器、管程）来实现不同线程对共享数据操作的同步。“对象互斥锁”阻止多个线程同时访问同一个条件变量。Java 可以为每一个对象的实例配备一个“对象互斥锁”。

在 Java 语言中，有两种方法可以实现“对象互斥锁”：

- 用关键字 volatile 声明一个共享数据（变量）；
- 用关键字 synchronized 声明操作共享数据的一个方法或一段代码。

这样的处理方法可以将一个对象想象成一间实验室，它为众多实验人员共用，但任何时候实验室只允许一组实验人员在里面做实验，否则就会引起混乱。为了有效控制，可在门口添一把锁，实验室没人的时候锁是打开的，人员进入后的第一件事就是锁门，然后开始工作。其后如果再有人希望进入，会因为门被锁而只能等候，直到里面的实验人员完成工作后将锁打开才可以进入。这种机制保证了一组人员在工作的过程中不会被另一组人员打断，即保证了数据操作的完整性。

现在就通过例 12-8 与前面的代码进行比较。

例 12-8 锁定标志示例。

```
class stack{
    int idx = 0;
    char data[] = new char[6];

    public void push(char c){
        synchronized (this){
            data[idx] = c;
            idx  ++ ;
        }
    }
    ⋮
}
```

当线程执行到被同步的语句时，会将传递的对象参数设为锁定标志，禁止其他线程访问该对象。同样道理，如果 pop()方法不进行修改，则当它被其他线程调用时，仍会破坏对象的一致性。因此，必须用同样的办法修改 pop()方法。

例 12-9 锁定标志。

```
public char pop(){
    synchronized (this){
        idx --;
        return data[idx];
    }
}
```

现在 pop()和 push()操作的部分增加了一个对 synchronized(this)的调用，在第一个线程拥有锁定标记时，如果另一个线程试图执行 synchronized(this)中的语句，它将从对象 this 中索取锁定标记。因为这个标记不可得，故该线程不能继续执行。实际上这个线程将加入一个等待队列，这个等待队列与对象锁定标志相连，当标志被返还给对象时，第一个等待它的线程将得到它并继续运行。图 12-9 表示了这个过程。

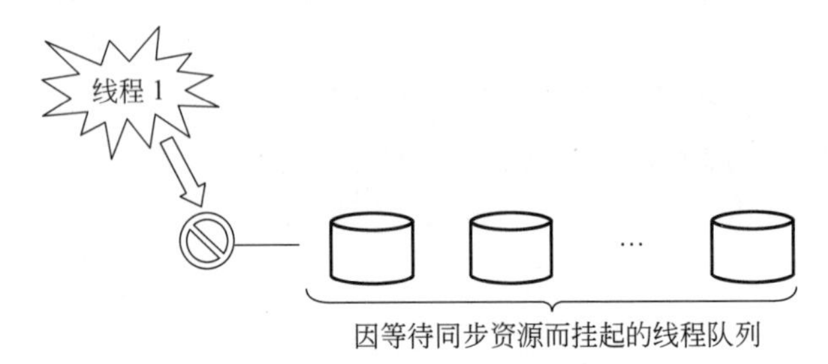

图 12-9　等待锁定标志的线程队列

因为等待一个对象的锁定标志的线程要等到持有该标志的线程将其返还后才能继续运行，所以在不使用该标志时将其返还就显得十分重要了。事实上，当持有锁定标志的线程运行完 synchronized()调用包含的程序块后，这个标志会被自动返还。Java 保证了该标志通常能够被正确地返还，即使被同步的程序块产生了一个异常，或者某个循环中断跳出了该程序块，这个标志也能被正确返还。同样，如果一个线程两次调用了同一个对象，在退出最外层后这个标志也会被正确释放，而在退出内层时则不会执行释放。这些规则使得同步程序块的使用比其他系统中等同的操作，如信号灯的管理，要简单得多。

12.7.4　同步方法

用 synchronized 标识的代码段或方法即为“对象互斥锁”锁住的部分。如果一个程序内有两个或以上的方法使用 synchronized 标志，则它们在同一个“对象互斥锁”管理之下。

一般情况下，多使用 synchronized 关键字在方法的层次上实现对共享资源操作的同步，很少使用 volatile 关键字声明共享变量。

synchronized()语句的标准写法为

源代码

```
public void push(char c){
    synchronized(this){
        ⋮
    }
}
```

由于 synchronized()语句的参数必须是 this，因此 Java 语言允许下面这种简洁的写法：

```
public synchronized void push(char c){
     ⋮
}
```

比较以上两种写法，可以看出，前一种比后一种更为妥帖。如果把 synchronized 用作方法的修饰字，则整个方法都将视作同步块，这可能会使持有锁定标记的时间比实际需要的时间长，从而降低效率。另一方面，使用前一种方法标记可以提醒用户正在同步，这在避免 12.8 节所讲的“死锁”时非常重要。

12.8 死　　锁

如果一个线程持有一把锁并试图获取另一把锁时，就有死锁的危险。这是在多线程竞争使用多资源的程序中，有可能出现的情况。

死锁情况发生在第一个线程等待第二个线程所持有的锁，而第二个线程又在等待第一个线程持有的锁的时候，每个线程都不能继续运行，除非有一个线程运行完同步程序块。而恰恰因为哪个线程都不能继续运行，所以哪个线程都无法运行完同步程序块。图 12-10 示意了上面问题的产生机制。

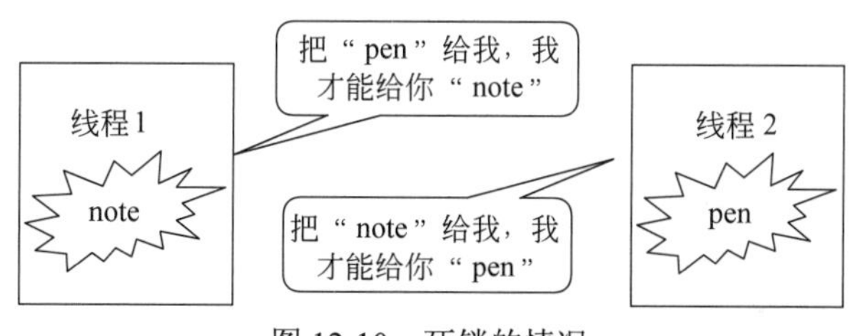

图 12-10　死锁的情况

死锁是资源的无序使用带来的，解决死锁问题的方法就是为资源施加排序。例如 note 编号为 1，pen 编号为 2，线程 1 和线程 2 都必须先获得 1 号资源后方可再获取 2 号资源。这样问题就解决了。

死锁问题见程序 12-5。

程序 12-5

```
class classA {
    public classB b;

    synchronized void methoda() {
        String name = Thread.currentThread().getName();
        System.out.println(name + " entered classA.methoda.");
        try {
            Thread.sleep(1000);
        } catch (InterruptedException e){}
```

```
        System.out.println(name + " trying to call classB.methodb()");
        b.methodb();
    }
    synchronized void methodb() {
        System.out.println(" inside classA.mothedb() ");
    }
}
class classB {
    public classA a;
    synchronized void methoda() {
        String name = Thread.currentThread().getName();
        System.out.println(name + " entered classB.methoda.");
        try {
            Thread.sleep(1000);
        } catch (InterruptedException e){}
        System.out.println(name + " trying to call classA.methodb()");
        a.methodb();
    }
    synchronized void methodb() {
        System.out.println(" inside classB.mothedb() ");
    }
}

class DeadLock implements Runnable{
    classA a = new classA();
    classB b = new classB();
    DeadLock(){
        Thread.currentThread().setName("MainThread");
        a.b = b;
        b.a = a;
        new Thread(this).start();
        a.methoda();
        System.out.println("back to main thread");
    }
    public void run() {
        Thread.currentThread().setName("RacingThread");
        b.methoda();
        System.out.println("back to racing thread");
    }
    public static void main(String args[]){
        new DeadLock();
    }
}
```

如果运行该程序就会发现在出现一些信息后发生死锁的情况，如图 12-11 所示。

Java 既不监测也不采取办法避免这种状态，因此保证不发生死锁状态就成了程序员的职责。

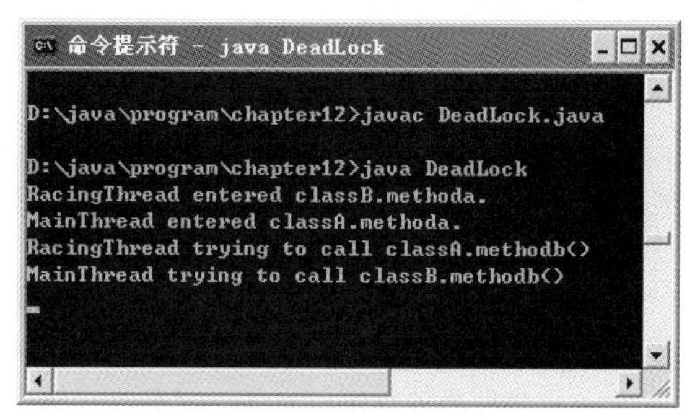

图 12-11　程序 12-5 的运行结果

一个避免死锁发生的较麻烦的办法是：如果有多个对象要被同步，那就制定一个规则来决定以何种顺序获得这些锁，并在整个程序中遵循这个顺序。当然，关于它的更详细的讨论已经超出了本书的范围，有兴趣的读者可以参考操作系统方面的相关书籍。

12.9　线程交互——wait()和 notify()

完成多个任务时，常会创建多个线程，它们可能毫不相关，但有时因为所完成的任务在某种程度上有一定的关系，所以线程之间会有一些交互。在其他语言中有许多规范的方法能完成这一功能，本节仅讲述 Java 提供的方法及其使用。

12.9.1　问题的提出

为什么两个线程需要交互呢？举一个简单的例子，有两个人，一个在刷盘子，另一个在把盘子烘干。这两个人各自代表一个线程，他们之间有一个共享的对象——碗架，刷好而等待烘干的盘子放在碗架上。显然，碗架上有刷好的盘子时，负责烘干的人才能开始工作；而如果盘子刷得太快，刷好的盘子占满了碗架时，刷盘子的人就不能再继续工作了，而要等到碗架上有空位置才行。

涉及多线程间共享数据操作时，除了同步问题之外，还会遇到另一类问题，这就是如何控制相互交互的线程之间的运行进度，即多线程的同步。

多线程的一个典型事例就是生产者-消费者问题，如图 12-12 所示。

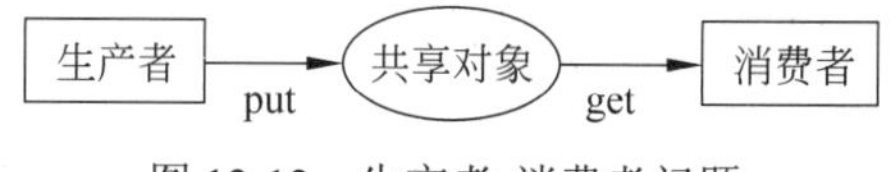

图 12-12　生产者-消费者问题

图 12-12 说明的问题是，生产者生产一个产品后就放入共享对象中，而不管共享对象中是否已有产品。消费者从共享对象中取用产品，但不检测是否已经取过。

若共享对象中只能存放一个数据，可能出现以下问题。

- 生产者比消费者快时，消费者会漏掉一些数据取不到。
- 消费者比生产者快时，消费者取的数据相同。

为了解决所出现的问题，在 Java 语言中可以用 wait()和 notify()/notifyAll()方法（在

java.lang.Object 类中定义）协调线程间的运行速度（读取）关系。

12.9.2 解决方法

如前所述，为了解决线程运行速度问题，Java 提供了一种建立在对象实例之上的交互方法。Java 中的每个对象实例都有两个线程队列和它相连。第一个用来排列等待锁定标志的线程，在 12.7.3 节中已予以介绍；第二个则用来实现 wait()和 notify()的交互机制。

类 java.lang.Object 中定义了 3 个方法，即 wait()、notify()和 notifyAll()。

wait()方法的作用是让当前线程释放其所持有的“对象互斥锁”，进入 wait 队列（等待队列）；而 notify()、notifyAll()方法的作用是唤醒一个或所有正在等待队列中等待的线程，并将它（们）移入等待同一个“对象互斥锁”的队列。

需要指出的是，notify()、notifyAll()和 wait ()方法都只能在被声明为 synchronized 的方法或代码段中调用。

回过头来看前面刷盘子的例子。线程 a 代表刷盘子，线程 b 代表烘干，它们都有对对象 drainingBoard 的访问权。假设线程 b（烘干线程）想要进行烘干工作，而此时碗架是空的，则应表示为：

```
if (drainingBoard.isEmpty())
     drainingBoard.wait();          //碗架空时则等待
```

当线程 b 执行了 wait()调用后，不可再执行，要加入到对象 drainingBorad 的等待队列中。在有线程将它从这个队列中释放之前，它不能再次运行。

那么，烘干线程怎样才能重新运行呢？这应该由洗刷线程通知它已经有工作可以做了，运行 drainningBoard 的 notify()可以做到这一点：

```
drainingBoard.addItem(plate);       //放入一个盘子
drainingBoard.notify();
```

此时，drainingBoard 的等待队列中的第一个阻塞线程由队列中释放出来，并可重新参加运行的竞争。

注意：在这里使用 notify()调用时，没有考虑到是否有正在等待的线程。事实上，应该只在增加盘子后使得碗架不再空时才执行这个调用。但这是细节问题，超出了现在讨论的范围。如果在等待队列中没有阻塞线程时调用了 notify()方法，则这个调用不做任何工作。notify()调用不会被保留到以后再发生效用。

注意：notify()方法最多只能释放等待队列中的第一个线程，如果有多个线程在等待，则其他的线程将继续留在队列中。notifyAll()方法能够在程序设计需要时释放所有等待线程。

使用这个机制，程序能够非常简单地协调洗刷线程和烘干线程，而且并不需要了解这些线程的身份。每当执行了一项操作，使得另一个线程能够开始工作，就通知（notify()）对象 drainningBoard；每当因碗架变空或放满而不能继续工作时，就等待（wait()）对象 drainningBoard。

上面讨论的机制在原则上是正确的，但是 Java 中的实现并不像这里所假设的这样简单。特别是，等待队列本身构成了一个特殊的数据结构，需要使用同步机制加以保护。在调用一个对象的 wait()、notify()或 notifyAll()时，必须首先持有该对象的锁定标志，因此这些方法必须在同步程序块中调用。这样，应该将代码改变如下：

```
synchronized(drainingBoard){
    if (drainingBoard.isEmpty())
        drainingBoard.wait();
}
```

同样有：

```
synchronized(drainingBoard){
    drainingBoard.addItem(plate);
drainingBoard.notify();
}
```

现在，问题是不是都解决了呢？如果仔细考虑一下，就会发现另外一个有趣的问题。这就是线程执行被同步的语句时必须要拥有对象的锁定标志，因此，如果烘干线程被阻塞在 wait()状态，洗刷线程就永远不会执行 notify()语句了吗？可以放心的是，在实际的实现过程中不会出现这种情况，因为在执行 wait()调用时，Java 会首先把锁定标志返回给对象，因此即使一个线程因执行 wait()调用而被阻塞，也不会影响其他等待锁定标志的线程的运行。然而，为了避免打断程序的运行，当一个线程被 notify()后，并不立即变为可执行状态，而仅仅是从等待队列中移入锁定标志队列中。这样，在重新获得锁定标志之前，它仍旧不能继续运行。

另一方面，在实际实现中，wait()方法既可以被 notify()终止，也可以通过调用线程的 interrupt()方法来终止。后一种情况下，wait()会抛出一个 InterruptedException 异常，因此需要把它放在 try/catch 结构中。

12.9.3 守护线程

在客户端/服务器模式下，服务器的作用是持续等待用户发来的请求，并按请求完成客户端的工作。此时用到守护线程（Daemon），如图 12-13 所示。

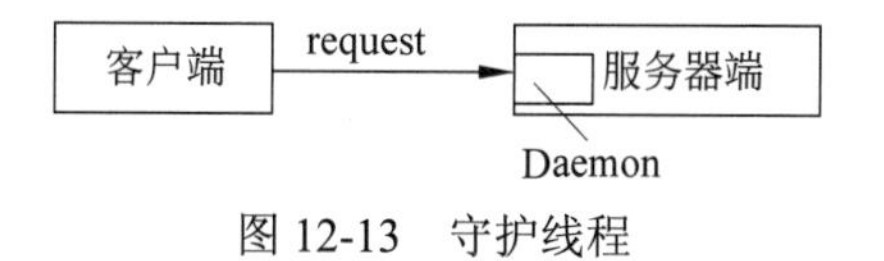

图 12-13　守护线程

守护线程是为其他线程提供服务的线程，一般是一个独立的线程，它的 run()方法是一个无限循环。

可以用 public boolean isDaemon()方法来确定一个线程是否是守护线程，也可以用 public void setDaemon(boolean)方法将一个线程设定为守护线程。

通常，当最后一个线程结束时，Java 程序才退出；而如果最后一个线程是守护线程，就不影响 Java 程序的退出。即如果守护线程是唯一运行的线程，程序会自动退出。

调用 setDaemon(true)方法，可以使线程成为守护线程（必须在 start 之前调用）；而调用 setDaemon(false)方法，可以使线程成为一般线程（必须在 start 之前调用）。

守护线程一般不能用于执行关键任务，因为有可能任务还未执行完，但它已经成为最后一个运行的线程了，系统会强制结束它，导致任务不能顺利完成。因此，守护线程都用来做辅助性工作，如用于提示、帮助等。

12.9.4 综合应用

现在，综合前面介绍的内容，来考虑一个经典的生产者/消费者问题的实际例子。这里采用洗刷烘干例子的基本原则，但把碗架上的盘子换成对象栈中的元素。首先考虑对象栈的轮廓，再考虑生产/消费线程的细节，最后考虑栈的细节，包括它如何被保护以及实现线程通信的方法。为了让程序中所用的栈区别于核心类 java.util.Stack，可将它命名为 SyncStack，提供以下两个接口：

```
public void push(char c);
public char pop();
```

首先来看生产者。生产者将随机产生 20 个大写字母并将它们压入栈中，每次入栈动作之间有一个随机的延时，延时的范围为 0～100ms。每个入栈的字母将在屏幕上显示。

生产者线程执行的方法见程序 12-6。

程序 12-6

源代码

```
public void run(){
    char c;
    for (int i = 0; i<20; i++ ){
        c = (char)(Math.random()*26 + 'A');
        theStack.push(c);
        System.out.println("Produced: " + c);
        try{
            Thread.sleep((int)(Math.random()*100));
        }
        catch (InterruptedException e){}
    }
}
```

消费者从栈中取出 20 个字母，每次取出动作之间有延时，这里的延时为 0～2s。这意味着栈的清空比填入要慢，因此栈能够很快被完全填满。

消费者线程所执行的方法如程序 12-7 所示。

程序 12-7

源代码

```
public void run(){
    char c;
    for (int i = 0; i<20; i++ ){
        c = theStack.pop();
        System.out.println("Consuned: " + c);
        try{
```

```
                Thread.sleep((int)(Math.random()*1000));
            }
            catch (InterruptedException e){}
        }
    }
```

下面考虑栈类的构造。这个栈需要一个索引值和一个缓冲区数组，因为本例是要演示缓冲区满时的正确操作和同步方法，所以缓冲区仅设为能容纳 6 个字母。一个新构造的 SyncStack 应该为空。构造类的代码如程序 12-8 所示。

程序 12-8

源代码

```
class SyncStack{
    private int index = 0;
    private char buffer[] = new char[6];

    public synchronized char pop(){}

    public synchronized void push(char c){}
}
```

下面考虑入栈和出栈方法。该类中仍需要将其同步化以保护特殊的数据项——缓冲区和索引值，此外还需在工作不能继续运行时安排 wait()，在可以重新工作时安排 notify()。push()方法如程序 12-9 所示。

程序 12-9

源代码

```
public synchronized void push(char c){
    while(index == buffer.length){
        try{
            this.wait();
        }
        catch(InterruptedException e){}
    }
    this.notify();
    buffer[index] = c;
    index ++;
}
```

注意：wait()调用可以写成明确的 this.wait()，虽然使用 this 是冗余的，但加上它可以强调该调用是在这个 stack 对象中。把 wait()调用放在 try/catch 结构中，是由于 wait()可能被 interrupt()唤醒，因此必须循环检测避免线程被尚未到期的 wait()唤醒。

至于对 notify()的调用，还是应把它写为 this.notify()，这样虽然冗余，但比较明确。notify()的调用放在什么地方呢？为什么可以把它放在改动缓冲区之前而不会出错呢？这是因为任何处于 wait()状态的线程在结束同步程序块之前都不能继续运行，因此只要确保将要做出某些操作，就可以在任何时候调用 notify()。

最后一步是错误检查。读者可能注意到，程序中没有明确的代码来避免溢出的发生，这是因为把元素加入栈的唯一方法就是通过 push()方法的调用，而在要引起溢出的时候，该方法会进入 wait()状态，这样溢出检查就不必要了。另外，Java 的异常处理功能也保证了这种处理方法的可靠性。在一个运行系统中，如果上面的分析是错误的，那么程序的访问将超出数组范围，会立刻抛出一个异常事件，因此这种错误也肯定会被发现。

pop()方法与 push()方法类似，其代码如程序 12-10 所示。

程序 12-10

源代码

```
public synchronized char pop(){
    while(index == 0){
        try{
            this.wait();
        }
        catch(InterruptedException e){}
    }
    this.notify();
    index--;
    return buffer[index];
}
```

剩下的工作就是把这些程序片段连成完整的类，并加一个外壳使它整个运行起来。最终的程序代码如程序 12-11 所示。

程序 12-11

源代码

```
//SyncTest.java

package mod13;
public class SyncTest{
    public static void main(String args[]){
        SyncStack stack = new SyncStack();
        Runnable source = new Producer(stack);
        Runnable sink = new Consumer(stack);

        Thread t1 = new Thread(source);
        Thread t2 = new Thread(sink);
        t1.start();
        t2.start();
    }
}

//Producer.java

package mod13;
public class Producer implements Runnable{
    SyncStack theStack;

    public Producer(SyncStack s){
        theStack = s;
    }

    public void run(){
        char c;
```

```
        for (int i = 0; i<20; i++ ){
            c = (char)(Math.random()*26 + 'A');
            theStack.push(c);
            System.out.println("Produced: " + c);
            try{
                Thread.sleep((int)(Math.random()*100));
            }
            catch (InterruptedException e){}
        }
    }

}

//Consumer.java

package mod13;
public class Consumer implements Runnable{
    SyncStack theStack;

    public Consumer(SyncStack s){
        theStack = s;
    }

    public void run(){
        char c;
        for (int i = 0; i<20; i++ ){
            c = theStack.pop();

            System.out.println("Consuned: " + c);
            try{
                Thread.sleep((int)(Math.random()*1000));
            }
            catch (InterruptedException e){}
        }
    }
}


//SyncStack.java

package mod13;

public class SyncStack{
    private int index = 0;
    private char buffer[] = new char[6];

    public synchronized void push(char c){
        while(index == buffer.length){
            try{
                this.wait();
            }
            catch(InterruptedException e){}
```

```
        }
        this.notify();
        buffer[index] = c;
        index ++ ;
    }

    public synchronized char pop(){
        while(index == 0){
            try{
                this.wait();
            }
            catch(InterruptedException e){}
        }
        this.notify();
        index--;
        return buffer[index];
    }
}
```

执行程序，得到如图 12-14 所示的结果。

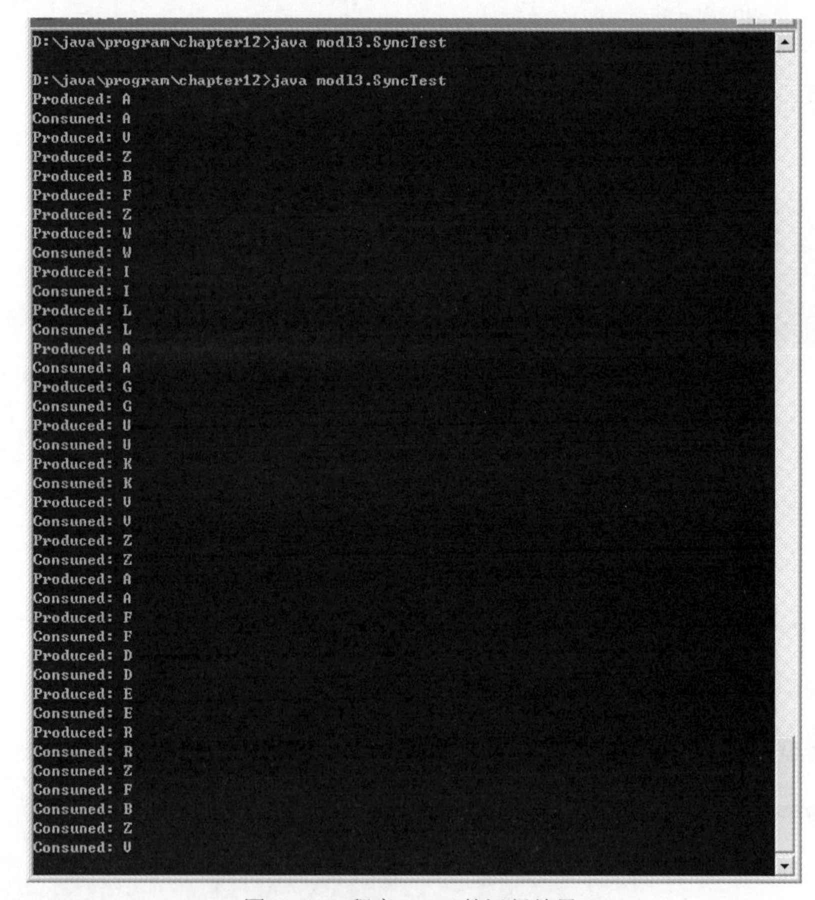

图 12-14　程序 12-11 的运行结果

习　题

12.1　什么叫线程？什么叫多线程？Java 的多线程有何特点？

12.2　什么叫线程的生命周期？线程的生命周期包括哪些状态？各状态之间如何进行转换？

12.3　有几种创建线程的方法？分别是什么？

12.4　Thread 类中包含了哪些基本的方法？为什么 run()方法被称为线程体？

12.5　选择创建线程的方法时，应注意考虑哪些因素？

12.6　Java 是如何对线程进行调度的？

12.7　sleep()方法和 yield()方法都能够暂时停止当前线程的运行，让出 CPU，两者的区别是什么？

12.8　为什么在多线程系统中要引入同步的机制？Java 是如何实现同步机制的？

12.9　什么叫死锁？Java 的同步机制是否可以防止死锁的发生？

12.10　领会 Java 中的交互机制，并利用前面学习的内容，完成下面的程序：创建两个 Thread 子类，第一个类的 run()方法用于最开始的启动，并捕获第二个 Thread 对象的句柄，然后调用 wait()。第二个类的 run()方法应在过几秒以后为第一个线程调用 motifyAll()，使第一个线程能打印出一条消息。

12.11　利用多线程技术和图像显示技术来完成动画设计。

提示：动画的本质就是运动的图形，即在屏幕上高速连续显示一系列多帧的渐变图像，从而形成动画的效果。帧更新速率越快，图形闪动越小，动画的效果也就越好。

Java 中支持的图形格式只有 GIF 和 JPEG 两种。处理动画时涉及的主要有 java.applet 包的 Applet 类的两个方法，即 getImage(URL url)和 getImage(URL url, String name)方法，以及 java.awt 包的 Graphics 类的几个 drawImage()方法。

第 13 章　Java 的网络功能

13.1　概　　述

传输控制协议/网间协议（Transmission Control Protocol/Internet Protocol，TCP/IP）是 Internet 的主要协议，它定义了计算机和外设进行通信所使用的规则。TCP/IP 网络参考模型包括 5 个层次：应用层、传输层、网络层、数据链路层和物理层。ISO/OSI 网络参考模型则包括 7 个层次：应用层、表示层、会话层、传输层、网络层、链路层和物理层。

大多数基于 Internet 的应用程序被视为是 TCP/IP 网络的最上层应用，这些应用包括日常使用的 FTP、HTTP、SMTP、POP3、Telnet 及 NNTP 等。

网络层对 TCP/IP 网络中的硬件资源进行标识。连接到 TCP/IP 网络中的每台计算机（或其他设备）都有唯一的地址，这就是 IP 地址。首先出现的 IP 地址是 IPv4，它只有 4 段数字，通常以“%d.%d.%d.%d”的形式表示，每个 d 对应一个 8 位二进制整数，最大不超过 255。随着互联网的蓬勃发展，IP 地址的需求量愈来愈大，2019 年 11 月 25 日 IPv4 的地址分配完毕。IPv6 是下一版本的互联网协议，采用 128 位地址长度。

在 TCP/IP 网络中，不同机器间进行通信时，由传输层控制数据的传输，包括数据要发往的目标机器及应用程序、数据的质量控制等。TCP/IP 网络中最常用的传输协议就是传输控制协议（TCP）和用户数据报协议（User Datagram Protocol，UDP）。

一台机器只通过一条链路连接到网络上，但一台机器中往往有很多应用程序需要进行网络通信，仅靠 IP 地址无法区分各应用程序，怎么办呢？这就要靠网络端口号（port）了。

端口号是一个标记机器的逻辑通信信道的正整数，端口号不是物理实体。IP 地址和端口号组成了所谓的套接字（socket）。套接字是网络上运行程序之间双向通信链路的最后终结点，也是 TCP 和 UDP 的基础。

端口号用一个 16 位的二进制整数表达，其范围为 0～65 535，其中 0～1 023 为系统自留，专门用于那些通用的服务。如 HTTP 服务的端口号为 80，Telnet 服务的端口号为 23，FTP 服务的端口号为 21。因此，在编写通信程序时，应选择一个大于 1 023 的数作为端口号，以免和通用服务发生冲突。

传输层通常以 TCP 和 UDP 协议来控制端点到端点的通信。用于通信的端点由套接字定义，套接字由 IP 地址和端口号组成。

TCP 可在端点与端点之间建立持续的连接以进行通信。建立连接后，发送端将发送的数据印记上序列号和错误检测代码，并以字节流的方式发送出去；接收端则对数据进行错误检查并按序列顺序整理好数据，以在需要时重新发送，因此整个字节流到达接收端时完好无缺。这与两个人打电话的情形非常相似。

TCP 具有可靠性和有序性，并且以字节流的方式发送数据，因此通常被称为流通信协议。

与 TCP 不同，UDP 则是一种无连接的传输协议。利用 UDP 进行数据传输时，首先需要将传输的数据定义成数据报(datagram)，并在数据报中指明数据要到达的端点(socket，主机地址和端口号)，然后再将数据报发送出去。这种传输方式是无序的，也不能确保绝对的安全可靠，但它很简单也具有比较高的效率，这与通过邮局发送邮件的情形非常相似。

TCP 和 UDP 各有各的用处。当对所传输的数据具有时序性和可靠性等要求时，应使用 TCP；当传输的数据比较简单、对时序等无要求时，UDP 能发挥更好的作用，如 Ping、发送时间数据等。

作为一种成功的网络编程语言，Java 为用户提供了十分完善的网络功能，例如获取网络上的各种资源、与服务器建立连接和通信、传递本地数据等。而所有这些有关的功能都已在 java.net 包定义中。前面章节中所涉及的许多方法处理过程中，实际上已经使用了一些 Java 提供的网络功能，例如，在载入声音或者图片时，只要指定数据的 URL 地址，利用 getAudioClip()和 getImage()就能够实现。这种方式是 Java 网络通信功能中最高级也最简单的一种。

Java 通过流模式来实现网络信息交互，在这里，一个接口同时拥有两个流——输入流和输出流。当一个进程向另一个进程发送数据时，只需要将数据写入相应接口的输出流；而另一进程在接口的另一端从输入流读取数据。一旦网络连接建立，那么在此连接上进行的这种对流的操作与前面介绍的流操作就没有更多的区别了。

针对网络通信的不同层次，Java 所能够提供的网络功能按层次及使用方法分为 4 大类：InetAddress、URL、Socket 和 Datagram。

- InetAddress 面向的是 IP 层，用于标识网络上的硬件资源。
- URL 面向应用层，可以通过 URL 的网络资源表达形式确定数据在网络中的位置，利用 URL 对象中提供的相关方法，直接读入网络中的数据，或者将本地数据传送到网络的另一端。
- Socket 面向传输层，使用的是 TCP。Socket 是指两个程序在网络上的通信连接，由于在 TCP/IP 下的客户/服务器软件通常使用 Socket 来交流信息，因此这种方法也是传统网络程序经常采用的一种方式。
- Datagram 也面向传输层，使用的是 UDP，是另一种网络传输方式，它把数据的目的地记录在数据包中，然后直接放在网络上。

URL 和 Socket 这两种方法都是面向连接方式的通信，其前提是程序使用的通信管道安全且稳定。但是在网络条件较为复杂的情况下，这种要求未必能够达到，这时可以使用 Datagram 方式。Datagram 方式是几种网络功能中最低级的一种，它是一种面向非连接的、以数据报方式工作的通信，适用于网络状况不可靠环境下的数据传输和访问。

由于 Datagram 方式涉及一些传统网络程序设计的基本概念，使用相对复杂，因此本章只介绍前 3 种通信方式。

与网络功能相关的类基本上集中在 java.net 包中，主要的类和可能产生的异常如表 13-1 所示。

表 13-1　java.net 包中主要的类及异常

面向 IP 层的类	InetAddress
面向应用层的类	URL、URLConnection
面向网络层中与 TCP 相关的类	Socket、ServerSocket
面向网络层中与 UDP 相关的类	DatagramPacket、DatagramSocket、MulticastSocket
可能产生的异常	BindException、ConnectException、MalformedURLException、NoRouteToHostException、ProtocolException、SocketException、UnknownHostException、UnknownServiceException

13.2　使用 InetAddress

InetAddress 类可以用于标识网络上的硬件资源，它提供了一系列的方法，用来描述、获取及使用网络资源。InetAddress 类有两个子类，分别是：Inet4Address 和 Inet6Address。

InetAddress 类没有构造函数，因此不能用 new 来构造一个 InetAddress 实例。通常是用它提供的静态方法获取：

```
public static InetAddress getByName(String host);
```

其中，host 可以是一台机器名，也可以是一个正确的 IP 地址或一个 DNS 域名。

另外两种方式如下所示。

- public static InetAddress getLocalHost()。
- public static InetAddress[] getAllByName(String host)。

这 3 个方法通常会产生 UnknownHostException 异常，应在程序中捕获并处理。

以下是 InetAddress 类的几个主要方法，通过上述方法获得 InetAddress 类的实例后就可以使用。

- public byte[] getAddress()——获得本对象的 IP 地址（存放在字节数组中）。
- public String getHostAddress()——获得本对象的 IP 地址。
- public String getHostName()——获得本对象的机器名。

程序 13-1 演示 Java 如何根据域名自动到 DNS（域名服务）上查找 IP 地址，其中与 DNS 服务器的连接只有一行代码。

程序 13-1(1)

源代码

```
import java.net.*;
public class GetIP{
    public static void main(String args[]){
        InetAddress hd = null;
```

```
        try{
            hd = InetAddress.getByName("www.nankai.edu.cn");
        }catch(UnknownHostException e) {}
        System.out.println(hd);
    }
}
```

执行 GetIP 后，可以得到下列信息：

www.nankai.edu.cn/202.113.16.33

通过 InetAddress，可以获取本机的 IP 地址。

程序 13-1(2)

源代码

```
import java.net.*;
public class GetLocalHostTest{
    public static void main(String [] args){
        InetAddress myIP = null;
        try{
            myIP = InetAddress.getLocalHost();
        }catch(UnknownHostException e){}
        System.out.println(myIP);
    }
}
```

运行以上程序后，可得到如图 13-1 所示的本机信息。

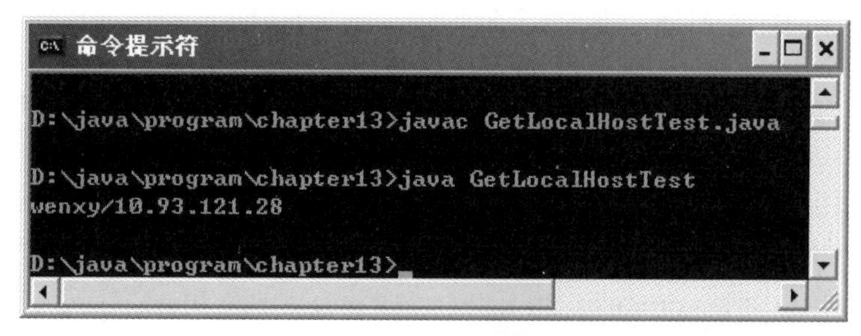

图 13-1　程序 13-1(2)的运行结果

13.3　统一资源定位器

13.3.1　URL 的概念

URL 是 Uniform Resource Locator（统一资源定位器）的缩写，它表示 Internet 上某一资源的地址。Internet 上的资源包括 HTML 文件、图像文件、声音文件、动画文件以及其他任何内容（并不完全是文件，也可以是一个对数据库的查询等）。

通过 URL，可以访问 Internet。浏览器或其他程序通过解析给定的 URL 就可以在网络上查找相应的文件或其他资源。

一个 URL 包括两部分内容：协议名称和资源名称，中间用冒号隔开，如下所示：

```
Protocol: resourceName
```

协议名称指的是获取资源时所使用的应用层协议，如 http、ftp、file 等，资源名称则是资源的完整地址，包括主机名、端口号、文件名或文件内部的一个应用。当然，并不是所有的 URL 都必须包含这些内容。

URL 的具体结构如下：

```
protocol://host_name: port_number/file_name/reference
```

其中各个组成部分的解释如下。

- protocol——用来指示所要获取资源的传输协议，如 http、ftp、gopher、file 等。
- host_name——用来指示资源所在的主机。
- port_number——用来指示连接时所使用的通信端口号。
- file_name——用来指示该资源在主机的完整文件名。
- reference——指示资源中的某个特定位置。

以下例子均是合法的 URL 表示。

http://www.nankai.edu.cn

http://java.sun.com:80/whitePaper/Javawhitepaper_1.html

http://www.abc.com:8080/java/network.html#UDP

http://www.neca.com/~vmis/java.html

13.3.2 URL 的构造方法

URL 对象通过在 java.net 包中定义的 URL 类构造。构造方法有以下 4 种。

- public URL(String spec)。
- public URL(URL context, String spec)。
- public URL(String protocol, String host, String file)。
- public URL(String protocol, String host, int port, String file)。

第 1 种 public URL(String spec)，这种构造方法是最为直接的一种，只要将整个 URL 的名称直接以字符串的形式作为参数传入即可。例如：

```
URL url1= new URL("http://www.nankai.edu.cn");
```

第 2 种 public URL(URL context，String spec)，这种构造方法可以表示相对 URL 位置的定义。假如希望连接到同一个目录下的两个文件，或随时可变的文件，这种构造方法的好处便可以体现出来。例如，在某主机上有若干图片文件，如果希望通过 HTML 文件中的 PARAM 参数指明所要载入的文件，使程序可以做到根据需要播放指定的图片，则可以写如下的语句：

```
URL host = new URL("file://export/home/Java/image/");
URL aImage = new URL(host, getParameter("FILENAME"));
```

如果将这种方式的第一个参数设为 null，那么它的作用就和第一种方式相同了。例如：

```
URL url2 = new URL(null, "http://www.nankai.edu.cn");
```

第 3 种 public URL(String protocol，String host，String file)和第 4 种 public URL(String protocol，String host，int port，String file)构造方法都是直接指定每个域的内容，而不是直接给出一个字符串来表示。因此，必须给出确定的传输协议、机器名称、文件名，或者加上端口号。以 http://java.sun.com:80/whitePaper/Javawhitepaper_1.html 为例，构造方式如下：

```
URL url3 = new URL("http", "java.sun.com", 80,
                   "/whitePaper/Javawhitepaper_1.html");
```

13.3.3 与 URL 相关的异常

在使用 URL 的构造方法时，程序所给出的参数可能存在某些问题，例如，字符串的内容不符合 URL 的规定，或传输协议错误甚至根本不存在。因此，在 URL 类的构造方法中都声明抛出非运行时异常——MalformedURLException，在生成 URL 对象时必须捕获，并进行处理。见例 13-1。

例 13-1 创建 URL 对象时的异常处理。

```
import java.net.URL;
import java.net.MalformedURLException;

public class URLdemo{
    URL url4;
    void createURL(){
        try{
            url4 = new URL("http://www.nankai.edu.cn/~vmis/java.html");
        }
        catch(MalformedURLException e){
            ...          //处理语句
        }
    }
}
```

13.3.4 获取 URL 对象属性

生成 URL 的对象后，可以通过 URL 类提供的如下的方法来获取对象属性。

- String getProtocol()——获取传输协议。
- String getHost()——获取机器名称。
- String getPort()——获取通信端口号。
- String getFile()——获取资源文件名称。
- String getRef()——获取参考点。

另外，也可以使用下面的两个方法将 URL 对象的内容以字符串的形式表示，它们的作用相同。

- String toString()。
- String toExternalForm()。

程序 13-2 中创建了一个 URL 对象，然后输出其属性。

程序 13-2

源代码

```
import java.net.URL;
import java.net.MalformedURLException;

class UseURL{
    public static void main(String args[]){
        URL url = null;
        try{
            url = new URL("http://www.neca.com/~vmis/java.html");
        }
        catch(MalformedURLException e){
            System.out.println("MalformedURLException: "+ e);
        }
        System.out.println("The URL is:");
        System.out.println(url);
        System.out.println("Use toString(): "+url.toString());
        System.out.println("Use toExternalForm(): "+url.toExternalForm());
        System.out.println("Protocol is: "+url.getProtocol());
        System.out.println("Host is: "+url.getHost());
        System.out.println("Port is: "+url.getPort());
        System.out.println("File is: "+url.getFile());
    }
}
```

程序 13-2 的运行结果如图 13-2 所示。

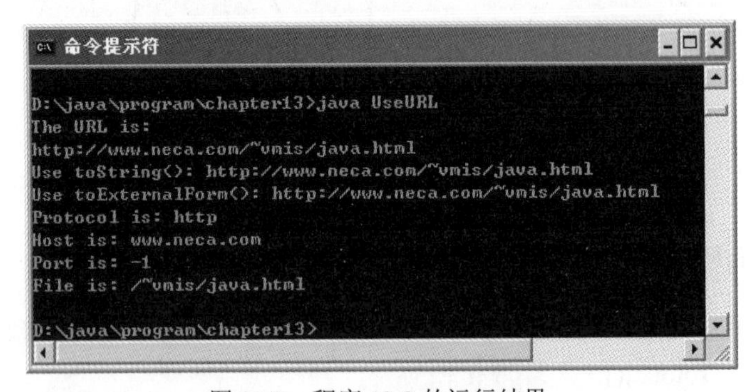

图 13-2　程序 13-2 的运行结果

13.3.5　读入 URL 数据

URL 类中定义了 openStream()方法，通过这个方法可以读取一个 URL 对象所指定的资源。openStream()方法与指定的 URL 建立连接并返回一个 InputStream 对象，即这个方法的返回值是一个 InputStream 数据流。通过这个数据流可以引用第 11 章提到的方法操作数据。下面，用一个非常简单的例子加以说明，见程序 13-3。

程序 13-3

```
import java.net.URL;
import java.net.MalformedURLException;
import java.io.*;

class ReadFromURL{
    public static void main(String args[]){

        URL root = null;
        URL url = null;
        String readstring;
        try{
            root = new URL("file://10.93.121.28/program/chapter11/");
            url = new URL(root, args[0]);

            BufferedReader dis= new BufferedReader(new InputStreamReader
(url.openStream()));
            while((readstring = dis.readLine())!=null){
                System.out.println(readstring);
            }
            System.out.println("***** end of the file *****");
            dis.close();
        }
        catch(MalformedURLException e){
            System.out.println("MalformedURLException: "+ e);
        }
        catch(IOException e){
            System.out.println("IOException: "+ e);
        }
    }
}
```

运行该程序，并在命令行中指定一个合理的文件名，便可以显示出文件的内容，其功能类似于 DOS 中的 type 命令，如图 13-3 所示。

图 13-3　程序 13-3 的运行结果

可以看出，在 Buffered Reader 对象 dis 的创建过程中，其构造方法引用了执行 url 对象的 openStream()方法所获取的数据流作为它的参数。

注意：在这里使用了两段 catch 语句，它们的作用分别是什么呢？第一个 catch 语句用于处理因创建 url 实例而可能引发的 MalformedURLException 异常；第二个 catch 语句用以处理因执行 url 的 openStream()方法和 dis 的 readLine()方法而可能引发的 IOException 异常。这两种异常都不属于运行时异常，必须进行捕获。

如果要在 Applet 中进行网络通信，也可以在 Applet 中联合使用 URL 和 InetAddress 来得到相关的 IP 地址。相关的方法步骤如下。

（1）通过 Applet 类的 getCodeBase()方法获得提供它的主机的 URL 实例。

（2）利用 URL 类的 getHost()方法获取主机名。

（3）利用 InetAddress 类的 getByName()获取该主机的 IP 地址。

（4）通过 IP 地址，就可以进行网络通信了，使用的协议为 TCP 或 UDP。

见例 13-2。

例 13-2 网络通信。

```
URL url = getCodeBase();
String host = url.getHost();
try{
    InetAddress address = InetAddress.getByName(host);
}catch(Exception e){}
try{
    DatagramSocket socket = new DatagramSocket();
    DatagramPacket packet = new DatagramPacket(buf, length, address,
                            port);
    socket.send(packet);
}catch(Exception e){}
```

通过 URL 的 openStream()方法，只能从网络上读取资源中的数据。通过 URLConnection 类，可在应用程序和 URL 资源间进行交互，既可以从 URL 中读取数据，也可以向 URL 发送数据。URLConnection 类表示应用程序和 URL 资源之间的通信连接。

相关的方法是 openConnection()，具体形式为

```
public URLConnection openConnection()
```

例 13-3 建立通信连接。

```
try{
    URL url = new URL("http://news.nankai.edu.cn");
    URLConnection uc = url.openConnection();
}catch(MalformedURLException e1){
...
}catch(IOException e2){
...
}
```

再看程序 13-4。

程序 13-4

```
public class URLConnectionReader{
    public static void main (String args[]){
        try{
            URL t = new URL("http://news.nankai.edu.cn/nknews/
                    News.aspx?id=7815");
            URLConnection uc = t.openConnection();
            BufferedReader in = new BufferedReader(
                new InputStreamReader(uc.getInputStream() ) );
            String line;
            while((line = in.readLine()) != null ){
                System.out.println(line);
            }
            in.close();
        }catch(Exception e){
            System.out.println(e);
        }
    }
}
```

URLConnection 中最常用的两个方法如下。

- public InputStream getInputStream()。
- public OutputStream getOutputStream()。

通过 getInputStream()方法，应用程序可以读取资源中的数据。

13.4 Socket 接口

在 Java 中，基于 TCP 实现网络通信的类有两个：在客户端的 Socket 类和在服务器端的 ServerSocket 类。ServerSocket 类的功能是建立一个 Sever，并通过 accept()方法随时监听客户端的连接请求。

Socket 类的构造方法列举如下。

- public Socket(String host, int port)。
- public Socket(InetAddress address, int port)。
- public Socket(String host, int port, InetAddress localAddr, int localPort)。
- public Socket(InetAddress address, int port, InetAddress localAddr, int localPort)。

Socket 类的输入/输出流管理包括以下方法。

- public InputStream getInputStream()。
- public void shutdownInput()。
- public OutputStream getOutputStream()。
- public void shutdownOutput()。

以上这些方法都抛出 IOException 异常，程序中需要捕获并处理。

关闭 Socket 的方法为

```
public void close() throws IOException
```

设置/获取 Socket 数据的方法列举如下。

- public InetAddress getInetAddress()。
- public int getPort()。
- public void setSoTimeout(int timeout)。

setSoTimeout(int timeout)方法都抛出 SocketException 异常，程序中需要捕获并处理。

ServerSocket 类的构造方法列举如下。

- public ServerSocket(int port)——创建未绑定的服务器套接字。
- public ServerSocket(int port, int backlog)——创建绑定到指定端口的服务器套接字。
- public ServerSocket(int port, int backlog, InetAddress bindAddr)——创建服务器套接字并将其绑定到由 backlog 指定的本地端口号。

以上这些方法都抛出 IOException 异常，程序中需要捕获并处理。

- public Socket accept()——侦听要与此套接字建立的连接并接受它。
- public void close()——关闭 Socket。

accept()和 close()方法都抛出 IOException 异常，程序中需要捕获并处理。

设置/获取 Socket 数据的方法列举如下。

- public InetAddress getInetAddress()。
- public int getLocalPort()。
- public void setSoTimeout(int timeout)。

以上这些方法都抛出 SocketException 异常，程序中需要捕获并处理。

13.4.1 Socket 的基本概念

1. 建立连接

当程序需要建立网络连接时，必须有一台机器运行该程序，并随时等候连接，而另一端的程序则对其发出连接请求。这一点同电话系统类似——必须有一方拨打电话，而另一方等候电话连通。

建立连接的过程如下。

（1）先在服务器端生成一个 ServerSocket 实例对象，随时监听客户端的连接请求。

（2）当客户端需要连接时，相应地生成一个 Socket 实例对象，并发出连接请求，其中 host 参数指明该主机名，port#参数指明该主机端口号。

（3）服务器端通过 accept()方法接收到客户端的请求后，开辟一个接口与之连接，并生成所需的 I/O 数据流。

（4）客户端和服务器端的通信都是通过一对 InputStream 和 OutputStream 进行的。通信结束后，两端分别关闭对应的 Socket 接口。

2. 连接地址

打电话时，呼叫方必须事先知道要拨打的号码，而当程序建立网络连接时，也同样需要知道地址或主机名称。另外，网络连接还需要一个端口号（可将其当作电话的分机号），连接到正确的主机之后，需要对该连接确认特定口令。某些情况下，还需要使用一个扩展号码与网络计费系统相连，于是相应地要有一个特定端口号用于连接计费程序。

3. 端口号

在 TCP/IP 系统中，端口号由 16 位二进制整数组成，即在 0～65 535 之间。实际应用中，前 1 024 个端口号已经预先定义为一些特定的服务器，因此一般不能使用，除非是想同这些服务器进行连接（如 Telnet，SMTP mail，FTP 等）。在两个程序连接之前，彼此之间必须达成一致，即由客户端负责初始化连接，而服务器端随时等候请求。只有客户端和服务器端指定端口号一致时连接才会建立。如果系统中两个程序所用端口号不一致，则无法建立连接。

4. 网络连接模式

在 Java 中，TCP/IP 接口的连接由 java.net 包中的类实现。图 13-4 表示的是 Socket 连接过程中客户端和服务器端的工作原理。

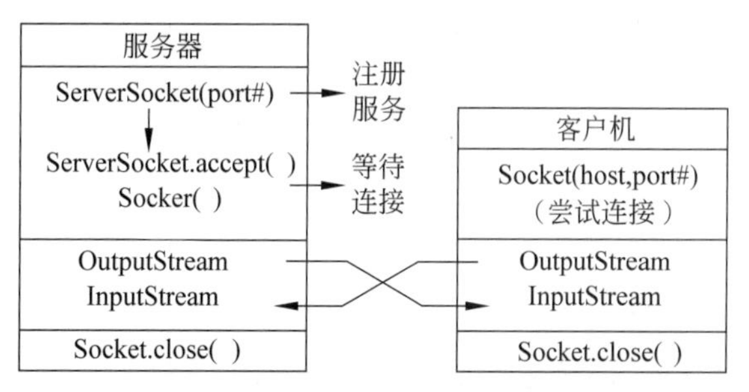

图 13-4　Socket 连接过程中客户端和服务器端工作原理示意图

每个 Sever 端都拥有一个端口号，如果一台机器上运行多个服务，则可能对应多个端口号。通信结束后，两端分别关闭对应的 Socket 接口，而不影响其他的端口。

13.4.2　Socket 通信的基本步骤

使用 Socket 方式进行网络通信的程序基本结构都是类似的，无论一个 Socket 通信程序的功能多么齐全、程序多么复杂，其基本结构都是一样的。客户端与服务器端进行通信的过程都包括以下 4 个基本步骤。

（1）在服务器端指定一个用来等待连接的端口号，在客户端规定一个主机和端口号，从而在客户端和服务器端创建 Socket/ServerSocket 实例。

（2）打开连接到 Socket 的输入/输出流。

（3）利用输入/输出流，按照一定的协议对 Socket 进行读/写操作。

（4）关闭输入/输出流和 Socket。

通常，程序员的主要工作是针对所要完成的功能在第（3）步进行编程，第（1）、（2）、（4）步对所有的通信程序来说几乎都一样。

13.4.3　Socket 通信的程序设计

对于一个面向客户/服务器的网络应用程序设计，要包括服务器端和客户端两方面的工作，本节中的程序实现了两端的信息传递。

1. 服务器端程序

TCP/IP 服务器端应用程序都是通过 Java 语言中提供的 ServerSocket 和 Socket 这两个有关网络的类来实现的。而 ServerSocket 类除了建立一个 Sever 之外，还通过 accept()方法提供了随时监听客户端连接请求的功能，主要使用的构造方法如下。

- ServerSocket(int port)。
- ServerSocket(int port, int backlog)。

其中，port 是指连接中对方的端口号，backlog 则表示服务器端所能支持的最大连接数。

程序 13-5 用来监听客户端应用程序建立连接的请求，并在连接建立后向客户端发送信息。

源代码

程序 13-5

```
import java.net.*;
import java.io.*;

public class SimpleServer{
    public static void main(String args[]){
        ServerSocket s = null;
        Socket s1;
        String sendString = "Hello Net World!";
        int slength = sendString.length();
        OutputStream s1out;
        DataOutputStream dos;

        //通过 5432 号端口建立连接
        try{
            s = new ServerSocket(5432);
        }
        catch(IOException e){}

        //循环运行监听程序，以监视连接请求
        while (true){
            try{
                //监听端口请求，等待连接
                s1 = s.accept();
                //得到与 Socket 相连接的数据流对象
                s1out = s1.getOutputStream();
                dos = new DataOutputStream(s1out);

                //发送字符串
                dos.writeUTF(sendString);
```

```
                //关闭数据流（但不是关闭 Socket 连接）
                dos.close();
                s1out.close();
                s1.close();
            }
            catch(IOException e){}
        }
    }
}
```

2. 客户端程序

TCP/IP 客户端应用程序是通过 Java 语言中提供的 Socket 类来实现的。同样，Socket 类提供了包括建立网络连接在内的许多功能，主要使用的构造方法列举如下。

- Socket(InetAddress address, int port)。
- Socket(String host, int port)。
- Socket(String host, int port, InetAddress localAddr,int localPort)。

其中，address、host 和 port 分别指连接另一方的 IP 地址、主机名称和端口号，stream 则表示该 Socket 是否是支持流的 Socket，localAddr 和 localPort 是本机的地址和端口号。

程序 13-6 用来与前面的服务器端程序建立连接，并将服务器端送来的信息显示在标准输出上。

程序 13-6

源代码

```
import java.net.*;
import java.io.*;

public class SimpleClient{
    public static void main(String args[]) throws IOException{
        int c;
        Socket s1;
        InputStream s1In;
        DataInputStream dis;

        //在端口 5432 打开连接
        s1 = new Socket("subbert", 5432);
        //获得 Socket 端口的输入句柄，并从中读取数据
        s1In = s1.getInputStream();
        dis = new DataInputStream(s1In);

        String st = new String(dis.readUTF());
        System.out.println(st);

        //操作结束，关闭数据流及 Socket 连接
        dis.close();
        s1In.close();
        s1.close();
```

```
    }
}
```

注意：无论是服务器端还是客户端，在关闭 Socket 之前，都应首先关闭与 Socket 相连的所有输入/输出流。例如程序 13-6 中最后的 3 行语句：

```
dis.close();
s1In.close();
s1.close();
```

13.5 Java 编程综合实例

本节介绍一个综合实例程序，使用它可以进行 BBS 站点的登录。该程序中应用了本章之前的绝大部分知识，包括基本数据操作、图形界面设计以及 Applet 程序的编写等。代码如程序 13-7 所示。

程序 13-7

源代码

```
//程序名：TelnetApp.Java

import java.applet.*;
import java.awt.*;
import java.io.*;
import java.net.*;
import java.util.*;

public class TelnetApp extends Applet implements Runnable
{
    //声明成员变量

    Thread client;
    TextArea log;

    TextField hostname;
    TextField userid;
    TextField password;
    Label hname;
    Label uid;
    Label psd;

    Button connect;
    Button bye;
    int wantTime;
    boolean logged;

    Socket socket = null;
    PrintStream os;
    DataInputStream is;
```

```
public TelnetApp(){}

public void init(){
    resize(400, 300);

    setLayout(new BorderLayout());

    Panel p1 = new Panel();
    log = new TextArea(10, 80);
    log.setEditable(false);
    p1.add(log);
    add("North", p1);

    Panel p2 = new Panel();
    p2.add(hname = new Label("Hostname:"));
    p2.add(hostname = new TextField(20));
    p2.add(uid = new Label("Userid:"));
    p2.add(userid = new TextField(10));
    p2.add(psd = new Label("Password:"));
    p2.add(password = new TextField(10));
    password.setEchoCharacter('*');

    add("Center", p2);

    Panel p3 = new Panel();
    p3.add(connect = new Button("Connect"));
    p3.add(bye = new Button("Bye"));
    bye.disable();
    add("South", p3);
    logged = false;
}

public void run(){
    String fromServer = null;
    byte b[] = new byte[3];
    b[0] = (byte)'n';
    while(true){
        if((fromServer = getData())!=null)
        log.appendText(fromServer+"\n");
        if(wantTime <0){
            bye();
            break;
        }
        if(logged){
            delay(60*1000);
            log.setText("");
            wantTime-=1;
            sendData(b, 1);
        }
```

```
    }
}
//建立主机连接
private boolean connectHost(String hostName){
    try{
        socket = new Socket(hostName, 23);
        os = new PrintStream(socket.getOutputStream());
        is = new DataInputStream(socket.getInputStream());
    }catch(UnknownHostException e){
        log.setText("Trying to connect to unknown host:" + e);
        return false;
    }catch(Exception e){
        log.setText("Exception: "+e);
        return false;
    }
    return true;
}

//接收信息
String getData(){
    String fromServer;
    int len;
    byte b[] = new byte[1000];
    try{
        fromServer = "";
        len = is.read(b);

        fromServer += new String(b, 0);
    }catch(Exception e){
        log.setText("Exception: "+e);
        return null;
    }
    return fromServer;
}

//发送信息
boolean sendData(byte b[], int len){
    try{
        os.write(b, 0, len);
        os.flush();
    }catch(Exception e){
        log.setText("Exception: "+e);
        return false;
    }
    return true;
}

//关闭连接

void closeSocket(){
```

```
    try{
        os.close();
        is.close();
        socket.close();
        socket = null;
    }catch(Exception e){
        log.setText("Exception: "+e);
    }
}

void toByte(byte[] b, String s){
    int i;

    for(i=0;i<s.length();i++)
        b[i]=(byte)s.charAt(i);
    b[i] = 13;
    b[i+1] = 10;
}

void negotiate(){
    byte b[] = new byte[20];
    b[0]=-1;b[1]=-5;b[2]=24;
    sendData(b, 3);
    delay(400);

    b[0]=-1;b[1]=-6;b[2]=24;
    b[3]=0;b[4]=(byte)'D';b[5]=(byte)'E';
    b[6]=(byte)'C';b[7]=(byte)'-';b[8]=(byte)'V';
    b[9]=(byte)'T';b[10]=(byte)'1';b[11]=(byte)'0';
    b[12]=(byte)'0';b[13]=-1;b[14]=-16;
    sendData(b, 15);
    delay(400);

    b[0]=-1;b[1]=-3;b[2]=1;
    b[3]=-1;b[4]=-3;b[5]=3;
    b[6]=-1;b[7]=-5;b[8]=31;
    b[9]=-1;b[10]=-4;b[11]=-56;
    b[12]=-1;b[13]=-5;b[14]=1;
    sendData(b, 15);
    delay(400);

    //在 BBS 上注册
    toByte(b, "bbs");
    sendData(b, 5);
    delay(400);
}

void login(String userid, String password){
    byte b[] = new byte[20];
    toByte(b, userid);
```

```
        sendData(b, userid.length()+2);
        delay(400);

        toByte(b, password);
        sendData(b, password.length()+2);
        delay(400);
    }

    boolean enter(){
        if(connectHost(hostname.getText().trim())){
            log.setText("connected\n");

            negotiate();
            delay(400);

            login(userid.getText().trim(), password.getText().trim());
            delay(400);
            return true;
        }else return false;
    }

    void toMainmenu(){
        byte b[] = new byte[20];

        for(int i=0;i<6;i++){
            toByte(b, "");
            sendData(b, 2);
        }

        for(int i=0;i<1;i++){
            b[0] = (byte)'q';
            sendData(b, 1);
            delay(200);
        }
    }

    void bye(){
        byte b[] = new byte[20];

        for(int i=0;i<10;i++){
            b[0] = (byte)'q';
            sendData(b, 1);
            delay(300);
        }

        b[0]=(byte)'g';
        sendData(b, 1);
        delay(300);
        for(int i=0;i<6;i++){
            toByte(b, "");
```

```
            sendData(b, 2);
            delay(300);
        }
        client.stop();
        client=null;
        closeSocket();
        connect.enable();
        bye.disable();
    }

    void delay(int millisecond){
        try{
            Thread.sleep(millisecond);
        }catch(InterruptedException e){
        }
    }

    public boolean action(Event e, Object arg){
        switch(e.id){
        case Event.ACTION_EVENT:
            if(e.target == connect){
                wantTime = 20;
                connect.disable();
                bye.enable();
                client = new Thread(this);
                client.start();
                if(enter())
                    toMainmenu();
                logged = true;
            }else if(e.target == bye)
                bye();
        }
        return true;
    }

    public void destroy(){}

    public void paint(Graphics g){}

    public void start(){}

    public void stop(){}
}
```

使用 Javac 命令编译以上代码，生成 TelnetApp.class 文件，然后再创建一个相应的 HTML 文件，以运行该程序。以下是一个最简单的可以使用的 HTML 文件。

```
//TelnetApp.html

<html>
```

```
<head>
<title>Telnet</title>
</head>
<body>
<hr>
<center>
<applet
    code=TelnetApp.class
    name=Telnet
    width=450
    height=300>
</applet>
</center>
<hr>
<a href="TelnetApp.Java">The source.</a>
</body>
</html>
```

使用 appletviewer 工具或其他浏览器运行上述程序，屏幕上会出现如图 13-5 所示的界面。

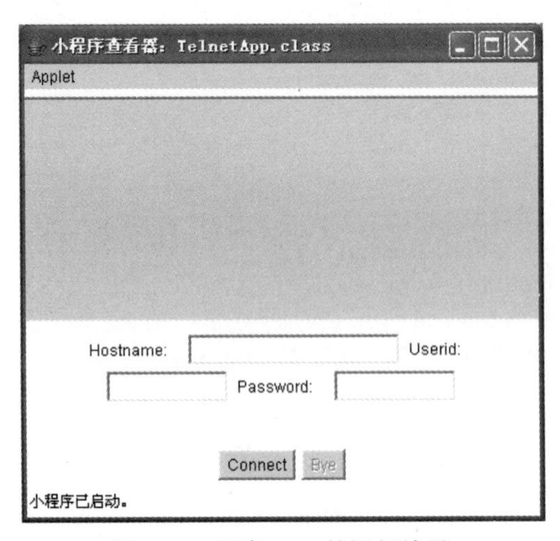

图 13-5　程序 13-7 的运行结果

在相应的文本框中填入主机地址、用户账号以及密码，并建立连接，便可登录到该站点。为了检验程序的运行效果，可以用其他方法登录到该站点，这时会发现你已经在该站登录过了。

需要说明的是，这个程序只是一个简单的演示。在运行时，运行界面会因用户的运行环境不同而不同。有兴趣的读者还可以将此程序加以改进，使界面更加美观，甚至可以改进消息的显示窗口，加入信息交互，以直接利用这个程序作为 BBS 的登录和使用工具。当然这要用到有关 Telnet 协议的内容，读者可以通过查找相关类库文档得到帮助。

习　题

13.1　Java 提供的网络功能按层次及使用方法可以分为几类？简要说明每种方法的特点。

13.2　什么叫 Socket? 它在网络中的作用是什么？

13.3　怎样建立 Socket 连接？

13.4　在通信结束时为什么要关闭 Socket？如何关闭 Socket？

13.5　如何创建 URL 对象？

13.6　如何利用 URL 读取网络资源？

13.7　利用前面学习的多线程的内容，改进本章中的程序，使之能够服务多个客户。

参 考 文 献

[1] Java Programming SL275. Sun Educational Services, 1997.
[2] 王克宏. Java 语言入门[M]. 北京：清华大学出版社，1996.
[3] John Lewis, William Loftus. Java 程序设计基础[M]. 王锦全，译. 3 版. 北京：清华大学出版社，2004.
[4] 王克宏. Java 语言 APPLET 编程技术[M]. 北京：清华大学出版社，1997.
[5] 旭日工作室. Java 1.1 使用大全[M]. 北京：电子工业出版社，1998.
[6] Cay S Horstmann, Gary Cornell. Java 2 核心技术[M]. 朱志，等译. 北京：机械工业出版社，2000.
[7] Lweis J, DePasquale P, Chase H. Java Foundations[M]. Addison-Wesley, 2011.
[8] Carrano F M, Henry T M. Data Structures and Abstractions with Java[M]. PEARSON, 2014.